高性能计算技术丛书

High Performance Parallel Runtimes
Design and Implementation

高性能并行
运行时系统
设计与实现

[美] 迈克尔·克莱姆(Michael Klemm)

[美] 吉姆·考尼(Jim Cownie)　　　著

郝萌 张伟哲 何慧 刘铮 王法瑞 王一名 王勃博　译

机械工业出版社

CHINA MACHINE PRESS

图书在版编目（CIP）数据

高性能并行运行时系统：设计与实现 /（美）迈克尔·克莱姆（Michael Klemm），（美）吉姆·考尼（Jim Cownie）著；郝萌等译 . —北京：机械工业出版社，2023.11
（高性能计算技术丛书）

书名原文：High Performance Parallel Runtimes: Design and Implementation

ISBN 978-7-111-73949-4

I.①高…　Ⅱ.①迈…②吉…③郝…　Ⅲ.①高性能计算机 – 并行算法　Ⅳ.①TP301.6

中国国家版本馆 CIP 数据核字（2023）第 184860 号

机械工业出版社（北京市百万庄大街22号　邮政编码100037）

策划编辑：刘　锋　　　　　　责任编辑：刘　锋　　冯润峰

责任校对：宋　安　陈　洁　责任印制：张　博

北京联兴盛业印刷股份有限公司印刷

2023 年 12 月第 1 版第 1 次印刷

186mm×240mm · 17.25 印张 · 373 千字

标准书号：ISBN 978-7-111-73949-4

定价：109.00 元

电话服务　　　　　　　　　　网络服务

客服电话：010-88361066　　　机 工 官 网：www.cmpbook.com

　　　　　010-88379833　　　机 工 官 博：weibo.com/cmp1952

　　　　　010-68326294　　　金 书 网：www.golden-book.com

封底无防伪标均为盗版　机工教育服务网：www.cmpedu.com

The Translator's Words 译者序

随着数据规模的不断增长和复杂计算任务的不断涌现，高性能并行系统的重要性日益突出，以至于它成为处理海量数据和实现高效计算不可或缺的工具。而传统串行编程模型往往无法充分利用系统中的并行资源，导致性能瓶颈。为了充分发挥硬件的潜力，并行编程模型和并行运行时系统应运而生。并行运行时系统是支撑并行编程的重要基础，它提供了并行计算的编程接口和资源管理机制，使开发人员可以更方便地编写并行代码，并且能够自动管理任务调度、内存分配和通信等底层细节。它可以将任务合理地分配给多个处理器，实现任务的并行执行，以期最大化系统资源的利用率。本书即是以开发高性能的并行运行时系统为目标。

本书的内容涵盖并行编程模型的相关概念以及众核和多核计算机架构，这是并行运行时开发和优化的基础。本书通过大量的示例来详细介绍并行运行时系统各个模块的构建方法和优化算法，包括并行性管理、内存管理，以及互斥、原子操作、同步障、归约和任务池实现等，还清晰地解释了具体实现细节和潜在性能陷阱。本书为读者提供了一个全面了解和完整开发并行运行时系统的机会。

哈尔滨工业大学的郝萌助理教授、张伟哲教授和何慧教授对全部译文做了统稿和校对，力求保持原著的思路和风格，将其精髓传递给中文读者。其中第 1 章和第 2 章由哈尔滨工业大学刘铮翻译，第 3 章和第 5 章由哈尔滨工业大学王勃博翻译，第 4 章和第 7 章由哈尔滨工业大学王法瑞翻译，第 6 章和第 8 章由哈尔滨工业大学王一名翻译，第 9 章和第 10 章及文前内容、技术缩略语由哈尔滨工业大学郝萌翻译。特别感谢机械工业出版社的编辑为本书的出版所付出的辛勤劳动。

我们希望本书的出版让相关专业的学生、科技人员和其他相关读者有所启发与收获，为推动并行计算的发展贡献力量。对于书中翻译方面的错误和不妥之处，敬请广大专家和读者提出宝贵意见。

——译者

2023 年 7 月 13 日

序 Preface

并行编程现在是主流。从笔记本计算机到世界最大的超级计算机，从手机到高端医疗设备，现代计算系统集成了架构并行性，以便为其应用程序提供高性能。当多核计算机成为标准时，几乎每个拥有笔记本计算机的人都能接触到并行计算。然而，为了使应用程序更好地利用架构并行性，通常我们要改进应用程序，以展现其内在的并发性。无论是创建新的并行应用程序，还是为已有的应用程序引入并行性，如今的应用程序开发者能使用新的高级并行语言，或者运用已有的串行语言的并行扩展，或者使用库调用来满足需求。为了获得高性能、可移植性和跨并行平台的性能可移植性，之前从未有过这么多关于并行语言的活跃开发和如此多的运用崭新方法的试验。

有很多书籍介绍了并行编程语言特性、运用这些特性的算法以及应用程序开发人员部署算法的经验。但关于并行编程语言特性的实现方式，以及如何为并行编程接口构建高质量编译器和运行时系统的书籍却很少。当编译器翻译由高级并行编程语言编写的程序时，必须得到运行时系统的支持。运行时系统负责管理执行过程中的计算资源、为计算资源分配任务、实现必要的同步等。高级编程接口的采用在很大程度上取决于用户体验的质量，所以必须精心设计这些接口以及它们之间的交互。

有些运行时系统要持续地为运行在多核平台上的应用程序提供高性能。在开发这种运行时系统的时候，不仅要满足基本的实现需求，还要确保运行时系统各组件都是高效的和经过精心设计的。开发人员必须为关键功能（例如同步障）选用可扩展算法，而且在实现各种算法时，要注意避开执行过程中潜在的性能问题，例如缓存数据伪共享。开发人员要提供处理空闲线程的合理策略，还要优化并行循环的性能。如果可能，他们还要设计利用架构特性的方法。

本书着重讲解构建高性能并行运行时的实践方法。考虑到设计良好的运行时对于并行编程模型的重要性，这本书算得上是姗姗来迟。最前沿的、执行并行程序代码的运行时系统的构建过程，涉及很多设计与实现方面的决策。作者深入探讨了这些决策，还提供了大量示例，并论述了一些现实中的编译器和运行时。书中描述了当前计算机架构的重要细节，以便引出并行编程的需求和后续技术。例如，我们会学习现代多核缓存管理策略的细节及其对性能的影响，以及如何用原子和事务内存来支持同步。

作者谈及了通用设计的注意事项，也讨论了现代架构和并行编程特性对运行时开发人员的影响。他们详细解释了编译器和运行时如何协作实现 OpenMP 标准和 Intel 线程构建模块（Threading Building Block，TBB）。虽然这些内容出色地解释了编译器与运行时之间的交互方式，但本书远不止于此。它还简要介绍了编译器工作原理，并描述了编译器实现 lambda 函数的方式，这种 lambda 函数可简化在创建 TBB 任务时所需的代码。OpenMP 有几个不同的构造，应用程序开发人员能借助它们在代码中表达并行性。作者还概述了运行时系统的实现，而非简单地说明运行时系统的作用。他们详细解释了程序执行之前的编译过程，以及运行时各组件的细节，并出色地介绍了其他高级并行编程语言特性的实现。

目前存在各种不同的同步机制和算法来实现并行运行时系统。在本书中，我们会遇到对同步硬件支持、常用同步构造、构造的实现策略的全面且实用的讨论。作者论述了实现锁的过程中的非凡挑战，讨论了一个长期存在的问题：如何处理处于等待状态的线程。

作为指明并行性的一种方法，任务变得极其流行。任务的创建和执行相分离，从这个方面来说，任务本质上是动态的。相比于其他的语言构造，运行时监督任务执行的各个方面，包括处理与任务相对顺序相关的所有需求，以及将任务排队以便执行。书中对任务的运行时支持的讨论，不仅包含了任务池（或队列）的设计，还考虑了任务依赖性、调度、任务窃取和更多的同步方法。

随着平台在异构性及规模方面的不断增长，运行时在实现中的角色越来越重要。如今的并行运行时，不再"仅仅是"编译器的支持基础设施，它还必须主动管理跨越多个 NUMA 域的工作负载，可能还要决定应在何处执行特定代码，或者何时尝试窃取任务。未来的运行时应该还会更加强大，它可能会通过调整代码的执行细节来应对执行环境或者程序自身计算需求的变化。

我相信本书对于系统研究人员和从业者来说非常有价值。它提供了大量关于现代运行时系统主要功能的信息，还清晰地解释了实际实现细节和潜在陷阱。OpenMP 运行时的代码也可供读者进行试验。本书还包含了充足的关于多核平台的背景知识，以确保初学者也能理解书中的内容。这些也是对于此类系统实际工作的介绍。以上所有内容，以及非常多的示例与讲解，都囊括在这本丰富、有趣且与时俱进的书中。尽管某些主题比较有深度，但本书整体上易于理解。本书作者都是领域内活跃的从业者，在并行编程库、语言、并行运行时的设计和实现方面拥有丰富的经验。对于运用并行系统时可能遇到的挑战与陷阱，以及在现实中软件开发工作的工程方面，他们具有深刻体会。

几乎从 OpenMP 首次面向公众发布以来，我就一直参与它对编译器的支持的开发。而且我敏锐地意识到了精心设计运行时系统的重要性。任何 OpenMP 实现中的关键要素都是高质量运行时系统。这种运行时系统的开发者需要成功克服无数个由多核平台带来的性能挑战。这项工作需要高超精湛的工程设计,需要对任务本质及其内在挑战有深刻理解,还要有可靠的解决策略。这种深刻理解以及完成这项工作所需的技术,正是这本书所提供的。

我极力推荐这本书!

Barbara Chapman
纽约州立大学石溪分校
布鲁克海文国家实验室

Foreword 前　言

写这本书的念头源自 Michael 在慕尼黑工业大学讲的一门课。你知道，这纯粹是出于兴趣。那门课叫"并行编程系统"，教的是将并行编程模型引入并行机器的基础知识。完全就是本书主题，真巧！

并行运行时系统是非常有趣的主题。我们平时的工作就是解决不同处理器上的各种性能及底层机器细节的问题。但是，对应用程序代码性能的考虑，相对于对软件栈底层及支持并行编程模型的运行时库内部的性能的考虑，是不一样的。在底层有很多机器细节，为了尽可能获得高性能，开发者必须考虑这些细节。

学生们在上了几节课以后，似乎对关于底层的部分很感兴趣，所以 Michael 认为可以写一本书！随着 Jim 加入作者团队，一切准备就绪。Jim 不仅有多年的经验，还具有丰富的并行性知识，对底层机器细节非常感兴趣。

我们希望你能和我们一样喜欢该主题。写这本书（及附带代码）确实非常有趣，我们也希望你能读得开心。我们使用了大量代码示例和图表来阐释各种概念，帮助你理解编写运行时系统关键部分的细节。大多数代码示例使用 C 和 C++ 编写。我们还使用了一些汇编语言，以演示现代编译器处理源代码的方式。

熟悉 Fortran 或其他语言的程序员不必感到失望，你依然能从本书学到很多知识，而且你能将关键概念转换到你所选用的语言。我们选用 C/C++，不是因为我们认为其他语言无趣或不相关，而是因为我们认为，无论上层用户代码使用何种语言编写，对于非常贴近机器的底层实现而言，C 和 C++ 依然处于统治地位。所以请保持开放的心态，即使这种开放心态会带来一个小麻烦——总有人想向你的观念里塞点东西。

感谢出版商 De Gruyter 出版本书，以及在我们忙于写书时给予我们耐心。感谢 De Gruyter 的 Ute Skambraks 耐心地与我们一起整理文稿。感谢那些在阅读了本书早期版本后没有"逃跑"的审稿人。他们是 Mark Bull、Barbara Chapman、Florina M. Ciorba、Chris Dahnken、Alex Duran、Wooyoung Kim、Will Lovett、Larry Meadows、Jennifer Pittman、Carsten Trinitis 和 Terry Wilmarth。感谢我们的校对人 Matthew Robertson（https://checkmatteditorial.com）和 Randall Munroe。Randall 是 https://xkcd.com 网站的创始人，他

授权我们使用他的创意。如果书中依然遗留错误，那肯定就是我们自己的疏忽了。最后，本书使用了由 GW4 与 UK Met Office 运营的、由 EPSRC（EP/P020224/1）资助的 Isambard UK National Tier-2 HPC Service（http://gw4.ac.uk/isambard/），还使用了一些位于布里斯托大学的机器。衷心感谢所有人。

现在，废话不多说，希望你能喜欢本书！

Michael & Jim

Contents 目 录

应用程序二进制接口（**Application Binary Interface**，**ABI**） API 的编译代码实现。

阿姆达尔定律（**Amdahl's law**） 计算并行代码最佳性能的简单公式。最佳性能取决于硬件可用的并行度和代码串行占比。实际上，该定律给出了过于乐观的上界。

应用程序接口（**Application Programming Interface**，**API**） 程序与软件底层的稳定接口。软件底层可以是库，也可以是操作系统本身。

专用集成电路（**Application Specific Integrated Circuit**，**ASIC**） 针对特定功能或应用制备的非通用集成电路芯片。

BasicLockable C++ 标准中的命名要求，描述了可通过 std::lock_guard 使用的类。

缓存一致性（**cache coherence**） 机器中所有缓存对特定缓存行持有相同值的理想属性。

子任务（**child task**） 由父任务创建的任务。

代码（**code**） "程序"或"应用程序"的同义词。

一致性组构（**coherence fabric**） 承载核心与核心之间用于维持缓存一致性的消息的互连结构。

编译（**compilation**） 将程序的人类可读表示转换为一组可由计算机执行的机器指令（和数据）的行为。

核心（**core**） 请参见"物理核心"。

平均指令周期数（**Cycles Per Instruction**，**CPI**） 测量特定 CPU 实现的代码执行效率的方式。

中央处理器（**Central Processing Unit**，**CPU**） 请参见"核心"。但是在某些语境下，用 CPU 来指代物理封装，这种物理封装包含多个核心、缓存等。

后代任务（**descendant task**） 作为子任务的任务或作为后代任务的子任务的任务。

直接存储器访问（**Direct Memory Access**，**DMA**） 允许网络接口或硬盘控制器等设备直接访问内存，而无须用 CPU 从设备中移入或移出数据的技术。

伪共享（**false sharing**） 由于使用单个物理缓存行保存两个不相关的变量而发生的共

享。伪共享导致缓存之间的传输。这会影响性能，但是，由于从变量到存储位置的映射是由编译器控制的，因此在源代码中难以发现该问题。

futex　用于挂起或唤醒线程的 Linux 系统调用。

硬件线程（hardware thread）　请参见"逻辑核心"。

初始线程（initial thread）　请参见"主线程"。

因特网协议（Internet Protocol，IP）　使不同机器能够通过因特网进行通信的底层协议。

进程间通信（InterProcess Communication，IPC）　在不同进程（可能位于同一台机器上，也可能是远程进程）之间进行通信的方法。IPC 有时也用于表示"每周期指令数"（Instructions Per Cycle，IPC），即 1/CPI，但本书中我们不使用此用法。

即时（**Just-In-Time**，JIT）　即时编译是一种在程序执行时对其进行编译的实现。即时编译避免了对离线编译的需求，并且允许编译器知晓编译目标机器，还利用了配置文件信息，以做出良好的优化选择。代价是每次运行代码时，都必须进行编译。

抖动（jitter）　由环境或同一系统上正在执行的其他进程和线程向系统注入的噪声。

后进后出时间（**Last In Last Out time**，LILO 时间）　对于集合操作，LILO 时间是指：从最后一个线程到达时开始，到最后一个线程离开时结束，其间经过的墙上时钟时间。对于树形同步障，LILO 时间是指：合并和广播操作的后进根出（Last In Root Out，LIRO）时间与根进后出（Root In Last Out，RILO）时间的总和。

后进根出时间（**Last In Root Out time**，LIRO 时间）　合并操作是指：单一的根线程发现所有线程都到达以后，只有根线程离开的操作。对于这种合并操作，LIRO 时间是指：从最后一个线程到达时开始，到根线程离开时结束，其间经过的墙上时钟时间。

逻辑核心（logical core）　操作系统在其上调度工作的单一硬件执行线程。在同步多线程（Simultaneous Multi-Threading，SMT）机器中，逻辑核心是单一的 SMT，而一个 CPU 或核心可以同时执行多个 SMT。

逻辑 CPU（logical CPU）　同"逻辑核心"。"逻辑 CPU"术语来自 Linux 操作系统。

主线程（main thread）　在进程创建后，开始在进程中执行的那一个线程。

内存屏障（memory fence）　在乱序 CPU 中，对本地核心发出的内存指令强制进行外部可见排序的指令。

操作系统（**Operating System**，OS）　操作系统内核与库的组合。操作系统为用户代码提供了在机器上运行的途径，同时使用户代码从底层硬件复杂性中抽象出来。

操作系统内核（OS kernel）　操作系统中以特权模式执行、控制设备、提供文件系统、为用户级进程分配资源的部分。

封装（package）　请参见"处理器封装"。

并行占比（parallel fraction）　在串行代码中，能够并行执行的部分所占的时间比例。

父任务（parent task）　创建其他任务的任务。

物理核心（physical core） 执行指令的硬件实体。在 SMT 系统中，一个物理核心可以支持多个逻辑核心。有时简称为"核心"。

进程（process） 执行代码的保护域。一个进程至少包含一个线程。

处理器管芯（processor die） 包含处理器以及诸如缓存、内存控制器等支持基础设施的硅片。

处理器封装（processor package） 插入系统插槽的物理单元。处理器封装可包含多个管芯。

根进后出时间（Root In Last Out time，RILO 时间） 对于广播操作，RILO 时间是指：从根线程到达时开始，到最后一个线程离开时结束，其间经过的墙上时钟时间。

根线程（root thread） 在集中式集合操作（例如集中式同步障）中，作为中心线程的单一线程。它知晓其他线程是否都已到达。

sched_yield 进入并请求内核运行调度器，以运行适当线程的 Linux 系统调用。对于现代 Linux 内核，在轮询循环中调用 sched_yield() 是无效的，故请勿如此调用。

串行占比（serial fraction） 代码中必须串行执行的部分所占的时间比例。

兄弟任务（sibling task） 拥有相同父任务的任务。

插槽（socket） 在系统主板上，将处理器封装与计算机主板相连接的物理安装。该术语有时用作"处理器封装"的替代词。

任务（task） 在线程中拥有专属数据环境和执行代码的并发工作单元。

任务池（task pool） 存放正在等待被线程选中并执行的任务的容器。

任务队列（task queue） "任务池"的误用名称。

线程（thread） 单一执行实体，以及与其关联的状态。线程在进程内部执行。

线程池（thread pool） 一组即使没有工作也依然保持活跃的线程。有新工作时，能迅速启用它们。

volatile C 语言的关键字之一。对该类型变量的每一次存储或加载操作都必须实际发生，以防止编译器认为没有必要而将操作优化掉。

第 1 章 *Chapter 1*

绪　　论

如今的世界是并行的世界。并行无处不在。从最小的设备（例如支持物联网的处理器）到最大的超级计算机，几乎所有设备都提供具有多个处理元件的执行环境。因此，这要求程序员编写能够利用硬件中可用并行性的并行代码。这种普遍性也意味着，实现支持并行程序的运行时环境是必要的。我们将在本书中讨论构建并行运行时系统的过程中涉及的问题。大多数（应用程序）程序员不用担心并行编程的复杂的底层细节，而应主要关注上层问题，不幸的是，上层问题也很复杂。

我们将介绍并行编程语言所依赖的基本构建模块，并讨论这些模块与现代机器架构的交互方式，帮助你理解如何为这些构建模块提供高性能实现。显然，这也需要你理解：

- ❏ 每种构造的合理性能指标是什么。
- ❏ 根据底层硬件特性，理论性能极限是什么。
- ❏ 如何测量硬件与程序代码两者的性能。
- ❏ 如何使用硬件特性的度量设计性能良好的软件。

在本书中，我们将展示由现代处理器设计方式所带来的有趣效果。程序员在实现高性能并行运行时系统的时候，需要考虑底层机器细节。我们将展示其中存在的（性能）陷阱。你将看到一些违反直觉的结论，它们很可能会误导你对机器性能的思考及实现决策。

1.1　本书结构

为了更好地理解本书结构，请参见图 1.1。它展示了并行运行时系统的典型层次结构。（并行）应用程序代码位于并行运行时库之上，该库实现了支持应用程序中的并行性的关键功能。并行运行时库通常依赖于本地库，本地库通过操作系统来提供线程概念（例如

POSIX 线程库 pthreads[34]）。栈的底层是多核处理器，它执行并行运行时系统和应用程序的代码。在很多情况下，线程库和并行运行时系统会使用由多核处理器提供的功能，以获得更高效率。

本书剩余部分大体上以自顶向下的方式论述各个主题。我们从（应用程序）程序员能接触到的并行编程模型层开始。我们将讨论一些设计选择，以及它们对实现并行编程模型的软件栈通用结构的影响。第 2 章将简要介绍本书用到的并行编程模型的关键概念。这不是对并行编程的深入介绍，但请不要因此失望，而要想到：你对并行编程仅接触了一点点，就对它有了基础的了解。

第 3 章将描述多核架构的基础。虽然多核架构位于上述层次结构的底层（甚至位于软件栈之下！），但提早讲解机器级别的细节是很有益的，原因是现代处理器的工作方式和它们执行并行应用的行为方式激发了我们将介绍的一些实现选择和算法。

第 4 章将解释并行编程模型和运行时系统之间通过编译器和运行时入口点进行交互的方式。第 5 章将讨论并行运行时系统通常需要的横切方面，例如如何管理并行性，以及如何管理内存。

第 6 章到第 9 章涵盖了各种细节！这几章将深入探讨关键概念的具体方面和实现，例如互斥、原子操作、同步障、归约和任务池。这几章全都聚焦于实现的算法与机器之间的交互方式，以及它们对现代处理器造成的影响。这可以让你清晰地了解，为了榨取并行性能都需要掌握什么。理想情况下，这会使你更好地使用运行着并行运行时系统（及其上的并行应用程序）的昂贵机器。

图 1.1　并行运行时系统的典型层次结构

1.2　探索设计空间

在思考如何实现并行运行时系统之前，你必须先想想并行编程模型应该是什么样的。当然，这是对于完全从零开始的情况而言。如果你的任务是实现已有的编程模型，那你的选择就比较有限了，因为虽然实现的内部细节有调整空间，但模型中面向程序员的那些部分都已经定义好了。

并行编程模型实现者面临的一个主要问题是：编程模型应该以作为提供应用程序接口（Application Programming Interface，API）的库的方式实现，还是以作为编程语言自身的一部分（或者是对它的扩展）的方式实现。更复杂的是，你还能考虑一种混合模型，模型的一部分用语言表达，另一部分由 API 例程涵盖。图 1.2 展示了三种并行编程模型类别和几个知名的示例。图 1.3 展示了依据编程模型所针对的并行架构而进行的不同分类。

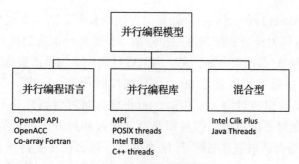

图 1.2　并行编程模型范例

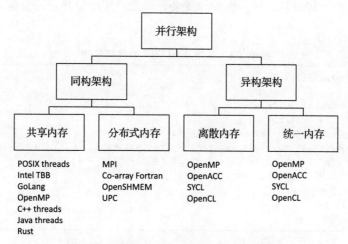

图 1.3　依据内存架构分类的并行编程模型

每种设计都具有某些优势，但同时也要付出一些代价——每种设计相较于其他并行编程模型实现都有一些缺点。现在，我们探讨两种主要的设计选择及其优缺点。

1.2.1　作为库的并行

通过库引入并行，似乎是显而易见的选择。因为大多数编程语言都支持库，所以你基本上能使用任何编程语言完成并行编程。POSIX 线程库 pthreads 就是绝佳的例子。在POSIX 兼容系统，例如 GNU/Linux 操作系统上，pthreads 为 C 语言和其他语言带来了多线程。另一个例子是 Intel 线程构建模块（Threading Building Block，TBB）[151]，它为 C++ 语言增添了基于任务的并行。

那么，这种想法有什么问题呢？仅用 API 来提供并行的主要问题是：编译器通常无法意识到用来创建并行的库调用的特殊含义，因此编译器只能将 API 例程视为内容不可见的黑盒。在过去，该问题因 C 语言没有定义内存模型（关于内存模型的讨论，请参见 3.2.2 节）而暴露出来。编译器会假定只有一个线程在执行代码。如果 pthreads 再创建一个线程，则新线程会被视为程序中唯一的线程，即使此时明显存在多个线程。使用 volatile 类型能缓解该问题。然而，volatile 类型更适合处理内存映像设备，而不是编写并行代码。3.2.2.2 节展示了编译器的这种假定会如何破坏用户意图。虽然各种语言的现代版本提供了缓解问题的工具，但你需要对这些问题有所警觉，并且在代码中运用缓解措施。

清单 1.1 展示了一段很短的使用 Intel TBB 的代码示例。它将一个非常简单的循环并行化，该循环将两个数组的对应元素相加。Intel TBB 负责将循环分割成更小的块，以这种方式在可用线程之间分配负载，但编译器对这个以并行方式执行的循环一无所知，因此编译器难以确定是否还有进一步并行化的机会，例如，在支持单指令多数据（Single Instruction Multiple Data，SIMD）指令的机器上使用向量化。之所以会这样是因为：for 循环从循环块的起始迭代至其结尾，而编译器必须对这种按序循环进行分析，才能进一步并行化。

清单 1.1 使用 Intel TBB 的代码示例

```
#include <tbb/parallel_for.h>

void array_example(double * a, double * b, double * c,
                   size_t n) {
  tbb::parallel_for(tbb::blocked_range<size_t>(0, n),
          [=](const tbb::blocked_range<size_t> & r) {
            for (size_t i = r.begin(); i != r.end(); ++i) {
              c[i] = a[i] + b[i];
            }
          });
}
```

库方法的主要优点是，并行编程模型不会与编程语言紧密耦合，这使得库方法比编译器方法更灵活，我们将在 1.2.2 节中介绍编译器方法。我们可以独立地开发库，并添加新的并行编程特性，而调用库的基础语言可以保持不变。因此，不需要修改编译器。这通常会简化推出新特性的过程。只需添加额外的库调用，或是添加对已有的库调用的扩展，然后发布库的新版本，就可以引入新特性。

在过去，通过库添加新特性的优势很明显。在高性能计算（High-Performance Computing，HPC）领域，"消息传递接口"（Message Passing Interface，MPI）[90] 是构建使用多台联网机器的高度并行代码的标准方式，而"高性能 Fortran"（High Performance Fortran，HPF）[109] 现在已沦为边缘化的历史旁注般的存在，即使 HPF 曾比 MPI 功能强大。作为编程语言的一组扩展，HPF 面临着需要有编译器供应商采用的重大问题，而任何人均能以库的形式实现 MPI（实际上，当初制定 MPI 标准时，有一个原型 MPI 库实现，以便在完成标准制定之前，能发现设计中存在的问题）。MPI 也证明了使用来自多种编程语言的库接口是可能的，这些语言都位于底层实现之上。因此，MPI 既能用于编译型语言，例如 C、C++、Fortran 等，也能用于解释型语言，例如 Python[148] 和 R[106]，还能用于即时（Just-In-Time，JIT）编译语言，例如 Julia[13]。

关于库方法的最后一件事是，并行编程库与内部的运行时库的分界线并不总是清晰明了的。在现实中，这是一个软件设计问题，它定义了并行编程库能够依赖于哪些基础特性，以及如何从上层特性中抽象出实现的底层细节。

1.2.2　作为语言的并行

另一种方法是在编程语言内部实现并行编程模型，即扩展现有编程语言的语法和语义，甚至重新设计一种并行编程语言。也许你已经猜到了，因为我们现在处于另一个极端，所以该方法将库方法的缺点转变为优点，优点转变为缺点。

我们先从缺点谈起，优点稍后再谈。如果我们想为编程语言扩展新特性，则必须修改编译器，使其支持新的语法和语义。虽然这件事一开始听起来微不足道，但在大多数情况下，它很快就变得举足轻重。想象一下，假设你正在使用你最爱的编程语言的闭源编译器，而你想扩展它。除非你能直接修改编译器的源代码，否则，唯一的选择就是亲自实现该语言的编译器。这可是一项非常艰巨的任务！

重新设计一款并行语言并不会让情况好转很多。库能够利用已有生态，例如 C++，但设计一款新的编程语言意味着必须先为新编程语言搭建生态，才能使其有用。结果就是，人们依然使用 n 种已有语言，而你只是创造了第 $n+1$ 种语言。如图 1.4 所示，来自 xkcd.com 的漫画（请参见文献 [93]）生动地总结了该现象。

图 1.4　XKCD 927："标准"（© xkcd.com；经许可使用）

但是，使用编译器支持的并行编程模型有一个重要优势：编译器知晓并行性，所以能在分析代码时利用这些额外信息。然后，它能利用这些从编程模型中获得的额外上下文信息来转换和优化代码。编译器不必像在库方法中那样，通过分析（按序执行的）代码来推断优化方法。

现在，我们来看看清单 1.2 中的 Fortran 示例。Fortran 能对数组进行元素级操作。在该示例中，数组 a 的每一个元素与数组 b 的对应元素相加，结果存储在数组 c 的对应位置中。如你所见，不需要编写显式循环。编译器能自动生成处理二维数组的代码。因为对每个数组元素的操作都能独立于彼此，所以编译器知道它们能同时执行，而且编译器能利用该信息来进行并行化，例如，生成 SIMD 代码，或使用多线程。

清单 1.2　使用 Fortran 数组语法的数组示例

```
subroutine array_example(a, b, c)
  implicit none
  double precision, dimension(:,:) :: a, b, c
  c = a + b
end subroutine
```

1.3　代码示例

除非有特定的语言相关的需求（例如，为了说明向量化为什么在 Fortran 中比在 C/C++ 中更容易实现），否则本书中的代码示例都是用 C 或 C++ 编写的。当然，如果你想亲自实现并行运行时，那么你完全可以使用另一种语言。你应该选用一种易于访问底层机器细节、速度足够快，且无须跨越多个边界（例如，解释至本地执行）的语言。

我们当然不是想向任何人兜售 C++，但它确实在各个现代编程范式之间提供了良好平衡，同时还提供了对底层机器细节的轻松访问方式。由于我们的选择会帮你学习足够的 C++ 知识，以理解那些示例，因此，对于其他不是运行时代码的示例，我们也自然地使用了 C++。OpenMP 应用程序接口与 Intel TBB 将分别作为并行语言和并行库的主要示例。

在本书中，大多数用来演示并行运行时系统实现的代码示例，都可作为小型 OpenMP 运行时系统的一部分。你可以从 https://github.com/parallel-runtimes/lomp（"Little OpenMP Runtime"）下载该小型 OpenMP 运行时系统。该实现与 Intel C/C++ 编译器、Fortran 和 Clang 所使用的实现 OpenMP 语言的内部 API 兼容。虽然该实现不完整，并且仅涵盖了 OpenMP 应用程序接口的很小一部分，但它足以涵盖书中展现的 OpenMP 语言特性，包括一部分 OpenMP 任务。

1.4　机器配置

对关键的实现概念进行基准测试的硬件，是一个重要主题。我们尝试选用的处理器与当前最先进的多核和众核处理器类似，但又能展现不同供应商的不同架构选择。因为市场上有很多种并行处理器，所以我们的选择是随机的。我们选用的处理器来自三家不同硬件供应商（AMD、Intel 和 Marvell），即不同设计团队，它们实现了两种不同的指令集架构

（Instruction Set Architecture，ISA）（x86_64 和 Arm V8.1a），所以我们相信我们提供的机器样本是合理的。

为了展示各种基本操作的表现情况，我们将在每台机器上用相同的基准程序测试它们。我们的目标不是比较各个供应商或架构，以表明某个处理器比另一个处理器更好（那是由市场决定的）。我们的基准测试是为了表明，所讨论的问题在不同的架构和实现上都是普遍存在的。因此，在设计运行于此类处理器上的并行运行时系统的时候，需要考虑这些问题。显然，我们可以测量特定的机器，并设计出在其上运行良好的代码。但是，如果想要代码是成功的，那么它就要比其他处理器实现有更长的生命周期，因此我们希望它可用于现在及将来的多种硬件上。因为没有时光机，所以我们无法确定未来机器提升性能的小妙招，但是，通过观察现在的各种机器，我们能了解哪些普遍的、可能会长存的性能特征。

我们希望表 1.1～表 1.3 是本书最无聊的部分。这 3 个表格列出了作为示例的 3 种处理器实现的关键架构特性。你学完第 3 章后才会明白其中的一些细节。我们将 Arm 机器描述为 "Marvell ThunderX2"，然而，它最初是由 Cavium 设计的，后来 Marvell 收购了 Cavium。因此，如果你想了解更多关于它的细节，可以搜索 "Cavium ThunderX2"（或 "Cavium TX2"）。

我们在此提供这些配置数据，一方面是为了在初期准备时，将烦人的细节从本书剩余部分摘除，另一方面是为了复现性。如果你知道我们测量了什么，那么你也能测量这些东西，以确信我们没有像讲笑话一样胡编乱造（请注意，我们做这些测量时所使用的微基准程序，也可供你使用，它们是本书随附的小型的、不完整的 OpenMP 运行时开源版本的一部分。因此如果你愿意，你可以在你的机器上运行它们）。

表 1.1　机器配置：Intel Xeon 可扩充处理器

部件	规格
处理器	Intel Xeon Platinum 8260L 处理器
指令集架构	x86_64
每处理器核心数	24 个核心，每个核心支持 2 个硬件线程
时钟频率	2.40 GHz（睿频：2.90 GHz）
缓存	L1: 768 KiB L2: 24 MiB L3: 35.75 MiB
处理器管芯	1
插槽数	2
主存	12 × 16 GiB DDR4, 2666 MT/s
操作系统	CentOS Linux release 7.7.1908 (Core)
内核版本	3.10.0-1062.4.3.el7.x86_64

表 1.2　机器配置：Marvell ThunderX2 处理器

部件	规格
处理器	Marvell ThunderX2 CN9980
指令集架构	Arm V8.1a
每处理器核心数	32 个核心，每个核心支持 4 个硬件线程
时钟频率	2.00 GHz（睿频：2.50 GHz）
缓存	L1: 1MiB L2: 8 MiB L3: 32MiB
处理器管芯	1
插槽数	2
主存	16 × 16 GiB DDR4, 2666 MT/s
操作系统	SUSE Linux Enterprise Server 15
内核版本	4.12.14-150.17_5.0.90-cray_ari_s

表 1.3　机器配置：AMD EPYC 处理器

部件	规格
处理器	AMD EPYC 7742
指令集架构	x86_64
每处理器核心数	64 个核心，每个核心支持 2 个硬件线程
时钟频率	2.25 GHz（睿频：3.40 GHz）
缓存	L1: 2 MiB L2: 32 MiB L3: 256 MiB
处理器管芯	4
插槽数	2
主存	16 × 64 GiB DDR4, 3200 MT/s
操作系统	CentOS Linux release 7.8.2003 (Core)
内核版本	3.10.0-1127.el7.x86_64

第 2 章 *Chapter 2*

并行编程模型与概念

如第 1 章所述，并行硬件的优秀编译器与运行时系统必须为并行程序的高效运行提供支持。本书假设你大体上对并行编程有所了解，但我们最好还是复习一下接下来会用到的并行编程模型的关键概念与特性。这对于理解并行软件栈底层的职责很有帮助。

在本书中，虽然我们讨论了并行编程模型及其实现，但讨论范围仅限于共享内存环境。我们没有讨论消息传递系统的实现，例如消息传递接口，也没有讨论为程序员提供分区全局地址空间（Partitioned Global Address Space，PGAS）的语言和库，例如 Unified Parallel C（UPC）[145] 或现代 Fortran 语言的 Coarray 功能 [98]。我们忽略这些模型，不是因为它们没用（实际上，它们是运用大型机器的关键，而且 "MPI+X" 的组合是对世界最大的计算机编程的规范方式），而是因为我们时间有限，正如 Andrew Marvell [86] 在诗中所述。

因为时间限制，我们无法在一章中涵盖并行编程的所有方面，所以只关注接下来会用到的最重要的概念。我们选用了两种并行编程模型来展示这些概念：OpenMP API [100] 和 Intel 线程构建模块 [151]。除此以外，还有很多关于各种并行编程模型的论文和书籍，如果你想学习更多相关知识，那么你一定要读读它们。本书结尾处提供了一些参考资料，但它们只占那些优秀的线上或线下图书的很小一部分。

本章首先对多进程进行简短介绍，不会在此花费很多时间，因为本书的重点是多线程的高效运行时系统，所以我们将更深入地讨论后者。最后，我们将探讨阿姆达尔定律（Amdahl's law），以及它对性能的影响。

2.1　多进程与多线程

多进程（multi-processing）——有时也称为多任务（multi-tasking）——发明于 20 世

纪 50 年代，实现于 20 世纪 60 年代早期。它允许多个用户访问同一台昂贵的计算系统，以提高资源使用率。在具有单个中央处理器（Central Processing Unit，CPU）的单进程系统上，一个进程在另一个进程运行之前，在硬件上运行很短的一段时间（时间片）。如果某个进程阻塞（例如，在进行缓慢的 I/O 操作时），就执行另一个进程，以保持 CPU 忙碌。这会给分时系统的用户一种错觉，让他们认为自己独占一台机器，而实际上，只有一台机器在不同的作业之间高频切换。操作系统（Operating System，OS）的职责是：当进程的时间片结束时，中断进程，保存进程的执行上下文（机器寄存器和其他状态），选择下一个运行进程（可以是刚中断的这个），最后恢复待运行进程的保护状态和机器寄存器状态，以使其运行。

在多核系统上，因为有多个物理核心可用，且 OS 的目标是让它们保持忙碌，所以多个进程能真正同时运行。

在过去，由于机器只有一个核心，因此没有必要在每个进程中支持多个执行点。因此，进程既是一个保护域，也是一组寄存器（包括程序计数器）。然而，在现代 OS 中，我们要区分线程和进程的概念[126]：

❑ **进程**——进程代表一个保护域。它拥有一块地址空间、打开文件描述符、从其所属的用户账户中派生的权限。然而，它没有执行上下文，也不能执行指令。

❑ **线程**——线程代表一个执行上下文，即一组机器寄存器，包括程序计数器。线程只能在进程的上下文中执行，进程提供了线程驻留的地址空间。线程能访问进程的资源，也拥有特定执行属性，例如能运行该线程的核心，以及统计信息（例如该线程消耗的 CPU 时间）。

因为没有线程的进程无法做任何事，所以 OS 在创建新进程时，就会为其创建一个线程（称为主线程或初始线程）。由于该线程能执行，因此它之后能通过系统调用创建必要的额外线程。区分进程与线程的概念很重要，因为某些属性属于线程（例如，执行优先级以及能运行该线程的核心），而另一些属性属于进程（例如，文件访问许可、内存、打开文件描述符）。

多进程的思路是使用多个进程（可能每个进程都只有一个线程）并行地解决问题。默认情况下，进程之间没有任何共享资源，显然，这个问题需要用进程间通信（InterProcess Communication，IPC）来解决。

在更广泛的云计算和 Web 服务中，使用多进程解决问题很常见。用户手机上的某个进程运行着 Web 浏览器，其通过因特网向运行在云上的多个进程发送请求，这些云上进程又会与运行着数据库或其他服务的进程进行通信。对于软件即服务（Software as a Service，SaaS），即使是看似简单的函数调用，也可能被定向到地球上某个地方的其他机器。这些都是由进程间通信实现的，它不需要共享内存段。

实现 IPC 的方式有很多。在类 UNIX 操作系统中，IPC 既可以利用位于同一台机器（即同一个操作系统实例）的进程之间的管道来实现，也可以通过位于不同系统（甚至是位于相同系统）的进程间的使用网络协议的通信来实现。用户数据报协议（User Datagram Protocol，UDP）[103] 和传输控制协议（Transmission Control Protocol，TCP）[77] 等基于因特网协议（Internet Protocol，IP）的协议常用于此。IP 进而使用底层物理传输层，例如 Ethernet 或 InfiniBand。如果你能接受"略微"高一点的网络延迟，那么以鸟类为载体（avian carriers）[152] 的 IP 数据报网络也可以作为你的选择。

共享内存是与本书内容最相关的 IPC 形式。现代 OS 提供了创建被同一个系统的多个进程共用的内存段的多种方式。为了在多个进程之间共享某些物理内存页，要修改相关进程的虚拟内存页表。在 Linux 上，你能使用 mmap() 系统调用 [74, 131] 来创建内存段。其他进程能使用 MAP_SHARED [122] 标记来访问该内存段。另一个选项是 System V 共享内存段（系统调用 shmget()、shmat()、shmdt()）[74]。这两种共享内存段都能横跨多个进程，而且每个进程都能平等地在共享内存段中读写数据。当然，如果要访问同一个内存位置，那就需要使用适当的同步机制来避免错误结果。第 6 章将解释该问题及其解决方案。

2.1.1　线程基础

在 20 世纪 70 年代和 20 世纪 80 年代，随着商品级多处理器系统的出现，有一种思想变得越来越清晰：在单个地址空间中执行多个线程（多线程）是一种有效的方法。这样，进程能利用更多可用硬件，而且编写代码更容易，因为通过共享所有资源消除了特意指明哪些资源要被共享的麻烦。这也促使 POSIX 线程 API，即 pthreads [59]，于 20 世纪 80 年代的出现，它提供了使用多线程的标准方式。最近，语言标准的进化将线程概念引入了编程语言。

当然，简单地共享一切资源是有代价的，因为现在必须确保每个线程都具有一致的状态，还要防范它们意外干扰彼此的状态（请参见第 6 章）。究竟是强行将数据分隔并使用消息传递 [如 MPI 或通信顺序进程（Communicating Sequential Processes，CSP）[57]] 更好，还是允许任意资源都共享更好，这是一个有趣的语言设计哲学问题。虽然消息传递模型迫使程序员考虑数据的移动与共享，这看似需要额外的工作量，但是，在花了一周时间来寻找共享内存代码中少见的竞争条件后，他会感觉在消息传递模型中的额外时间投入是值得的。

清单 2.1 展示了经典" Hello World"程序。它使用 pthreads 启动一些线程来输出消息。对 pthread_create() 的调用将一个 pthread_t 对象（一种在后续的调用中辨识该新建线程的句柄）存储到由第一个参数传入的存储位置中（请参见文献 [122]）。第二个参数用于定义线程属性（例如，待分配的栈的大小）。第三个参数向 pthread_create() 传递一个函数指针，该指针指向线程需要执行的代码（称为启动函数）。最后的参数是一个 void * 指针，可将其转型，以提供对启动函数参数的访问。我们忽略该参数，因为此处不需要任何参数。

清单 2.1 使用 POSIX 线程 API 的经典"Hello World"示例

```
#include <stdio.h>
#include <stdlib.h>
#include <pthread.h>

#define NUM_THREADS 8

static pthread_mutex_t mtx = PTHREAD_MUTEX_INITIALIZER;

static void * run(void *) {
  pthread_mutex_lock(&mtx);
  printf("Hello World!\n");
  pthread_mutex_unlock(&mtx);
  return NULL;
}

int main(int argc, char * argv[]) {
  pthread_t threads[NUM_THREADS];

  for (size_t i = 0; i < (NUM_THREADS - 1); ++i)
    pthread_create(&threads[i], NULL, run, NULL);
  run(NULL); // Print from the main thread, too!
  for (size_t i = 0; i < (NUM_THREADS - 1); ++i)
    pthread_join(threads[i], NULL);

  return EXIT_SUCCESS;
}
```

在此示例中，run() 函数拥有一个参数（指向一组实参的 void * 指针），并且它返回指向一组结果值的 void * 指针，以传回数据。应用程序调用 pthread_join() 函数，就能取回数据了。pthread_join() 的第二个参数是一个指针，该指针指向的空间可用于存储被合并了的线程调用的函数的返回值。因为我们不需要这些返回值，所以我们传递了空指针。请注意，如果线程结束时没有调用 pthread_join() 函数来清理线程状态，那么可能导致未定义的行为。

如你所见，这段代码写定了待创建线程的数量，因为 pthreads 没有提供获得机器属性并让每个可用逻辑核心执行一个线程的简单方式。所以，你还能看到，在 printf() 周围使用了显式锁，以确保输出到共享 stdout 流的正确顺序。

C++11 引入了基础的并行概念，并且通过 std::thread 类为线程提供语言支持和库支持。在清单 2.2 中，C++ 代码的抽象层次比使用 C 接口直接访问 pthreads 库的抽象层次高。在 C++ 中，我们能使用 lambda 表达式[123]（而非函数指针）来将执行于线程中的代码传入 std::thread 构造函数。必须用 std::vector 记录线程，以便主线程能调用每个线程的 join() 方法，如在 pthreads API 中做的那样。C++20 中有一个不需要显式合并操作的线程类（std::jthread），它的析构函数隐式地进行合并操作及清理工作。C++11 包含了查询函数 std::thread::hardware_concurrency()，它告诉我们可用的并发线程数。输出函数周

围的锁也变得简洁了，因为我们使用了区域锁来确保离开作用域时释放锁。我们会在 2.3.1
节中再讨论这些。

清单 2.2　使用 C++ 线程的经典"Hello World"示例

```cpp
#include <iostream>
#include <vector>
#include <thread>
#include <mutex>

int main(int argc, char * argv[]) {
  const auto nthreads = std::thread::hardware_concurrency();
  std::mutex mtx;
  std::vector<std::thread> threads;

  for (auto i = 1; i < (nthreads - 1); i++) {
    threads.push_back(std::thread([&] {
      const std::lock_guard<std::mutex> guard(mtx);
      std::cout << "Hello World" << std::endl;
    }));
  }
  { // Print from the main thread, too!
    const std::lock_guard<std::mutex> guard(mtx);
    std::cout << "Hello World" << std::endl;
  }
  for (auto & t : threads) {
    t.join();
  }

  return EXIT_SUCCESS;
}
```

这种创建线程并在所有线程完成后继续串行执行的模型，称为派生 / 合并（fork/join）
模型。图 2.1 演示了此过程。当主线程抵达派生点时，会启动一组并行执行的工作线程。
在清单 2.1 中，这是第一个包含 pthread_create 调用的循环。在并行域结尾处，包含
pthread_join 调用的循环构成了合并点，主线程在此等待其他派生线程的完成。

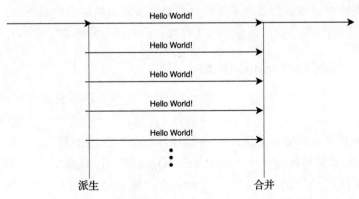

图 2.1　用于创建和终止并行执行的派生 / 合并模型

虽然代码看上去相对简单，而且好像我们能将它复制到所有需要并行化的地方，但要小心，因为创建和销毁线程都是开销相对较大的操作。在我们的 Arm 机器上，创建和合并一个没有做任何工作的线程花费了大约 28μs。此问题的解决方法是使用线程池，以便仅创建和销毁一次 OS 线程。然而，这需要编写很多并不简单的代码，线程必须在串行执行期间明智地进入休眠状态，之后当有并行工作时被唤醒（请参见 5.1.2 节）。

虽然在代码中能使用底层 API 实现并行化，但是高级编程模型通常更易于使用，而且它能提供更高的生产力，并且能以轻松简单的方式支持优化。你将在本书中看到各种优化示例。在面向底层 API 直接编写代码时，你其实是在迫使自己重新实现许多必要且不易实现的功能（例如，线程池）。实际上，本书中提到的大多数代码都是为了让你能在更高的层次上处理共享内存并行，而不是用底层接口。永远要记住："最好的代码，是我不必亲自编写的代码。"

2.1.2　线程亲和性

从上文可知，典型的现代硬件基本上都支持用多个硬件执行线程，这既是因为它有能支持多个硬件线程的核心，也是因为它拥有很多个核心（或两者兼备）。另外，底层软件模型用于创建多个线程，以便能运用硬件中的并行性。但是，我们还需要考虑软件线程在何处执行。从上层来看，似乎没有特殊理由表明，特定软件线程不应在任意可用硬件线程上执行。可以预见的是，在多进程分时机器上，软件线程数量会比硬件线程数量多得多，由操作系统决定每个软件线程的运行位置及其可运行时长。

但是在 HPC 环境中，要尽力取得最高的性能，而且"硬件线程能以相同速率执行软件线程"这种上层观点不一定正确。如果变量仍位于更近的缓存中，并且可以避免从主存中重新获取变量，那么代码会运行得快一些。类似地，如果内存被分配到执行线程的核心附近，而且 OS 在远离该内存的核心上执行线程，则代码会运行得慢一些。虽然操作系统在调度决策中衡量了这些因素，但是大多数操作系统还是明确地允许用户代码控制特定软件线程的运行位置。这称为线程亲和性。

因为这里做的很多测量都是为了帮助你理解线程之间的通信的影响，所以在测量性能与硬件时，我们明确使用单线程核心并将线程与它们的核心紧密绑定。

2.1.3　基于线程编程的 OpenMP API

OpenMP 应用程序接口[100]是一种包含线程的、用于并行编程的高级编程模型，简称为 OpenMP API。OpenMP API 是一种并行语言（虽然名字中包含 API），它使用包含并行化信息的 C/C++ 编译器编译指令以及 Fortran 编译器指令来修饰串行代码。这些并行化信息使编译器知晓将串行代码转换为并行代码的方式。OpenMP API 还指定了一组运行时例程和环境变量，以控制执行（例如，线程数）。你可以在文献 [21] 和文献 [147] 中找到对 OpenMP API 的出色介绍。

清单 2.3 展示了使用 OpenMP API 实现的"Hello World"示例。实际上，它是在串行"Hello World"代码的基础上，添加了三行代码（两个 #pragma 和此代码并不需要的 #include）。程序员不需要负责创建线程，此事由底层运行时库负责。编译器翻译代码，以利用运行时库（请参见第 4 章）。类似地，现在无须声明或操作锁，只需告知编译器代码区域是临界区，且不需要选择合适的派生线程数量。因为默认情况下，OpenMP 运行时负责此事，它会选择对运行代码的机器而言合适的线程数量。请注意，任何合理的 OpenMP 运行时都会实现线程池。其实，与线程私有变量相关的 OpenMP 语义基本都需要使用线程池，如清单 5.3 及相关讨论所示。

清单 2.3 使用 OpenMP API 的经典"Hello World"示例

```c
#include <stdio.h>
#include <stdlib.h>
#include <omp.h>

int main(int argc, char * argv[]) {
#pragma omp parallel
  {
#pragma omp critical
    printf("Hello World!\n");
  }
  return EXIT_SUCCESS;
}
```

当主线程遇到 parallel 构造时，它会派生线程。它会派生（新建或唤醒）一个线程组，以执行并行域的代码（与 pthreads 版本类似）。然而，并行域的代码是以紧随 parallel 指令的结构块的形式定义，而非以新函数的形式定义（在 pthreads 中需要编写新函数）的。在 C 和 C++ 中，结构块可以是单一的语句，也可以是由花括号包裹的一组语句序列。在 Fortran 中，用 end 指令表示结构块结尾。不能分支跳入该序列（例如，通过 goto），也不能分支跳出该序列（例如，通过 goto 或 longjmp，或是在 C++ 中通过抛出异常）。有时，这也称为"单入口单出口"（Single Entry, Single Exit，SESE）。

OpenMP 模型在 parallel 构造的结尾处自动进行合并操作。主线程会等待线程组的其他线程结束执行结构块。在第 5 章，我们将明白使用并行运行时系统比在并行执行结尾处终结所有工作线程（如清单 2.1 的 pthreads 示例所示）更明智的原因。

多线程编程模型通常为每个线程分配一个线程标识符（thread ID），以便在系统中辨识线程。pthreads API 使用不透明的 pthread_t 类型的句柄。OpenMP API 从这种低级线程 ID 中抽象出来，使用分配数字（从 0 到 $N_{Threads}-1$）的逻辑编号方案。这能简化程序员的工作，尤其是当线程 ID 需要作为计算的一部分来为特定线程分配工作的时候。

2.1.4 工作分享

截至目前，每个线程都执行相同的工作，这通常没什么用处。现在，我们来做些更有意义的事，将工作分配到可用线程上。这称为工作分享，它有几种非常不同的形式，具体取决于用于分配的并行算法，以及并行编程模型的能力。在 OpenMP API 中，工作分享是指将并行循环分配到线程组并为部分可用线程布置工作的构造。

也许你已经看够了"Hello World"程序，所以让我们做一些更有趣的事，实现并行的矩阵与矩阵乘法[48]。清单 2.4 展示了简单的 OpenMP 代码，它将两个分别具有 $n \times n$ 个元素的方阵 **A** 和 **B** 相乘。因为我们想展示的是并行编程概念，而非复杂的高性能算法实现，所以该示例使用的是很简单的实现。而且，该示例既没有使用向量化，也没有使用缓存区块。即使是对于看上去简单的操作，如果想要取得优秀性能，依然需要使用它们。因此，对于教学之外的用途，你不应使用此代码，而应使用为数学算法提供了优化版本的库，例如 ATLAS[9]、Intel Math Kernel Library[63] 和 BLIS[149]。

清单 2.4　OpenMP API 中的工作分享循环

```
void matmul_par(float * C, float * A, float * B, size_t n) {
#pragma omp parallel for schedule(static, 8) firstprivate(n)
  for (size_t i = 0; i < n; ++i)
    for (size_t k = 0; k < n; ++k)
      for (size_t j = 0; j < n; ++j)
        C[i * n + j] += A[i * n + k] * B[k * n + j];
}
```

清单 2.4 中的循环使用了块尺寸为 8 次迭代的静态调度。例如，分配到 3 号块的循环迭代是 [24, 32)，即从 24 号到 31 号的迭代（开区间不包括 32）。如果该循环由 8 个线程执行，则每个线程都会收到相同工作量。图 2.2 展示的是 $n = 92$ 且使用 4 个线程的情况。如果块尺寸不能整除循环迭代数（如图 2.2 所示，最后的块仅有 4 次迭代），则最后的循环块将进行更少的迭代，所以它可能是个例外。

图 2.2　使用块尺寸为 8 的静态调度分配 92 次迭代

并行编程模型能提供不同的调度选项，甚至可以自己从一组循环调度类型中进行选择。用于工作分享循环的 OpenMP 接口提供了静态调度、动态调度和指导性调度的基本形式，这些调度方式的"块尺寸"参数是可选的。在动态调度中，已完成循环块的线程将从概念上的循环块中心堆里请求下一个循环块。指导性调度与此类似，不过，当剩余工作有很多时，线程会抓取并处理更大的块。我们将会在第 8 章深入学习循环调度的实现细节。

其他形式的工作分享涉及数据分解、生产者 / 消费者模式、流水线、并行树遍历，以及更一般的并行图遍历 [88]。我们无法讲解这些模式的所有方面，但是在 2.2 节中讨论基于任务的并行的时候，我们将讨论生产者 / 消费者模式。

另一种类型的工作分享仅允许部分线程执行特定代码段。清单 2.5 展示了 4 个此类构造的示例。未来的 OpenMP API 版本将会弃用 master 构造，并以更通用的 masked 构造取而代之。masked 构造的 filter 子句允许程序员指明哪些线程（当然，也可以是某一个线程）应该执行受保护的代码区（请参见清单 2.5）[101]。可以用 masked filter(0) 或没有 filter 子句的 masked 来表示 master 构造。然而，在撰写本书时，OpenMP API 规范 5.1 版本仍在开发中，所以我们将重点关注 master 构造。我们将在 6.9 节中讲解 master 和 single 构造的实现。

清单 2.5　OpenMP 的 master、masked、single 和 sections 构造

```
void main_thread_only() {
#pragma omp master
  printf("This code runs only in the main thread!\n");
}

void masked_construct() {
#pragma omp masked filter(2)
  printf("This code runs only in the thread with ID 2!\n");
}

void single_construct() {
#pragma omp single
  printf("This code runs only in one thread!\n");
}

void parallel_sections() {
#pragma omp sections
  {
#pragma omp section
    { // section 1
      code_for_section_1();
    }
#pragma omp section
    { // section 2
      code_for_section_2();
    }
#pragma omp section
    { // section 3
      code_for_section_3();
    }
  }
}
```

清单 2.5 中的 sections 构造是执行静态任务的工作分享构造。3 个 section 指令对应的 3 个结构块能并发执行。如果线程组中的线程比 section 块多，则会有空闲线程。如果

可用线程比块少，则有些线程会执行多个结构块。因为在编译时，任务数量是静态定义的，并且定义后不能修改，所以称之为静态任务（相对于 2.2 节中基于任务的模型而言）。

OpenMP 语法还可以使用可选的子句，这种子句能改进指令的行为。你已见过了使用 schedule 子句为并行循环指定循环调度类型。OpenMP API 还提供了用于控制数据对线程组可见性的子句。也许你注意到了，在清单 2.4 中，parallel for 指令有一个用于变量 n 的 firstprivate 子句。

OpenMP API 提供了以下可在并行指令中指明的、控制线程间数据可见性的子句：

❑ shared——声明为共享的变量，对整个线程组都是可见的。所有线程能访问同一个变量实例。

❑ private——声明为私有的变量，只能对单一线程可见。每个线程都创建私有的、未初始化的变量实例，而且在作用域内，仅创建线程拥有此实例。

❑ firstprivate——与私有变量相同，但是该私有实例的初始化方式是：将创建该并行域的线程中的原始变量值分配到各私有实例。

❑ lastprivate——每个线程都拥有一个该变量的私有实例。在并行域结尾处，执行循环最后一次迭代或"最后部分"的线程会用由其私有的该变量实例的值来更新创建该并行域的线程中的该变量的值。

lastprivate 指令只能用于并行循环指令或静态任务指令（因为，通常情况下，并没有"最后执行"这种概念）。在有效的情况下，它会向外部作用域变量返回一个值。

通常，程序员要负责正确地指定数据共享，default(none) 子句强制程序员显式指定共享。如果两个线程共享同一个变量或同一个内存位置（例如，通过数组指针），且其中有至少一个访问涉及对共享内存位置的更新，则并发访问可能会导致不一致的结果。这称为竞争条件。我们既可以通过私有化线程内存来避免竞争条件，也可以通过添加适当的同步机制（请参见 2.3 节）来避免竞争条件。

因为很难发现竞争条件（因为它们的出现可能与时机有关），所以有很多能够且应该用于追踪它们的工具，例如 Intel Inspector [62] 或 Clang 的 ThreadSanitizer [28]。

2.1.5 OpenMP 线程亲和性

如你所见，OpenMP API 会显式地命名线程，以便在任何有 $N_{threads}$ 个线程的并行域中，线程能以 $[0, N_{threads}]$ 进行编号。你可能会认为，这意味着线程与底层硬件紧密绑定，因为操作系统也倾向于在从 0 开始的连续范围内，枚举硬件线程。然而，事实并非如此简单。实际上，OpenMP 的线程枚举与底层操作系统的硬件枚举没有任何关系。虽然你可以使用整数枚举为 OpenMP 代码指明一组可使用资源，但是这些整数与底层硬件的映射关系依然是由实现定义的。虽然这似乎有悖常理，但其实这是个合理的选择，因为外层的资源控制系统可能已将可用硬件划分，而且执行中的线程可能无法访问，例如，第 0 号硬件线程。

因此，OpenMP API 能够通过 OMP_PLACES 环境变量，控制所访问资源的粒度，该变量可以指定 threads、cores 或 sockets，但没有准确定义这些术语。还可以选择如何将可用硬件资源映射到线程编号枚举。可以用 OMP_PROC_BIND 环境变量（或 parallel 指令的 proc_bind 子句）控制映射方式。该变量控制所有线程与创建并行域的主线程放置在相同资源上（使用 primary），还是靠近主线程（使用 close），还是远离主线程（使用 spread）。

正确的亲和性选择，对 OpenMP 代码性能有显著的影响。例如，如果有一份代码使用了 SMT 线程（其共享所有层次的缓存），其中有一个循环使用了 static(n)（即块状循环）策略来访问数组，以便相邻线程执行相近的迭代，则 close 线程绑定可能会表现得更好。因为，相近的线程可能会访问相似的数组元素，所以它们能有效地共享缓存。

在比较不同亲和性策略的性能时，如果使用了 SMT 线程，就要格外注意比较的公平性。随着线程数增多，spread 亲和性策略在填满第一个核的所有硬件线程之前，就会切换到另一个核上；而 close 亲和性策略在切换到下一个核之前，会用尽当前核的所有硬件线程。因此，spread 亲和性策略使用的物理核的数量，可能是 close 亲和性策略所使用的两倍（在每个核搭载两个硬件线程的机器中）。这显然为 spread 亲和性带来巨大优势，因为它将为软件线程提供两倍的物理资源。在公平比较中，你应该将"核数"作为 x 轴（而不是"线程数"），并且为不同的亲和性策略绘制不同的曲线。

2.2　基于任务的并行编程

通过提供比 OpenMP API 这类并行编程语言中的限制性 sections 构造更动态的机制，基于任务的并行编程将静态任务的思想广义化。与 sections 构造及其嵌套 section 构造的狭窄语法范围不同，基于任务的编程模型通常提供一种任务创建特性，可以在代码的（几乎）任何位置使用该特性来创建并发工作。

清单 2.6 展示了使用 OpenMP 任务的"Hello World"示例。在创建线程组之后，任务生成构造（OpenMP API 中的 task 指令）会将结构块修饰并标注为并发执行。这可能涉及控制被创建任务的具体行为的子句（例如，任务将哪些数据私有化）。稍后，清单 2.11 将使用用于递归算法的 task 构造。

清单 2.6　使用 OpenMP 的 task 输出"Hello World"

```
#include <stdio.h>
#include <stdlib.h>
#include <omp.h>

int main(int argc, char * argv[]) {
#pragma omp parallel
  {
#pragma omp task
    {
#pragma omp critical
```

```
      printf("Hello World!\n");
    }
  }

  return EXIT_SUCCESS;
}
```

图 2.3 展示了概念层面的情况。当线程遇到任务生成构造时，它会创建新任务，并将任务存储到任务池中，以供执行（也允许立即执行任务）。当线程完成工作后，它会检视任务池，如果里面有可用工作，线程会从线程池中抓取并执行任务。执行中的任务也能生成新任务。新任务会被放入线程池中延迟执行，最终会有线程从任务池中拾取并执行该任务。这会一直持续到并行算法停止生成新任务，所有已有任务全部结束以及并行域结束。

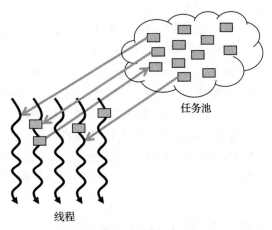

任务池

线程

图 2.3 概念层面使用任务池的任务执行方案

清单 2.7 展示的示例，使用了 Intel 线程构建模块库[66, 151]。TBB 是一个 C++ 模板库，在 C++ 的基础上提供了强大的基于任务的编程模型。tbb::task_group 类的 run() 方法，与 OpenMP 的 task 指令类似。该方法会创建任务对象，其包含 lambda 表达式，用于稍后执行。

清单 2.7　使用 Intel 线程构建块的经典"Hello World"示例

```cpp
#include <iostream>
#include <tbb/task_group.h>
#include <tbb/spin_mutex.h>

const size_t num_tasks = 8;

int main(int argc, char * argv[]) {
  tbb::task_group grp;
  tbb::spin_mutex mtx;

  for (auto i = 0; i < num_tasks; ++i) {
    grp.run([&] {
      mtx.lock();
      std::cout << "Hello World!" << std::endl;
      mtx.unlock();
    });
  }
  grp.wait();

  return EXIT_SUCCESS;
}
```

OpenMP API 与 TBB 的另一个主要区别是管理并行性的方式。在 OpenMP 程序中，程序员负责创建并行域，以获得执行并发任务的可用线程。在 TBB 程序中，运行时库负责创建线程。因此，程序员能立即开始创建任务，而不必先创建线程组。当编写存在于库中且利用并行性的代码时，这是一个优势，因为代码不需要关心它是从串行域中被调用还是从并行域中被调用。

由此可见两种模型之间的哲学差异。在使用 OpenMP API 时，程序员能获取当前线程数量（通过 omp_get_num_threads()）和正在执行代码的线程编号（通过 omp_get_thread_num()）。而且，OpenMP API 用迭代与线程之间的映射关系来描述循环调度操作。

TBB 没有线程标识概念。程序员不需要关心线程数量，也不用关心任务分配到线程的方式。这些都是由 TBB 运行时库负责的，程序员只需表达适当的并行性。由此来看，线程是一种应用程序员通常不需要关心的实现细节。

清单 2.8 展示了 M × M 算法的任务并行版本。它使用了 OpenMP taskloop 构造，该构造将循环的迭代空间，拆分为多个 OpenMP 任务。虽然它看上去和清单 2.4 所示的工作分享构造类似，但两者的行为方式截然不同。在使用 OpenMP 的 for 构造时，并行域中的所有线程必须遇到该构造，以便拆分工作，而 taskloop 构造仅需由单个线程执行。

清单 2.8　使用 OpenMP taskloop 的矩阵乘法

```
void matmul_taskloop(float * C, float * A, float * B,
                     size_t n) {
#pragma omp parallel firstprivate(n)
#pragma omp master
#pragma omp taskloop firstprivate(n) grainsize(8)
  for (size_t i = 0; i < n; ++i)
    for (size_t k = 0; k < n; ++k)
      for (size_t j = 0; j < n; ++j)
        C[i * n + j] += A[i * n + k] * B[k * n + j];
}
```

“为什么要这样？”你可能会问。原因是，taskloop 构造的定义方式与常规任务的定义方式类似（顺便说一句，TBB 的 tbb::parallel_for 模板也是如此）。也就是说，如果 N 个线程遇到构造，则每个线程都将开始执行相同循环，即循环会执行 N 次，而不是将整个循环拆分到每个线程上。因为现在只希望执行一次完整循环，所以必须确保仅有一个线程遇到 taskloop 构造。我们为确保这一点而使用了 master 构造（也可以使用 single 构造，因为并不要求进入 taskloop 的线程是某个特定的线程）。

grainsize 子句定义了每个任务应执行的迭代数。有趣的是，在 OpenMP 标准中，这可以是一个区间范围。在该示例中，就是 8～16 次迭代，所以实现可灵活选择具体的迭代数（即任务数）。构造还支持 num_tasks 子句，它指定应创建的任务数量，并按需调整块尺寸。

值得注意的是，虽然此设计看上去是使用单个线程执行 taskloop 构造来串行化任务创建，但是 OpenMP 语义并未强制如此。具体实现可以递归地拆分迭代空间，OpenMP 运行时库也使用了这种实现。

OpenMP 任务有一个特点：它们既可以是绑定任务，也可以是非绑定任务（通过使用 untied 子句）。OpenMP API 的设计者要解决如何将 OpenMP 任务与显式线程模型整合的问题。OpenMP 语言包含 threadprivate 指令，以将全局变量作为线程局部变量（请参见 5.3.5 节）。当线程开始执行任务时，任务可能会读取这种 threadprivate 变量。如果暂时搁置任务，稍后继续执行它，那么任务会再次读取同一个 threadprivate 变量。如果另一个线程拾取该任务，那么任务会看到两份不同的 threadprivate 变量。请注意，如果任务代码索取了锁，然后被挂起，稍后在另一个线程中继续执行，那么会发生相似的问题。因为拥有锁的是线程，不是任务，所以会发生无法预测的行为。

为避免上述情况的发生，在默认情况下，OpenMP 任务是绑定的。对于绑定任务，OpenMP 实现可以保证，如果被挂起的任务稍后继续执行，那么任务会一直在挂起它的线程上继续执行。这就保证了用特定线程完成整个任务执行过程。通过标记线程为 untied，程序员使 OpenMP 实现确信 threadprivate 变量问题不会发生，或是程序员不关心它是否发生。因此，OpenMP 实现可以自由选择线程，以继续执行被挂起的 untied 任务。

在结束对任务的基础介绍之前，我们复习一些稍后会用到的重要术语。当一个任务创建另一个任务时，该任务称为新任务的父任务，而新任务称为父任务的子任务。兄弟任务是指拥有相同父任务的所有任务。后代任务是指在父任务祖先链中的任务，它可以是子任务，也可以是后代任务创建的任务（例如，子任务的子任务）。如果新任务被放到了任务池中，则它是延迟的；如果它被立即执行，则它是未延迟的。当任务调度执行且结束执行时，它是已完成的。

2.3 同步构造

同步在并行程序中非常重要，因为它确保各个线程或任务，不会在没有适当协调的情况下并发执行。例如，并行域主线程会在继续执行程序串行部分之前，等待并行线程组里的所有线程抵达并行域结尾。

还有更多不同风格的同步构造，根据参与同步操作的线程和任务数量不同，不同的同步构造适用的场景也不同。无论如何，程序员必须谨慎小心地使用同步。如果同步太少，则代码会受到竞争条件、不确定性及最终错误执行的影响。相反，过多的同步会过度限制执行，限制可用并行性，并降低性能。

我们先学习一些稍后会用到的重要同步原语。

2.3.1 锁与互斥

锁是最基础的同步构造之一。它在一组线程之间实现互斥，确保代码不被并发执行。

锁的基本功能是，一旦线程进入了受保护的代码区，那么在该线程（当前的拥有者）释放锁之前，其他线程无法进入由相同的锁所保护的代码区。这能够保障共享数据结构不被并发地修改，从而避免由于冲突的数据访问而引发的竞争条件。

锁通常会提供两种操作：如果锁空闲，则可用 lock() 操作来获取锁；当被锁保护的临界区代码结束时，用 unlock() 操作释放锁。通常 lock() 操作会阻塞调用线程，直到锁变为可用。无论这些操作是以常规函数（有一个代表锁的参数）的形式呈现，还是以锁对象的形式呈现，都不影响具体实现。有一些锁的接口还提供了 try_lock() 函数，以检测锁的状态。如果其他线程已经拥有锁，则该函数会立即返回，而不会等待锁变为空闲。

上述所有的"Hello World"示例都包含了锁操作。清单 2.7 已经展示了 lock() 和 unlock() 操作。在该示例中，使用 << 操作符的 std::cout 输出不是线程安全的，所以需要互斥操作。如果没有锁，那么输出可能是乱序的。你可以亲自尝试，看看究竟会发生什么。

在本章前面，清单 2.2 使用了 std::mutex 对象以达到相同目的。那份代码使用了 C++11 引入的 std::lock_guard 模板。它包装了传入的 std::mutex 对象，并实现了 RAII 样式的模式[123]。在构造 lock_guard 时，它会调用锁对象的 lock() 方法。当作用域结束并调用 lock_guard 对象的析构函数时，它会将锁对象释放。这有助于根据复杂的控制流程和调用函数抛出的异常来释放锁。

清单 2.9 展示了 OpenMP API 的一种互斥操作。锁的接口提供了分别用于获取锁和释放锁的 omp_set_lock() 和 omp_unset_lock()。在 OpenMP 设计中，锁是一种不透明对象，程序员必须将其创建为 omp_lock_t 类型的变量，并且必须使用 omp_init_lock() 将其初始化。最后，必须通过调用 omp_destroy_lock() 来销毁锁，以告知 OpenMP 实现不再需要该锁。

清单 2.9　OpenMP API 中的互斥功能

```
void lock_example() {
  omp_lock_t lock;
  omp_init_lock(&lock);

#pragma omp parallel
  {
    omp_set_lock(&lock);
    mutually_exclusive_code();
    omp_unset_lock(&lock);
  }

  omp_destroy_lock(&lock);
}

void critical_construct() {
#pragma omp parallel
```

```
    {
#pragma omp critical(example)
    {
        mutually_exclusive_code();
    }
    }
}
```

OpenMP API 规范还提供了用于互斥的 C/C++ 编译指令语法，以及 Fortran 编译指令（请参见清单 2.9 底部）。当线程遇到 critical 构造时，该构造会获取锁，并在构造结尾处自动释放锁。编译器和底层运行时系统负责管理锁的初始化。critical 构造可以在括号中接收一个名称，通过不同名称，可以使用不同的锁。只有具有相同名称的 critical 构造之间才会有互斥。

预测锁是一种更高级的锁。在获取锁时，这种锁不会等待当前的锁拥有者释放锁。试图获取锁的线程会假定锁是空闲的，并且会预测性地执行临界区，同时会防止冲突的内存访问。这种预测执行可以在软件中实现，但是需要硬件支持才能获得高性能。

如果互斥代码区需要避免竞争条件，而且发生冲突的内存访问的可能性很低，那么预测锁会很有帮助。例如，并发地访问哈希表。两个线程访问相同哈希桶的可能性很低（对于优秀的哈希函数而言），但并非完全不会发生冲突，因此，哈希表需要锁的保护。预测锁能显著加快执行速度，因为，除非两个线程真的恰巧访问相同哈希桶，否则执行能一直进行下去而不会发生"真正的"互斥。

当然，你需要某种机制，使线程、编译器、运行时系统检测冲突访问。如果多个线程同时写入相同内存位置，或至少一个线程向内存写入，而其他线程从该内存读取，则此时通常会出现冲突访问。典型的实现依赖于事务内存[54]的概念，它能够检测这种冲突。事务内存也能在硬件中实现，例如，使用 Intel 事务同步扩展[68]和 Arm 事务内存扩展[8]。

我们将在第 6 章尤其是 6.8 节中更详细地讲解这些内容。我们会展示将预测锁应用于 std::unordered_map 时的性能。

2.3.2 同步障、归约和闭锁

同步障是线程同步的更粗粒度的特性。可以说，锁是一种细粒度机制，它主要涉及当前的锁拥有者与等待线程之间的同步，而同步障通常用于同步并行域中的所有线程。

当运行在并行域中的线程遇到同步障时，它必须等到并行域中的其他线程全部抵达相同同步障，然后才能通过同步障继续执行接下来的代码。

同步障可以是隐式的，即作为周围另一个构造的一部分，也可以是显式的，由程序员编写。清单 2.10 展示了一些 OpenMP 示例。

清单 2.10　OpenMP API 的隐式与显式同步障

```
void compute_fraction(double * frac, const double * src,
                      int n) {
  double total = 0.0;
#pragma omp parallel shared(frac,src,total) firstprivate(n)
  {
#pragma omp for reduction(+:total)
    for (int i = 0; i < n; ++i) {
      total += src[i];
    }
    // implicit barrier
#pragma omp for
    for (int i = 0; i < n; ++i) {
      frac[i] = src[i]/total;
    }
    // implicit barrier
  }
}

void two_phases() {
#pragma omp parallel
  {
    printf("Before the barrier\n");
    stuff_before_barrier();
#pragma omp barrier
    printf("After the barrier\n");
    stuff_after_barrier();
  }
}

double scalar_prod(double * a, double * b, size_t n) {
  double sum = 0.0;
#pragma omp parallel for reduction(+ : sum)
  for (size_t i = 0; i < n; ++i)
    sum += a[i] * b[i];
  return sum;
}
```

　　第一个示例中的代码将一个数组作为参数，计算数组各元素占数组元素总和的比例，并将计算结果写入另一个数组。例如，如果输入是（0, 4, 3, 3），则结果是（0.0, 0.4, 0.3, 0.3）。它使用第一个带有归约的 parallel for 循环计算总和，之后使用第二个 parallel for 循环计算比例。很显然，第二个循环不能在第一个循环结束前开始执行，因为，只有在第一个循环结束后，才能知道初始数组元素的总和。第一个循环结尾的隐式同步障能确保这一点。因为第二个循环结尾的隐式同步障处于并行域的结尾，所以它其实是多余的。我们可将它移除（通过向循环编译指令添加 nowait 子句），或者希望编译器将它移除。

　　第二个函数展示了显式 barrier 构造，该构造确保所有线程会首先执行同步障前的代码，然后再开始执行同步障后的代码。

在学习同步障时，自然也会学习到归约，该操作将所有线程的结果组合在一起。因为在所有线程都结束执行相应代码之前，无法得出最终组合结果，所以归约的结尾有同步障，并且我们能够根据同步障的实现方式，来实现归约。

清单 2.10 中的 scalar_prod() 函数，展示了归约操作的使用方式。所有线程都能从各自分配到的工作中得出部分结果，该结果通常存储在线程局部变量中。当构造结束时，每个线程的部分结果被收集并聚合到单一全局结果中。在清单 2.10 的示例中，每个线程将各自的循环块中的数组元素的乘积相加。当并行域结束时，在返回前，将这些中间结果全部相加，最终结果存储在 sum 变量中。

闭锁是一种特殊的、具有等待功能的、严格递减的计数器。我们在创建它的时候，为其初始化初始值。线程能以三种基本方式与闭锁交互：第一种，线程要求闭锁递减；第二种，线程进入闭锁，并等待闭锁到达零（由其他线程递减闭锁）；第三种，线程可能在单个操作中完成递减并等待。当闭锁归零时，它会释放等待线程。同步障与闭锁的主要区别之一是，同步障的目的是等待（并行域中的）所有线程，而闭锁能够仅等待部分线程，因为计数值可以是任意值。虽然 OpenMP API 没有相应的概念，但 C++ 20 包含了用于实现闭锁的 std::latch 类。

第 7 章将涵盖同步障和归约实现，但是将跳过闭锁实现细节。

2.3.3 任务同步障

在以任务为中心的编程模型中，程序员还需要同步功能。它们帮助监督任务的执行，防止任务失控。在本节中，这种同步机制称为任务同步障。因为它们会等待（部分）被创建任务结束执行，所以它们构成了类似同步障的语义。然而，两者之间的一个关键区别是，对于常规（线程）同步障，同步实体仍在执行，而对于任务同步障，某些被创建任务可能已经执行完毕。

任务并行编程有两个典型情景：

❑ **等待直接子任务**——父任务等待它创建的子任务，并在所有子任务完成后，继续执行。由子任务创建的后代任务不包括在同步集合中，所以它们可能仍在执行。

❑ **等待任务子集**——执行过程会等待由群组构造描述的任务子集。不包含于该组的任务不属于同步集合。

清单 2.11 展示了第一种等待模式。它用极其低效、但具有说明性的方法，计算第 n 个斐波那契数。为计算该数，代码使用递归将问题分解，并为每个计算 fib($n-1$) 和 fib($n-2$) 的递归分支启动新任务。当 n 为 10 时，算法停止任务并行递归，并切换为按序执行的版本。这称为截止，它有助于避免创建过多的细粒度任务。递归终止于 $n = 2$。

清单 2.11　等待子任务的斐波那契数计算

```
size_t fib_seq(size_t n) {
  if (n < 2)
```

```
      return n;
    return fib_seq(n - 1) + fib_seq(n - 2);
}

size_t fib_task(size_t n) {
    size_t x, y;

    if (n < 2)
        return n;

    if (n < 10) {
        x = fib_seq(n - 1);
        y = fib_seq(n - 2);
    }
    else {
#pragma omp task shared(x)
        x = fib_task(n - 1);
#pragma omp task shared(y)
        y = fib_task(n - 2);
#pragma omp taskwait
    }
    return x + y;
}
```

在每个递归层，fib_task() 函数必须等待两个子任务结束执行。fib_task() 需要将子任务的计算结果相加，所以，在两个子任务都执行结束并分别更新 x 和 y 之前，fib_task() 函数不能继续执行。这是由 taskwait 构造实现的。遇到 taskwait 构造的任务会暂停，直到该任务的子任务全部结束，但是它不会等待由子任务创建的后代任务（在此示例中，从代码的递归结构中我们可以得知，没有子任务能在其子任务结束之前返回，因此在任意递归层，都不会有仍在执行的后代任务）。

第二种更通用的等待模式需要一些语法，以描述任务是否属于同步集合。典型的任务并行编程模型提供了任务组的概念。所有在构造内部创建的（后代）任务参与同步，其他任务不参与。

清单 2.12 展示的代码会遍历链表，并为每个元素创建子任务，以使用 taskloop 构造并行地处理它们。运行着 while 循环的父任务会为每个列表元素创建子任务。当父任务创建完成后，它会在 taskgroup 构造的结尾处等待，直到所有子任务结束。因为每个子任务在遇到 taskloop 构造时，还会创建更多子任务，所以等待中的任务还需要等待那些新任务完成执行。

清单 2.12　使用任务同步障遍历链表

```
void process_element(data_t * data) {
#pragma omp taskloop simd nogroup
    for (size_t i = 0; i < data->length; ++i)
        data->c[i] = data->a[i] + data->b[i];
}
```

```
void linked_list(linked_list_t * list) {
#pragma omp taskgroup
  {
    while (list) {
      data_t * data = list->data;
#pragma omp task firstprivate(data)
        process_element(data);
      list = list->next;
    }
  }
}
```

Intel TBB 提供了类似的概念，作为 tbb::task_group 类的一部分。清单 2.7 使用了这种方式。因为输出"Hello World！"的任务是这种任务组的一部分，所以父任务必须等待子任务完成在控制台上输出信息。

任务组也可以是其他任务特性的隐式同步机制。例如，OpenMP taskloop 构造，在并行循环的结尾处有一个隐式同步点。这是由于隐式 taskgroup 的创建造成的。如清单 2.12 所示，程序员能通过 nogroup 子句移除此隐式任务组。

除了任务组用于同步和等待外，任务并行编程模型还能向任务组添加更多特性。OpenMP API 提供了任务归约（通过 task_reduction 子句，请参见文献 [100]），它将工作共享构造的归约推广到任意任务图。程序员使用 in_reduction 子句，为接收任务部分结果的任务组指定任务归约。当等待的线程离开 taskgroup 构造时，归约变量将用聚合值更新。

OpenMP 语言提供的另一个特性是取消任务。cancel 构造能够终止运行中的任务。taskgroup 构造定义了待取消任务的集合。

最后一点是，提供线程同步和任务同步的编程模型，可能会将任务同步与线程同步绑定起来。具体例子是 OpenMP barrier 构造，它不仅要求在任何线程离开之前所有线程必须到达，还会等待线程在到达同步障之前创建的所有任务完成。

2.3.4　任务依赖

任务依赖是本章最后一个但同样重要的同步概念。任务依赖不是让一个任务等待其他任务（或任务子集），而是在任务的执行中引入偏序关系，工作线程根据偏序关系来挑选可执行的任务，因为可执行任务的依赖已经满足。

用于任务依赖的 OpenMP 语法使用了 depend 子句。该子句接收一个描述了任务之间依赖的实体列表：

```
#pragma omp task depend(type: list-items)
```
depend 子句的参数是由逗号分隔的列表，其中的元素可以是变量（如清单 2.13 中的 a 或 b），也可以是具有起始索引、可选长度和可选步长的数组区间（例如，a[0:99]）。在 depend 子句中，每一项的依赖类型必须是 in、out 或 inout 之一。

清单 2.13　具有任务依赖型的 OpenMP 代码

```
void task_deps() {
  int a, b, c, d;

#pragma omp task depend{out : a, b } // T1
  a = b = 0;

#pragma omp task depend(in : a) depend(out : c) // T2
  c = computation_1(a);

#pragma omp task depend(in : b) depend(out : d) // T3
  d = computation_2(b);

#pragma omp task depend(in : c, d) // T4
  computation_3(c, d);
}
```

如果在任务 A 的 task 指令中出现了 in 依赖，则任务 A 不能执行，直到先前创建的、与依赖任务的 out 项具有非空交集的所有兄弟任务 B 都完成。inout 依赖类型将 in 和 out 两者结合。

图 2.4 解释了清单 2.13 的代码。代码按顺序创建了 4 个任务。因为任务 T_1 将变量 a 和变量 b 初始化为 0，所以任务 T_1 对它们具有 out 依赖。任务 T_2 和 T_3 将这两个变量作为输入，所以 T_2 和 T_3 对 a 和 b 具有 in 依赖。与此同时，T_2 和 T_3 产生变量 c 和 d 的值，这意味着 T_2 和 T_3 对变量 c 和 d 具有 out 依赖。最后，T_4 使用 c 和 d，所以 T_4 指明了 in 依赖。

由此所得的简易任务依赖图（Task Dependence Graph，TDG）如图 2.4 所示。任务依赖只能是前向依赖的，即只能是之后的任务依赖于之前的任务，反之则不然。因此，该依赖模型中的任务图，组成了有向

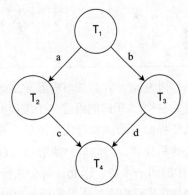

图 2.4　清单 2.13 的任务依赖的可视化

无环图（Directed Acyclic Graph，DAG），节点代表已创建的任务，当且仅当两个任务之间具有依赖时，两个节点之间才会有一条边。图 2.4 中，箭头旁的标签表示生成边的列表项。因为 DAG 没有环，所以任务图不会造成死锁。

图 2.4 表明了 T_2 和 T_3 只能在 T_1 结束后执行。因为 T_2 和 T_3 彼此没有依赖关系，所以它们的相对执行顺序是未被定义的。唯一的限制是，在调度执行 T_4 之前，T_2 和 T_3 必须结束执行。考虑到任务读取数据和更新数据的方式，这符合预期的执行顺序。

任务依赖及由其所得的 TDG 包含了偏序关系，不需要 taskgroup 和 taskwait 这样的粗粒度同步。当工作线程想要执行任务池中的任务时，它只能选择标注为可执行的任务，因为此类任务的任务依赖都已满足，而且工作线程不考虑那些依赖未满足的任务。因此，

线程将遵循由任务依赖所强制的任务动态排序。

清单 2.14 展示了本章早些时候使用的矩阵与矩阵乘法示例的另一个版本。区别是，此代码使用了块因数 bf。现在，对于每个尺寸为 $bf \times bf$ 的块，代码生成 OpenMP 任务，将两个块 A 和 B 相乘，并更新 C 矩阵中的对应块。

清单 2.14　使用任务依赖的矩阵与矩阵乘法

```
void matmul_task(float * C, float * A, float * B,
                 size_t n) {
  const size_t bf = 512;
  assert(n % bf == 0);
#pragma omp parallel master firstprivate(n, bf)
    for (size_t ib = 0; ib < n; ib += bf)
      for (size_t kb = 0; kb < n; kb += bf)
        for (size_t jb = 0; jb < n; jb += bf) {
#pragma omp task firstprivate(ib, kb, jb)              \
                 firstprivate(n, bf)                  \
                 depend(inout : C [ib * n + jb:bf])   \
                 depend(in    : A [ib * n + kb:bf])   \
                 depend(in    : B [kb * n + jb:bf])
          for (size_t i = ib; i < (ib + bf); ++i)
            for (size_t k = kb; k < (kb + bf); ++k)
              for (size_t j = jb; j < (jb + bf); ++j)
                C[i * n + j] += A[i * n + k] * B[k * n + j];
        }
}
```

因为 M×M 算法对应着重复的（对于 $n \times n$ 的结果矩阵，有 n^2 次）行向量与列向量的标量乘法 [48]，所以能沿着一个维度并行化，如清单 2.8 所示。然而，如果想创造更多并行性，就要将标量乘法并行化。因此，需要用归约来聚合分配到线程或任务的部分向量的标量乘法的部分和。类似地，如清单 2.14 所示，这意味着在逐块分布中，多个任务需要更新矩阵 C 中的同一个块。因此，两个执行块相乘的任务，在更新 C 中同一个块时，必须是串行的。这是在代码中添加适当的任务依赖完成的。

由具有 3072×3072 个元素的矩阵，及具有 1024×1024 个元素的块所得的 TDG，如图 2.5 所示。在运行时，将为每个矩阵创建共 9 个块，或 27 个任务。如 TDG 所示，可以并行运行这 9 个任务，每个任务对应矩阵 C 的一块。对于每个块，必须依次执行三个任务。这三个任务用于处理 A 的一行和 B 的一列的三个块。

虽然使用任务依赖的实现好像比简单的工作分享或 taskloop 构造复杂，但是任务依赖的实现可以呈现更多并行性（使代码在大型机器上良好运行），并使代码在处理系统中的抖动或噪音时表现得更好。

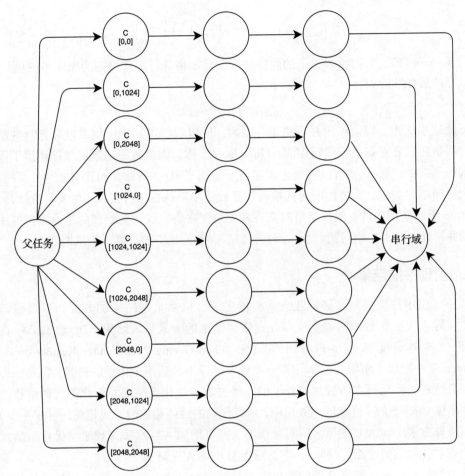

图 2.5 可视化清单 2.14 的 M×M 代码的任务依赖性

2.4 阿姆达尔定律

我们已经讨论了并行编程模型及其性质。现在让我们更进一步，考虑一下任何模型都无法越过的基本限制。我们将讨论阿姆达尔定律[6]，并以此说明本书展示性能结果的方式，以及我们选用这些方式的理由。

阿姆达尔定律是一个简单的，但极其重要的并行程序的模型。假设代码某些部分必须是串行的（串行占比），而其他部分能以某种程度并行执行（并行占比），该并行度受可用硬件或并行工作块的粒度大小所限。因为这里我们是与共享内存并行性打交道，所以我们使用线程数表示可用并行度 N。当然，相同规则同等地适用于任意并行执行模型。

若串行占比为 F_{Serial}，且串行执行时间为 T_{Serial}，则使用 N 个线程运行并行部分时，并行执行时间 $T_{Parallel}$ 的计算方式为：

$$T_{\text{Parallel}}(N) = T_{\text{Serial}} \cdot \left(F_{\text{Serial}} + \frac{1 - F_{\text{Serial}}}{N} \right)$$

若 $N \to \infty$（即，我们掌握无限的硬件并行，且能将并行工作分割为无限小的块），则我们能取得的最佳性能为：

$$T_{\text{Parallel}} = F_{\text{Serial}} \cdot T_{\text{Serial}}$$

阿姆达尔认为，因为可用并行总是有限的，所以我们永远无法仅通过并行达到所需的性能，而是还需要提高串行代码性能。Gustafson[53] 称，因为阿姆达尔定律仅适用于固定大小的问题（强可扩展性），所以阿姆达尔定律不适用于 HPC 问题，而在 HPC 中，我们经常对更大的问题感兴趣，而增加问题规模通常导致更小的执行串行占比（弱可扩展性）。虽然 Gustafson 无疑是正确的，但从运行时实现者的角度来看，我们要处理的是由用户应用程序展现的并行性，且不控制问题大小，因此我们感兴趣的是不同规模下的预期性能。

2.4.1 呈现性能结果

与并行程序打交道时，必须注意实验的方式，以及呈现结果的方式，否则很容易就会进行实际上无法比较的实验，或以导致错误结论的方式呈现结果。David Bailey 在他的经典论文 "Twelve Ways to Fool the Masses When Giving Performance Results on Parallel Computers" 中给出了示例 [11]。其中的一些细节已经不再适用于现在的机器。但是，即使是现在，依然有人将运行在昂贵加速器上的、经过重度优化且高度并行化的代码的性能，与运行在单核 CPU 上的（可能用 -O0 编译）串行代码的性能相比较。要记住一件很重要的事，可以用两种方法增加 A/B 的值。既可减少 B，也可增加 A。如果 A 代表"优化后的性能"，而 B 代表"优化前的性能"，那么，将 B 变差要比将 A 变好简单得多！

对于 N 线程，展示并行性能的经典方式是使用加速比，即 $S(N)$。若测量经过的时间为 $T(N)$，且使用归一化 T_{Ref}［使用单线程运行时测得的时间，即 $T(1)$］，则加速比的定义为：

$$S(N) = \frac{T_{\text{Ref}}}{T(N)} = \frac{T(1)}{T(N)}$$

然而，加速比是一个比值，它易遭受"选用慢的初始实现"这种诡计的影响。因此，在呈现归一化结果时，我们尽量明确归一化对象。通常，与线程扩展打交道时，归一化对象是任意测试用例在单线程上运行的最佳性能。人们可以合理地辩称，我们应使用最佳串行实现的性能。然而，由于我们在此比较的是运行时并行方面的不同实现，而不考虑代码是否应并行运行，所以我们对比较方式的决定是合理的。在查看从别处引用的加速比数值时，一定要考虑清楚 T_{Ref} 的含义。

以加速比表示的阿姆达尔定律如下所示：

$$S(N) = \frac{1}{F_{\text{Serial}} + \frac{1 - F_{\text{Serial}}}{N}}$$

图 2.6 展示了加速比（包括串行占比为 0 的完美加速比）。但这幅图有些问题：

1. **被浪费的空间**：图的左上角完全没有数据，而且也不太可能有数据，因为超线程加速比很罕见。浪费一半制图区的行为，违反了 Edward Tufte（在他经典的 *The Visual Display of Quantitative Information* [139] 中提到的）基本定律之一，即应当"最大化数据墨水"，而不应将墨水或空间浪费在装饰性的花边上。

2. **低线程数的可读性**：因为 y 轴边界受最大值所限，所以在低线程数时，数据都压缩在很小的空间内，以至于无法看清不同低线程数时的差异。

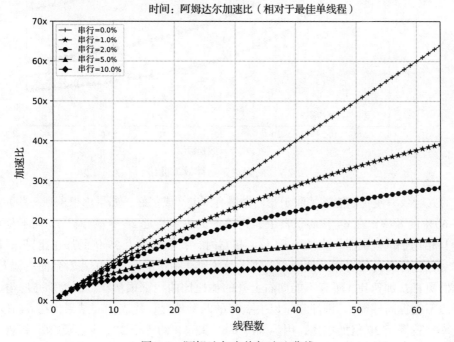

图 2.6　阿姆达尔定律加速比曲线

为突破这些限制，可以绘制*并行效率 $E(N)$*，而非加速比。并行效率的定义为：

$$E(N) = \frac{T_{\text{Ref}}}{N \cdot T(N)} = \frac{T(1)}{N \cdot T(N)}$$

它展示了有多少可用资源正在被有效利用，以及有多少可用资源被浪费了。它是加速比除以线程数。因为它代表效率值，所以一般能用小于 100% 的百分比表示它。这对于绘图很有帮助，因为无论我们的机器有多大，y 轴都能横跨 0%～100% 的全部范围，因此我们既能查看仅有一两个线程时的细节，又能看到高线程数时的大规模趋势。

图 2.7 展示了与图 2.6 相同的阿姆达尔数据，但省略了冗余的完美加速比线，因为该曲线现在总是位于 100%。如图所示，有用的数据占据了整张图的大部分区域，而且，无论线程数是多是少，我们都可以在不同情况之间作比较。

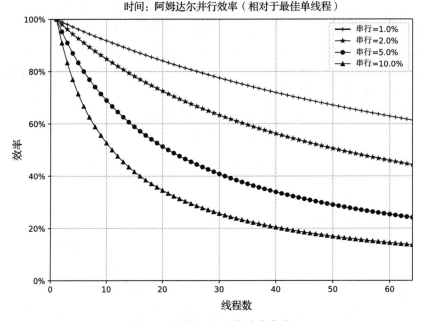

图 2.7　阿姆达尔定律效率曲线

因为并行效率使我们能够关注于我们做得有多差（或多好，如果你想乐观一些）（"我们仅取得 60% 的效率，在 64 核心机器上，这等于失去了将近 26 个核心！"），而不是加速比（"啊哈！相比于单核机器，当使用 64 核心机器时，我们取得了 39 倍的加速比！"），所以并行效率对工程师而言很有用。然而，营销人员（和某些管理者）更乐意看到向右飙升的图，所以他们更喜欢加速比（所有不能向右上升的加速比曲线都很糟糕，因为那意味着，投入更多资源不能提高性能）。请注意，以上点评的两种情况，代表相同结果。在 64 核心上的 60% 效率，就等于 39 倍加速比，因为 64 × 0.6 = 38.4，约等于 39，甚至是 40（销售人员喜欢将它描述得更快）。

2.4.2　对性能的影响

当然，我们可以调转阿姆达尔定律，并计算，对于特定并行度 N，若要取得给定效率值（E_{Target}），则串行占比为：

$$F_{\text{Serial}}(N) \leqslant \frac{1 - E_{\text{Target}}}{E_{\text{Target}} \cdot (N - 1)}$$

图 2.8 展示了在 [10, 64] 线程范围内，为取得不同效率值的串行占比计算结果。如图 2.8 所示，当多于 44 个线程时，即使仅需达到 70% 的效率，代码串行占比也必须低于 1%。若要达到 95% 的效率，则在 12 个线程时，串行占比必须低于 0.5%；在 54 个线程时，代码串行占比必须低于 0.1%。

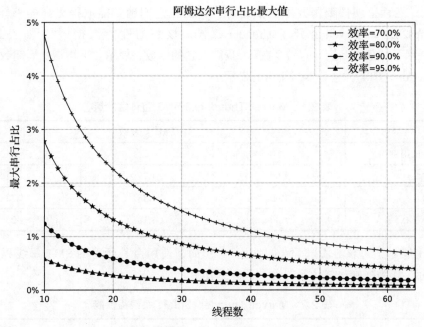

图 2.8 阿姆达尔定律串行占比极限

2.4.3 将开销映射到阿姆达尔定律中

至此，我们考虑的阿姆达尔定律是基于能轻松知晓串行代码与并行代码位置。然而，在现实中，事情并非如此简单。即使是并行代码内部，也会有串行构造（例如，OpenMP 的 `master`、`single` 或 `critical` 指令），或者由锁保护的区域，它们也强制串行。此处的复杂性在于，仅观察源代码难以确定串行量，因为对锁的竞争程度很可能取决于程序特定数据。此处唯一的解决方案是使用性能分析工具，它们能展示特定代码的真实执行情况。

另外，诸如派生和合并等操作的运行时实现中的开销，也可被视为串行占比，因为在进行此类操作期间，没有利用并行。通常，此类串行占比取决于线程数，因此，它会随着线程数增加而增加。事实上，此类开销不仅阻止了并行，还阻止了串行代码的有效执行，所以它们比串行占比还要糟糕。然而，将它们加入串行占比，至少能给我们一些有用信息。

2.4.4 阿姆达尔定律变体

除上述阿姆达尔定律的简单版本外，我们还能改进定律，以研究其他有趣的系统配置。例如，很多硬件平台都支持同步多线程（Simultaneous Multi-Threading，SMT）（请参见 3.1.6 节）。这就引出了一个问题，是启用 SMT 以提供（2 倍或 4 倍）数量更多的、但运行速度更慢的线程更好，还是坚持使用以最高可用速度运行的单线程 / 核更好。

很显然，若启用 SMT2 获得两个逻辑核心，但每个核心以 1/2 的性能运行，则根本没有收益。然而，硬件架构并不会如此愚钝，而且它们确实能取得更高的整体吞吐量。在 HotChips2020，Marvell 公开了 ThunderX3 Arm 核心的性能数据[124]，如表 2.1 所示。Marvell 展示了"每周期执行的指令数"。我们取它的倒数，展示"平均指令周期数"（Cycles Per Instruction，CPI），这是本书使用的表示法。

表 2.1 Marvell ThunderX3 SMT 整体吞吐量

测试用例	SMT 线程数		
	1	2	4
高 CPI（约 2）	1.00	1.79	2.21
中 CPI（约 0.8）	1.00	1.38	1.73
低 CPI（小于 0.5）	1.00	1.18	1.28

表 2.1 展示了每核心吞吐量（即性能）。然而，使用由其所得的 SMT 每线程性能（如表 2.2 所示）作为阿姆达尔计算的输入，会更有用。

表 2.2 Marvell ThunderX3 SMT 每线程性能

测试用例	SMT 线程数		
	1	2	4
高 CPI（约 2）	1.00	0.90	0.55
中 CPI（约 0.8）	1.00	0.69	0.43
低 CPI（小于 0.5）	1.00	0.59	0.32

如果并行执行阶段的并行度是无限制的（普通阿姆达尔假设），并且硬件设计者都是聪明的，他们设计的硬件能根据忙碌中的硬件线程数量，自动选择合适的 SMT 等级，那么事情就很简单了，并且使用 SMT 多多益善。然而，如果硬件无法轻易转换到用于串行代码的 SMT1 状态，则会有"阿姆达尔降速"问题，因为此时串行代码会花费更多时间，这会抵消通过更快地执行并行代码所取得的优势。

图 2.9 展示了在使用 SMT1、SMT2 和 SMT4 情况下，使用低、中、高 CPI 代码，包含 1% 串行时间的预期性能。因为比较的是使用相同硬件的性能，所以此处 x 轴是"核心数"，而不是"线程数"。在 2.1.5 节中，当讨论如何绘制使用不同亲和性策略的 OpenMP 性能时，我们见到过相同的逻辑。结论是，SMT1 在单核情况下表现糟糕，因为它仅能串行运行，而 SMT2 或 SMT4 能运行 2 个或 4 个线程。

然而，启用 SMT 并不总是好事。在 64 核心时，仅有高 CPI 代码比 SMT1 有些许优势，除非硬件架构（或运行时实现者）能迅速从 SMTn 切换回 SMT1 以执行串行代码。

请注意，在公开 ThunderX3 的技术细节几周后，Marvell 宣布，他们不再将其作为商用部件发售，而是仅将其作为 ASIC 的部件之一。然而，虽然这意味着这个特定的计算对任何人都无所谓，但此处的关键点是，阿姆达尔定律的简单变体，对于从上层视角调查此类决定会有用，而且，它能提供对可取得的高性能的洞察，即使我们有零成本并行运行时实现。在与硬件设计者或应用程序员打交道时，这会很有用，因为他们总以为糟糕的性能是由糟糕的运行时实现导致的。

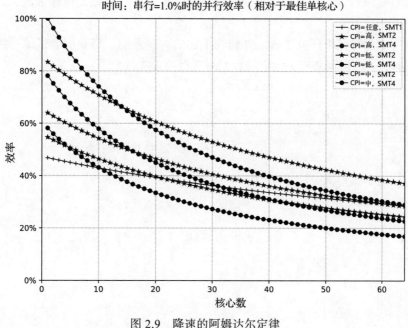

图 2.9　降速的阿姆达尔定律

2.5　总结

本章无论如何都不算是对并行编程的充足介绍，而且没有足够深入地讲解所有方面。因为这是一本关于并行运行时的书，所以我们能做的就是介绍最重要的概念，来为后面的内容作铺垫。并行编程的内容当然要比我们所见到的多得多。除了本章提到的内容外，还有一些推荐阅读的书籍（有些书有一点过时了，但仍然很有用）：

❑ Tim Mattson 等人的关于并行模式的书 [88]。

❑ 由 Michael Quinn 所著的 *Parallel Computing: Theory and Practice* [104] 和 *Parallel Programming in C with MPI and OpenMP* [105]。

❑ 由 Rauber 与 Rünger 所著的 *Parallel Programming: for Multicore and Cluster Systems Hardcover* [107]，以及 *Introduction to Parallel Computing* [138]。

最后，在代码中表达并行的方式有很多种。对于某个特定问题，何种方式是正确的，取决于你可能还没有遇到过的各种因素。但是如果你的开发基于已有的严谨的代码，那么可能已经有人做过了选择。

在本章中，你还看到了并行代码在最佳性能方面所能达到的基本限制。有一些简单的数学模型（例如，阿姆达尔定律）在设计代码时很有用且不应被忽视，因为我们无法违反它们。不幸的是，阿姆达尔定律过于乐观了（即使在代码中添加了硬性限制），因为它忽视了额外的更严格的限制，这些限制由系统硬件导致，例如内存延迟、内存带宽、计算能力和其他限制。

我们在第 3 章将仔细研究硬件，并讨论上述的一些限制。当我们尝试编写并行运行时系统的代码时，这些限制将极大地影响我们对机器的看法。

第3章 *Chapter 3*

众核与多核计算机架构

　　无论你使用的是多核处理器还是众核处理器，其界限是模糊的。事实上，在多核和众核之间并没有一个公认的界限。一些人使用术语"众核"来描述具有数十到上万个处理核心的处理器[146]，在撰写本书时，似乎已经表明我们已进入众核领域。因此，这个问题显然是不断变化的，至于你喜欢的处理器是多核的还是众核的，将由你自己决定。

　　不管你如何对喜欢的处理器进行分类，我们都专注于并行架构，从现在开始将使用术语"多核"。接下来，我们将从最基本的元素构建处理器，这样就可以利用独立的核心和额外的硬件来连接所有核心，有效构建并行多核处理器。

　　然而，我们不能涵盖计算机架构各个主题的所有方面。要更深入地了解这个主题，请参阅相关书籍，如 Hennessy 和 Patterson 的书[56] 或 Tanenbaum 的书[125]。

3.1　执行机制

　　如何构建并行机，首先要考察早期（单核）处理器是如何工作的。然后，我们将逐步改进设计，使其更加复杂，以便在单个核心中提取更多并行性，以实现更高的执行速度。请注意，这种并行性通常对程序员是透明的，由于超长指令字（Very Long Instruction Word，VLIW）机器的商业失败，处理器的这类特性没有被作为 ISA 的一部分公开。不过，通常情况下，在利用指令级并行（Instruction-Level Parallelism，ILP）的更现代的机器上执行指令时，你会注意到明显的速度提升。

　　正如我们将在 3.2.2 节中看到的，当考虑多核机器及其与内存的交互时，处理器中包含的一些架构概念确实会产生影响。它们可能会导致内存操作的重新排序，这可以从其他核心观察到，在并行系统编程时必须考虑到这一点。不过，让我们先把这个主题放一放，在理解了处理器架构的基础知识之后再讨论它。

3.1.1 冯·诺依曼架构与按序执行

让我们从简单的开始，为机器指令构建一个简单的执行引擎。现代处理器的流行设计都基于冯·诺依曼架构的思想 [19, 46, 150]。在冯·诺依曼架构之前，处理器通常是功能固定的设备，只能执行单一的硬线任务。相反，冯·诺依曼架构的处理器可以执行存储在内存中的指令流，这些指令流可以很容易地更改为执行不同的程序。

图 3.1 展示了冯·诺依曼架构的主要组件。中央处理器是执行程序代码的引擎，包含两个概念组件，控制单元和算术逻辑单元（Arithmetic Logic Unit，ALU）。控制单元的任务是从内存中检索程序代码的指令并对其进行译码。然后它向 ALU 发出操作来执行实际工作。如果操作引用了内存中的数据，则通过访问内存来获取数据。从现在起我们将冯·诺依曼架构中所谓的 CPU 称为处理器核心，或简称为核心。需要注意的一点是，冯·诺依曼架构还包括一个用于输入和输出的组件，为了简单起见，我们省略了这个组件。

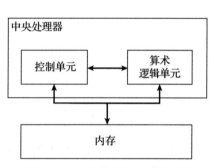

图 3.1　冯·诺依曼处理器架构

冯·诺依曼体系架构的关键改进在于，要执行的代码只是某种特殊形式的数据，与任何其他数据来自同一内存。因此，通过将不同的程序加载到内存中（或者通过修改内存中的代码，甚至像病毒和自修改代码那样），可以很容易地改变核心执行的计算。早期的电子计算机（如二战期间在布莱切利园用于密码破译的 Colossus）通过开关和插头对机器进行编程，以重新布线来解决特定问题 [115]。

存储在内存中的指令格式是 ISA 规范的一部分。每条指令由一个操作码（如加载、添加或分支）和一组操作数（如寄存器或内存地址）组成，编码成为内存中的数据。控制单元从内存中加载数据，然后将其分离为一组位字段。在复杂指令集计算机（Complex Instruction Set Computer，CISC）中，这可能是一个必须仔细解析的字节流，因为不同的指令可能具有不同的长度。在精简指令集计算机（Reduced Instruction Set Computer，RISC）中，译码通常更简单，因为指令被打包为几个 32 位或 64 位字。

让我们看一个简单的代码片段，可以看到不同的指令编码样式，如下所示：

```
int zero() {
  return 0;
}
```

在 CISC x86_64 架构中，该片段编译成三个字节的代码，如下所示。xor 指令在内存中占用两个字节，而 ret 指令只占用一个字节：

```
zero:
  31 c0     xor eax, eax
  c3        ret
```

相反，在 RISC Arm V8 架构中，指令序列由两个 32 位的代码字组成，每个指令一个字：

```
zero:
  e0 03 1f 2a    mov w0, wzr
  c0 03 5f d6    ret
```

通过相关的架构手册，我们就可以看到编码的细节，但我们不需要在这里深入了解细节和复杂性，除非你正在编写汇编程序或反汇编程序，或者在处理器实现中创建指令译码逻辑。

控制单元的主要任务是解释从内存子系统加载的代码流并对其进行译码，以便它能够为不同的操作单元（例如，加载、存储、整数运算和浮点运算）提供正确的工作命令。因此，每条指令都要经过一系列操作：

1. **取指令**（Instruction Fetch，IF）：在它被译码之前，表示指令的数据必须从内存中被加载到译码单元。

2. **指令译码**（Instruction Decode，ID）：一旦控制单元有了表示指令的数据，它必须进行译码以决定哪些功能单元可以执行它，并提取功能单元必须执行的特定操作（例如，所有整数算术运算都输入一个整数 ALU 中，但执行哪个运算将由给予 ALU 的附加信息来确定）。

3. **加载操作数**（Load Operands，LO）：在像 ALU 这样的功能单元可以对值进行操作之前，必须从存储值的地方获取它们。在执行算术运算的 RISC 机器中，操作数通常被限制存储在寄存器中；在 CISC 计算机中，此步骤可能需要从内存（可能是从多个内存操作数）获取数据。顺便说一下，在冯·诺依曼的初始设计中，只有一个累加器，它总是用作一个操作数以及操作的目标。

4. **执行**（Execute，EX）：一旦所有的操作数都可用，功能单元就可以对操作数执行操作。

5. **写回**（Write Back，WB）：操作完成后，必须将结果存储在某处；这是在写回阶段完成的，将结果放在需要的地方。在 RISC 架构中，结果通常必须存储在一个寄存器中；在 CISC 计算机中，结果通常可以直接写入内存。如果架构有条件标志，那么操作也可以设置条件标志（例如，显示结果为零）。

这里的"取指令、译码、加载、执行、写回"序列类似于教科书（如文献 [56]）中讨论的指令执行阶段的经典描述。以 MIPS[55] 和教育 DLX[114] 为例的处理器展示了类似的思想。

这个循环重复以执行下一条指令。这可能只是内存中的下一条指令，或者，如果一个分支指令刚刚被执行，则可能是位于完全不同地址的指令。因此，IF 维护一个计数器，通常称为程序计数器（Program Counter，PC）或指令指针（Instruction Pointer，IP），用于跟踪获取下一条指令的位置。

指令流的执行如图 3.2 所示。可以看到，对于每个执行的指令，重复 IF-ID-LO-EX-WB 序列。如果我们假设每个步骤恰好需要一个周期，则可以看到执行一条指令需要 5 个周期，或者执行所有三个指令总共需要 15 个周期。

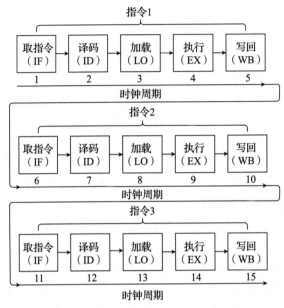

图 3.2　指令在简单核心中的按序执行

3.1.2　按序流水线执行

关于按序执行引擎的一个观察结果是，我们可以重叠一些执行步骤。如果 IF 阶段从内存中加载了一条指令，并将其传递给 ID 阶段来解码，那么核心中的 IF 将闲置，直到该指令在执行周期的最后完成处理。同样的逻辑也适用于 ID 步骤：一旦一条指令被译码并推至 LO 阶段，ID 将在指令处理其余部分时处于空闲状态。所有的处理步骤都是如此。

这意味着可以考虑以流水线的方式来重叠步骤。这些步骤将是这个流水线中的各个阶段，将工作（指令）移交给下一个阶段，并获取下一个工作片段。一旦 IF 阶段开始空闲并且 ID 译码了一条指令，IF 阶段就已经可以从内存中加载下一条指令了。如图 3.3 所示，此时，可以有多个正在运行的指令。每当一个阶段变为空闲状态时，前一个阶段将其结果推入该阶段。

如果我们仍然假设简单的类 DLX 流水线示例中的每个阶段只需要一个时钟周期来完成其工作，那么在稳定状态下，也就是说，对于无限长的指令流，我们可以预期速度能提高 5 倍。当后面的流水线阶段还没有工作时，对于前五个指令有一个启动阶段。对于有限的指令流，也有一个缓降阶段，即当流结束时，早期的流水线阶段就没有工作了。在图 3.3 中，你可以看到执行三条指令所需的周期数已经短得多，尽管执行流水线有启动和缓降的阶段。

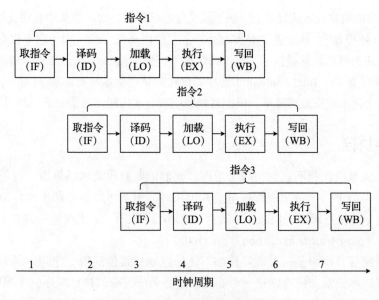

图 3.3　指令的流水线执行处理

然而，这个流水线思想存在两个基本问题。两者都会导致人们所说的流水线风险、流水线停顿或执行泡沫。在本章中，我们将使用"流水线停顿"，或简称"停顿"，这个术语。

首先，如果操作花费的时间超过一个时钟周期，则流水线可能会停顿。所有操作在每个阶段都只占用一个时钟周期的假设是相当不现实的。例如，内存访问的延迟可能比单个时钟周期的时间长，这在几乎所有现代处理器中都是相当典型的。这可能会影响 LO 阶段或WB 阶段。如果一个操作的时间超过一个时钟周期（例如，整数除法或浮点平方根的指令），则 EX 阶段可能会受到影响。在这种情况下，WB 阶段必须闲置，直到指令完成执行并从EX 移交给 WB。

其次，改变控制流的分支指令会导致真正的流水线问题。ID 阶段译码分支指令，但是直到 EX 阶段分支指令才被执行，IF 阶段的程序计数器指向下一个要加载的指令。这既适用于从寄存器或内存加载分支目标的间接分支，也适用于必须评估是否获取某个分支的条件分支。在此之前，流水线必须暂停并停止执行。因此，IF、ID 和 LO 阶段可能不得不放弃它们的工作。这被称为（部分）流水线刷新，发生这种情况时，已经在流水线中但不应在执行分支后执行的指令不会被执行，也不会产生影响。

许多早期的 RISC 机器，如惠普 PA-RISC[144]，在执行分支指令时不清除流水线。相反，指令的常规执行仍然继续，尽管分支指令仍运行中。编译器（或程序员）要么必须添加无操作的指令来填充这些流水线槽，要么发出无论分支指令如何都必须完成的有用工作。类似地，SUN SPARC 架构在每个分支之后总是有一个"延迟槽"，无论分支是否被占用，那里的指令都会被执行。更现代的设计（如 RISC-V[110]）没有架构延迟槽。实际上，具有延迟槽的设计将特定实现的细节移到架构规范中。虽然这对初始实现是有帮助的，但这意味着以后的实现（可能有更深的流水线或无序执行）必须模拟延迟槽行为，而不能从中获得任何好处。

Intel i860 处理器 [67] 甚至更进一步地公开了它的内部流水线，因为它不仅在分支之后有延迟槽，而且还为浮点数据提供了"流水线加载"指令，其中一个 pfld 指令将返回前面第三个 pfld 的结果。最后，Intel Pentium 4 处理器设计的某些版本具有多达 31 级的超深流水线，这有助于使单个流水线阶段更简单，但也意味着刷新流水线相当昂贵，必须尽可能避免。

3.1.3 乱序执行

为了解决流水线停顿问题的第一个原因，我们需要修改流水线阶段，以便在指令等待操作数到达或等待下一个流水线阶段清空并可用时，引入可以执行的工作。换句话说，我们希望改变指令的执行顺序，以减少（或者理想情况下没有）流水线停顿的发生。这个概念称为乱序执行（out-of-order execution），或 OOO。

一个重要的观察结果是，处理器核心不能任意地重新排列指令序列，因为需要维护的指令之间存在依赖关系。这将创建一个处理器核心无法忽略的执行顺序。考虑以下 Intel 汇编语法中的汇编代码片段，其中最左边的操作数是目标操作数，而右边的操作数是源操作数，方括号表示可能涉及地址计算的内存访问：

```
1    lea   eax, [rsi + 4]
2    mov   dword ptr [rdi], eax
3    add   esi, edx
4    imul  eax, esi, 42
5    mov   dword ptr [rdi + 4], eax
```

在这个小的代码片段中，第 2 行的存储指令显然不能在第 1 行上的 lea 指令（该指令将 rsi 中的值加了 4 并将结果存储在 eax 中）之前，因为第一个指令写入 eax，第二个指令读取它。

因此，如果指令以相反的顺序执行，那么当 mov 指令使用 eax 时，eax 将不包含正确的值。但是，第 3 行和第 4 行上的 add 和 imul 指令与前两个指令没有数据依赖性，所以如果我们将前两条指令和后三条指令进行交换，代码仍然可以正常工作。

为了对指令进行重新排序，ID 将已译码的指令传入一个名为 SC 的新流水线阶段，SC 是调度器的缩写（如图 3.4 所示）。在 ID 和 SC 之间，现在有一个指令队列，调度器可以分析传入指令之间的依赖关系。它依赖于一种称为重排序缓冲区（reorder buffer，ROB）的数据结构来跟踪运行中的指令、它们的原始顺序以及与其他指令的依赖关系。实现这种动态指令重排序的典型方法是 Tomasulo 算法 [56]。

在执行阶段 EX 之后，我们引入一个新的流水线阶段，称为退出（Retire，RT）阶段。它负责处理在 ROB 中标记为已完成的指令，并实现有序的效果，以便无序执行看起来已按原始程序顺序执行了所有内容。这确保程序员不会对任何可能改变程序行为超出 ISA 规定的重排序效果感到惊讶。3.2.2.2 节将讨论这个问题。

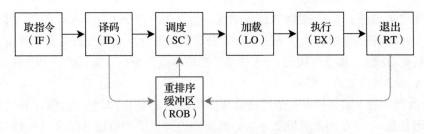

图 3.4 指令的乱序执行

一旦核心具有 OOO 功能，就必须确定指令的安全顺序。实际上，这里的约束与并行程序在访问共享变量或编译器必须跟踪的依赖时避免竞争条件所需的约束类似。

OOO 引擎必须确保满足的三个可能的依赖关系是：

❑ **写后读**（Read After Write，RAW）——最明显的数据依赖关系，因为它表示一条清晰的数据流。第一条指令将一个值放置在某个地方（例如，寄存器），而依赖指令使用该值。

❑ **读后写**（Write After Read，WAR）——RAW 的相反情况。这里的问题是，如果仍有指令需要读取未更新的位置中的值，那么写操作就不能用新值更新该位置。

❑ **写后写**（Write After Write，WAW）——这里的问题是，对某个位置的后一个写操作将覆盖前一个写操作的结果。如果两次写操作被重新排序，那么最终结果将是错误的。

这里所说的位置可以是处理器核心的寄存器文件中的寄存器、重叠的部分寄存器（例如，对于 x86 处理器，完整寄存器 eax 和 eax 中低 16 位部分 ax），或者（重叠的）内存地址。

表 3.1 展示了我们之前在本节中看到的代码片段，但注释了指令之间的依赖关系。我们可以看到，编译器使用 eax 寄存器计算两个表达式结果时存在一些伪依赖（例如指令 4 和指令 1、2、3 之间关于 eax 的依赖关系）。为了克服这种依赖，硬件通常执行寄存器重命名，并将机器代码使用的寄存器名转换为内部寄存器名。这有效地允许它重写代码，以便为前三条和后两条指令使用不同的寄存器。这也允许它使用一个更大的寄存器文件，而不是在指令编码中为寄存器操作数提供的可用空间中进行编码，当然，这是以需要额外的硬件来检测依赖性和执行寄存器重命名为代价的。

表 3.1　指令间的依赖

序号	指令	读	写	依赖
1	lea eax, [rsi + 4]	rsi	eax	空
2	mov dword ptr [rdi], eax	eax, rdi	内存	RAW[1]
3	add esi, edx	edx	esi	WAR[1]
4	imul eax, esi, 42	esi	eax	RAW[3],WAR[2],WAW[1]
5	mov dword ptr [rdi+4], eax	eax,rdi	内存	RAW[4]

对于那些不熟悉 x86_64 架构的读者来说，指令 3 对指令 1 有 WAR 依赖，因为 esi 寄存器是 rsi 寄存器的低 32 位。这表明了此类分析的复杂性。此类分析需要了解指令集的语义，还必须跟踪状态（如条件代码），这些状态通常不是作为指令编码的一部分显式公开的，但却是 ISA 规定的语义的一部分。

OOO 执行中引入的另一类复杂性是处理加载和存储操作。显然，能够正确执行现有的单线程代码是任何 CPU 实现的最低要求。然而，正如目前所描述的，我们的 OOO 核心可能无法实现这一点。考虑 x86_64 架构的代码，如下所示：

```
1  func:
2    mov   rax, qword ptr [rdx]
3    mov   qword ptr [rdi], rax
4    mov   rax, qword ptr [rsi]
5    mov   qword ptr [rdx], rax
6    ret
```

它是由 clang 编译器从以下代码生成的：

```
1  void func(int64_t *a, int64_t *b, int64_t *c) {
2    *a = *c;
3    *c = *b;
4  }
```

显然，CPU 可以应用寄存器重命名来避免 WAR 对 rax 的依赖，然后重新排序代码，以在执行的指令序列中向上移动两个明显独立的加载指令，同时仍然需要在存储之前从 qword ptr [rdx]（*c）加载。然而，这是 C 或 C++，没有什么可以阻止 b 指向与 a 相同的内存位置（在这种情况下，rdi 和 rsi 将持有相同的值）。因此，在 *a 的存储和 *b 的加载之间存在一种隐藏的依赖关系，这只能在运行时检测到，必须进行解决。

和往常一样，有许多解决方案可以克服这个问题：

1. **不要对任何加载或存储指令进行重新排序**。虽然这是一种简单的方法，但它消除了许多潜在的并行性，因为加载和存储是非常常见的操作，因此不对它们进行重新排序可能会对执行性能产生严重影响。

2. **检测内存中重叠的加载和存储，并仅对它们进行排序**。这更复杂，因为现在核心需要一个额外的结构来存储一些额外的状态（保存加载 / 存储的地址 / 大小信息）和逻辑，以检查任何给定的内存操作是否与另一个操作冲突。

这两种解决方案都可以确保串行代码正确执行，但一旦我们允许任何加载或存储乱序执行（和完成），我们就需要更多关于 CPU 如何对内存操作执行排序的规则和控制。然后，处理器要么处理并行执行的工作（另一个线程可以观察内存状态），要么处理通过写入内存映射的设备寄存器来控制设备的设备驱动程序。

例如，如果有一种设备可以执行直接存储器访问（Direct Memory Access，DMA）传输，那么我们可能必须设置指向 DMA 缓冲区基址的指针、大小，然后是一个发起传输的控制字。其中的每一个都将写入单独的设备寄存器，但是如果触发传输的写操作在设置参数的任何一个之前完成，则会发生糟糕的事情。同样，在线程化代码中，我们必须确保在释放锁的存储操作之前，发生在临界区内的所有存储操作都是全局可见的。类似地，我们还要确保那些用于读取临界区内数值的加载操作，不会出现在观察锁被释放的加载操作之前。

不同的架构有不同的规则，即哪些内存访问操作可以相互超越，哪些指令通过耗尽内存操作流水线并阻止新指令进入来强制排序执行。有些还引入了不同类型的加载 / 存储操作，这些操作具有不同的内存排序特性。例如，通常相当严格的 x86_64 架构具有语义更宽松的非时效存储指令 [68]。

具有宽松内存模型的架构还必须引入特定的指令（即内存屏障）来强制排序加载和存储，或具有内存屏障语义的附加加载和存储指令。3.2.2.2 节将详细讨论如何处理这些问题。

描述并合理化内存一致性模型是一个很大的领域，例如，需要一本 294 页的书（*A Primer on Memory Consistency and Cache Coherence, Second Edition*[95]）。我们不打算在这里深入研究这个主题，但是为了提高效率，我们确实需要意识到，在编写并行运行时系统中处理这些底层问题的重要部分时，必须谨慎操作。

3.1.4　分支预测

乱序执行是处理由长延迟指令引起的流水线停顿的一种方法，分支则是另一种问题。这里的问题是在 EX 阶段执行分支指令之前，"知道"分支将以哪条指令为目标。这里有几种相关的分支指令。

首先，无条件分支指令改变控制流，使其位于目标指令处。它们似乎很容易处理，但也需要停止部分流水线。当核心意识到它正在处理一个分支指令时，分支就已经处于 ID 阶段。如果该分支是当前程序计数器的相对分支，那么执行单元首先需要计算最终地址，以通知 IF 阶段它应该从哪里获取新的指令。

其次，在知道分支目标之前，条件分支和间接分支必须一直执行。当分支是有条件的时候，执行单元首先必须确定该分支的条件，以决定是否必须执行该分支。这可能涉及从条件寄存器读取数据或执行计算。间接分支涉及从内存或存储（相对）目标地址的寄存器中获取分支目标。

因此，所有现代处理器都包含分支目标预测（Branch-Target Prediction，BTP）单元，该单元尝试预测分支目标，并向 IF 阶段提供加载下一条指令的地址。可以想到，这里的准确性是性能的关键。如果预测器错误地预测了分支，那么在分支指令执行之后，核心将不得不刷新流水线并在正确的目标程序计数器处重新启动执行。这还要求处理器引入预测执行。尽管处理器从分支指令的预测目标处获取和执行指令，但在确定该代码路径执行之前，它不能提交在那里执行的任何计算。因此，这需要引入额外的新状态来保存还不能提交的结果，以及额外的缓冲，以便预测执行的存储操作不会产生任何可见的影响。

图 3.5 展示了 BTP 单元如何与我们的简单执行流水线进行集成。BTP 存储预测数据库，并通知 IF 阶段程序计数器的下一个值。当分支指令完成执行时，流水线末端的退出阶段更新 BTP 单元的数据库，并传递关于分支结果的信息（已获取或未获取）。

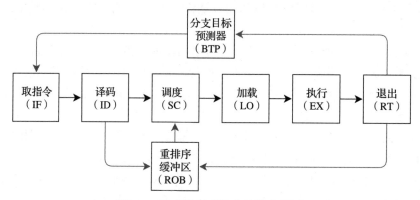

图 3.5 乱序执行引擎中的分支预测

有许多算法可以用来执行分支目标预测。它们的范围从非常简单的 1 位预测器（例如，如果分支被使用，那么预测其会再次被使用），到更复杂的 2 位预测器，即在改变未来预测之前使用饱和计数器来容忍一个错误预测。甚至还有包括神经网络和机器学习技术的分支目标预测器来提高预测质量。

3.1.5 超标量执行

我们可以向执行流水线添加更多的并行性。流水线概念的引入已经在执行阶段之间提供了更多的重叠。典型的指令序列通常包含指令的混合：加载/存储指令、分支指令、算术指令等。与此同时，我们会发现，可以执行所有这些指令的执行单元能够被分成更小、更专用的执行单元。

这种带有多个执行端口的超标量执行流水线如图 3.6 所示。通过这种设计，我们可以调整执行端口的数量，使其比率与预期的指令组合相对应。在我们的示例中，我们将单个 EX 阶段分解为两个加载端口、一个存储端口和一个用于整数算术、分支等的 ALU。我们还分别增加了一个用于浮点数加法的单元和一个用于浮点数乘法的单元。注意，我们在这里使用的比率不是任意选择的，而是与 dgemm() 函数 [29] 的指令比例相一致，该函数是用于对 Top 500 系统 [30] 进行排名的 HPL 基准 [31] 的一个重要组件。当然，要实现什么执行端口以及每个执行端口的数量的精确选择是一种微架构决策，因此即使是具有相同指令集并由相同供应商设计的 CPU 之间也很可能存在差异。

当一条指令到达指令调度器 SC 时，调度算法将通过确定对其他指令的所有依赖是否满足来检查该指令是否已准备好执行。如果是这种情况，那么调度器会找到一个可以执行该指令的空闲执行端口，并将该指令分配给该端口。如果所有匹配的端口都忙，则该指令必须等待，直到某个端口变为可用。如果程序代码可以使所有执行单元都忙于工作，那么除了在其他流水线阶段正在处理的指令之外，核心执行单元中还可以有 6 个正在同时运行的指令。

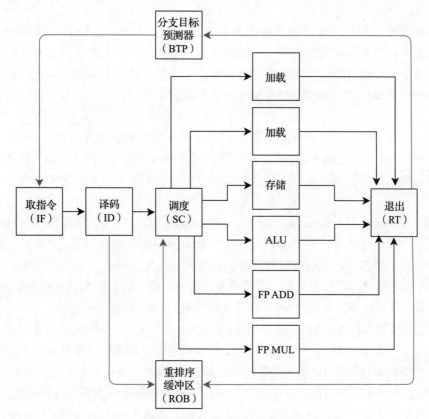

图 3.6　带有多个执行端口的超标量执行流水线

3.1.6　同步多线程

在前面的小节中，你已经看到，延迟是在现代处理器中执行代码时遇到的关键问题之一。例如，内存延迟和它引起的流水线停顿是执行时问题的主要来源。长延迟指令是流水线停顿的另一个来源，我们需要解决这些问题以提高执行性能。

一般来说，有两种基本的方法来处理延迟问题和流水线停顿：

1. **减少延迟**。核心可以使用额外的逻辑和结构来实现智能解决方案，以缩短导致流水线停顿的操作的时间。

2. **重叠操作**。核心引入额外的执行能力，以便在等待长延迟操作完成时可以执行其他工作。

对于内存访问，一个典型的解决方案是引入缓存（参见 3.2 节的深入讨论），它的访问延迟比普通内存低得多。但是，如果发生了缓存缺失，那么核心仍然必须等待，直到请求的内存操作完成，并且数据项已经到达内部缓冲区。另一种解决方案是向核心添加预取逻辑，以便核心可以尝试预测未来的内存访问并将数据放入缓存，从而有效地减少这些未来访问的延迟。

乱序和超标量执行是通过重叠操作来容忍延迟的一种方法。例如，如果发生了内存访问，核心可以对指令流重新排序，并继续执行其他操作。这也可以通过向其他执行单元提供其他指令来补偿长延迟算术运算，例如浮点除法。一些核心在单个的执行单元中也有（子）流水线，因此，当一条指令处在同一单元的后面的执行阶段时，核心可以启动一条新指令来执行。

然而，在许多情况下，处理器不能从指令序列中提取足够的并行性，从而产生重叠，以补偿较大的延迟。补偿由于高加载 / 存储压力而发生的停顿也很困难，因为调度器可能无法在此期间找到足够多的其他可以调度的指令。因此，需要另一个概念来为核心提供更多（独立的）工作。

这就是同步多线程（Simultaneous Multi-Threading，SMT）[140] 发挥作用的时候。其主要思想是，如果一个指令流不能提供足够的机会来重新排序指令以容忍（内存）延迟，为什么不将另一个来自不同进程或软件线程的指令流送入流水线呢？现在，当流水线发生停顿并且调度器不能从执行线程将另一条指令送入流水线执行时，IF 阶段切换到另一个线程，并从那里开始执行指令。大多数 SMT 实现提供双路 SMT 或四路 SMT。

这种想法至少可以追溯到 Seymour Cray 在 1964 年为 CDC 6600 处理器设计的 I/O 处理器 [25]。之后，其实现被简化，以避免产生我们所描述的处理重排序和数据依赖的许多复杂硬件，这种简化通过具有 10 个不同用户寄存器集的 10 个深度流水线来实现的。每个概念性 I/O 处理器在流水线中只能有一条指令，因此不存在数据依赖问题。这种极端的 SMT 风格通常被称为桶形处理器，这种想法在一些现代图形处理单元（Graphics Processing Unit，GPU）中重新出现。

与以往一样，处理器核心需要扩展额外的逻辑和数据结构。现在它需要同时跟踪两个（或多个）指令流的执行状态。大多数现代处理器已经有更大的内部寄存器文件，它们用来实现寄存器重命名和预测等高级执行概念（3.1.3 节）；处理器可以使用这些额外的资源向多个指令流提供（虚拟）寄存器。当指令在流水线中时，处理器必须标记它们，以便所有执行单元和流水线阶段知道特定指令属于哪个指令流，因为内存访问必须使用适当的页表集。此外，每个 SMT 显然需要自己的程序计数器（如图 3.7 所示）。

典型的命名方法是将处理器核心称为物理核心（physical core），并将物理核心可以执行的每个指令流称为逻辑核心（logical core）、逻辑 CPU（logical CPU）或硬件线程（hardware thread）。

图 3.8 展示了 hwloc -ls 命令 [99] 的图形输出。该拓扑由四个物理核心（P#0 到 P#3）组成，每个物理核心具有两个逻辑核心，分别表示为 PU P#0 到 PU P#7。Linux 和微软 Windows 将把这些核心显示为 0 到 7。

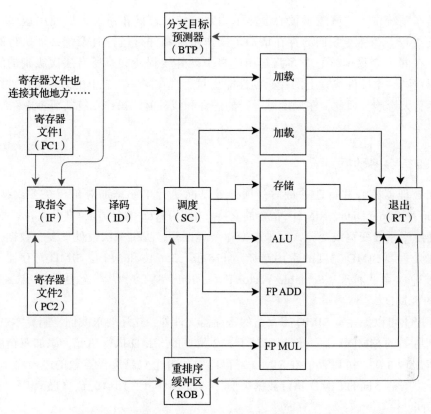

图 3.7　双路 SMT 流水线（未显示扩展寄存器文件）

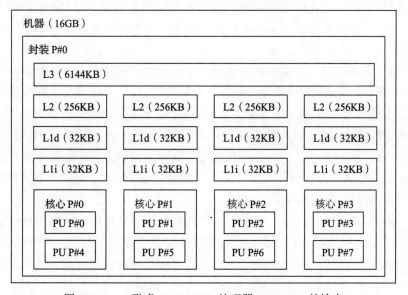

图 3.8　Intel 酷睿 i7-6670HQ 处理器 hwloc-ls 的输出

在操作系统中，这些逻辑核心会显示为常规核心，操作系统可以使用这些核心来调度进程和线程。当然，它们的存在增加了操作系统和并行运行时系统必须执行的工作的复杂性。在同一个物理核心中多路复用的多个硬件线程还共享所有层次级别的缓存。因此，运行在同一个硬件线程上的代码的性能会对运行在同一核心上的另一个硬件线程上的代码产生重大影响。因此，在调度可运行的进程和线程时，操作系统需要考虑系统的 SMT 结构。

3.1.7　单指令多数据

增加处理器核心并行性的最后一项任务是向执行单元添加对单指令多数据（Single Instruction Multiple Data，SIMD）指令的支持，根据 Flynn 的分类法 [39] 引入数据并行。

不是使流水线变宽或变深，而是改变指令集架构，提供一次性处理多个数据元素的指令。现代处理器 SIMD 宽度的常用选择是 128 位、256 位和 512 位 SIMD 寄存器。Arm 处理器的可伸缩向量扩展（Scalable Vector Extension，SVE）[121] 甚至更进一步，支持高达 2048 位的 SIMD。

除了提供可以保存宽 SIMD 寄存器的寄存器文件外，这还要求我们复制算术逻辑单元，直到达到所需的 SIMD 长度。例如，对于 512 位宽的 SIMD 执行单元，添加双精度浮点数的逻辑将出现 8 次，可以存储在 SIMD 寄存器中的每个双精度浮点数的逻辑将出现一次。如果指令集支持不同的 SIMD 执行数据类型，例如 int8_t、int16_t、float 等，这个数字将有所不同。

图 3.9 展示了 Intel 高级向量扩展 512（Intel Advanced Vector Extensions 512，AVX-512）指令集提供的一些 SIMD 指令示例。图中展示了 64 位值的 512 位指令，但是指令集还支持 128 位和 256 位的指令以及 8～64 位的字大小。其他架构通常具有类似的 SIMD 指令类别。

顶部的第一条指令是一条简单的加载指令，它从内存中检索 512 位数据并将它们加载到 SIMD 寄存器中。示例是 64 位值（例如，双精度浮点），因此 SIMD 寄存器将容纳 8 个值。图 3.9 中的第二条指令展示了元素级类型的操作，该操作接受多个操作数（这里是两个源操作数），并通过对 SIMD 操作数的每个元素执行同一操作来生成输出操作数。

中间是一条元素级指令，它将 SIMD 寄存器 a 和 b 相加，并将结果存储在目标寄存器 dest 中。通常，指令集为各种算术运算提供了大量的指令支持，从简单的（例如加法）到更复杂的（例如融合乘加运算或反平方根）。

一些指令集还提供在 SIMD 寄存器中执行掩码计算。条件指令可以填充所谓的掩码寄存器，作为 SIMD 寄存器上（按元素）比较的结果。然后可以使用该掩码寄存器（图 3.9 中的 k1）对 SIMD 指令的效果进行限制，只作用于 SIMD 寄存器中在掩码寄存器对应位中值为 true 的元素。根据指令集的不同，掩码中带有 false 位的元素可以设置为 0，保持不变，甚至可以从另一个源获取。

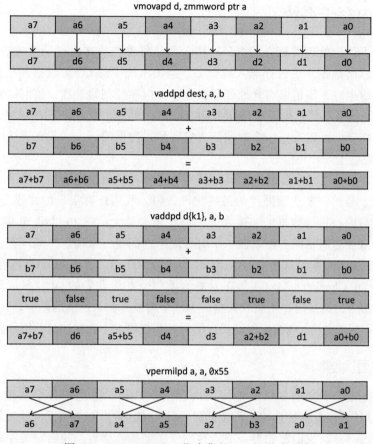

图 3.9　Intel AVX-512 指令集的 SIMD 指令示例

最后，通常会有一组指令用来重新排列 SIMD 寄存器的内容。图 3.9 展示了 vpermilpd 指令翻转两个相邻元素的例子。指令中编码的立即值 0x55 描述了对元素所采取的操作以及它们应该如何移动。这类指令对于格式化 SIMD 寄存器的内容非常重要，以便在元素上进行数据并行执行。例如，将复数的实部和虚部分开进行计算。

SIMD 指令的好处之一是可以明确地告诉 CPU 一组操作是彼此独立的，因此 CPU 不需要执行依赖分析来确定它是否可以同时执行，例如，同时执行 8 个浮点加法。这些信息还允许将宽 SIMD 指令拆分为多个较窄的操作进行实现。因此，四宽 SIMD 操作可以作为 4 个单宽操作依次执行，每个单宽操作对应一个 SIMD 通道。这样的实现方式将不具有完整四宽操作可以实现的峰值性能，但在译码和调度 4 个独立的指令时，仍可能减少能耗并提高性能。当将 SIMD 操作拆分成两个时，这样的实现被称为"双泵"实现。这种方法还允许供应商保持其 CPU 之间的二进制兼容性，即使给定的 CPU 实现受到硬件限制以满足成本点，无法负担 4 个或 8 个浮点单元。通过 n 路泵送 ALU，它仍然可以实现宽 SIMD 指令，即使这没有提供很大的性能增益。

3.2 现代内存子系统

我们现在不讨论处理器核心的内部结构，而是将重点放在内存子系统的工作方式上，这样我们就可以将数据从主内存送入到核心。当流水线中的 LO 阶段必须检索数据或 WB 阶段必须写回数据时，该请求离开处理器核心，由内存控制器处理，控制器将任何物理内存技术（例如，具有双倍数据速率的同步动态随机存储器，或 DDR-SDRAM）附加到处理器封装。内存控制器可以看作一个转换器，它解释对数据的请求，并在连接内存模块到处理器封装的传输线上发出电信号。

然而，内存系统比处理器慢。这最终是不可避免的，因为光速是有限的，而物质又不是无限可分的。当然，要达到硬件的最终物理极限，我们还有很长的路要走。但近年来，数据处理速度与内存传输数据的速度之间的差距越来越大。在 20 世纪 70 年代末，SRAM 的运行速度与微处理器相同，可以在一个时钟周期内满足一个请求，而现在，访问内存可能需要数百个 CPU 周期。这个 DRAM 延迟大约为 100 ns，可以用 Intel 内存延迟检查器（Memory Latency Checker，MLC）等工具来测量[64]。尽管我们的 OOO 核心现在每个周期可以执行多个指令，但从内存中获取数据的 100 个周期停顿对性能的影响是巨大的。因此，这导致引入了不同（更快）内存组件的层次结构，我们将在下面描述这些组件。

3.2.1 内存层次结构

图 3.8 已经展示了典型多核处理器的内存层次结构。往返于各个物理核心（P#0 到 P#3）的数据路径并没有直接连接到最顶部显示的 16GB 主内存。相反，处理器在内存和核心之间有多个缓存。让我们首先看一下缓存的层次结构。然后，我们将关注如何构建由多个处理器封装组成的更大的多核机器。

3.2.1.1 缓存层次结构

由于高速内存的构建与处理器封装的集成非常昂贵，过去几十年的趋势是将内存从处理器中移出，不将其焊接到计算机主板上使其更容易升级。此外，典型且造价合理的内存技术的平均访问延迟并没有减少很多，在某些情况下甚至有所增加。

对内存这部分的一个总结是，使用当今的内存技术，可以构建小的但造价昂贵的高速内存，也可以构建成本较低但更大的慢速内存。这导致了经典且广泛使用的解决方案，即在计算机的慢速主内存和处理器之间引入少量的快速内存。这些内存单元被称为缓存，它们可以透明地为处理器请求的数据提供中间存储。层次结构的不同级别通常表示为 Lx，x 表示级别的数量（通常为 1、2 和 3）。

当我们回顾图 3.8 时，可以看到处理器有三级缓存。第一级缓存 L1 是最小且最快的，实际上内置在处理器核心中，以获得最快的访问速度。通常，处理器核心有一个数据缓存（L1d）和一个指令缓存（L1i）。由于冯·诺依曼设计中的指令也来自主内存，因此也面临同样的延迟问题。使用缓存大大减少了必须等待来自内存的下一条指令的可能性。

在我们的处理器示例中，缓存层次结构的下一级是 L2，这也是一个与特定物理核心相关联的核心私有缓存。它可能与核心紧密集成，也可能是管芯上独立的硬件组件。在这个级别，缓存更大，但有更长的访问延迟。

最后一级是 L3 缓存，它在处理器封装的所有物理核心之间共享。这是系统中最大的缓存，但也具有最高的访问延迟。但是，访问这个缓存的延迟仍然比访问主内存的延迟快一个数量级。

缓存通常由包含多个数据字的缓存行组成。典型的大小是 32 字节或 64 字节。虽然这确实降低了内存子系统的复杂性和实现缓存所需的逻辑，但这意味着，如果一个核心请求一个字节，则内存子系统将始终围绕整个缓存行移动，并将其移动到缓存中。你可能还记得，层次结构中的一些缓存是核心私有的，如果两个核心想要修改碰巧在同一缓存行上的相邻数据字，则会产生影响。3.2.4 节将更深入地讨论这个主题。

缓存可以被组织为包含式缓存或独占式缓存。如果缓存层次结构是包含式的，那么从主内存加载的缓存行将在整个层次结构中复制。因此，例如，如果缓存行已经加载到 L1 缓存中，那么缓存行的副本将保留在 L2 和 L3 缓存中。独占式缓存层次结构可以从外层缓存中删除这些副本，只维护一个副本。当然，也可以采用混合的方法。例如，Intel Xeon 可扩展处理器[78]使用 L1 和 L2 的包含式缓存，而 L3 是独占式缓存。

单个缓存的大小小于主内存容量，其结果是，缓存无法容纳内存可能包含的所有数据。在某个时刻，层次结构中的缓存可能已经满了，为了存储额外的内存数据，将不得不清除缓存中认为不再使用的缓存行。有几种不同的策略可以解决这个问题。更多信息见文献[56, 97]。

一次数据访问可能导致缓存未命中（即要访问的数据没有出现在缓存中）的原因有很多。第一种情况是强制未命中，这通常发生在第一次访问缓存行时。如果我们忽略预取，那么显然缓存不能存储以前从未请求过的缓存行。当缓存已满并且需要清除缓存行为新传入的缓存行腾出空间时，就会发生容量未命中。最后，当新的缓存行占用缓存中的相同位置时，会发生冲突未命中，因此必须清除当前存在的缓存行。

在缓存行上组织缓存还有另一个有趣的结果。如上所述，当一个核心从内存加载一个字节时，内存系统将返回一个完整的缓存行给核心。这意味着缓存行上的其他内容已经接近核心。如果下一个加载操作是在同一缓存行上的一个邻近的字（例如，当按顺序遍历数组时），则对该字的访问延迟将显著下降。这就是所谓的空间局部性，应尽可能加以利用。与之对应的是时间局部性，描述了这样一个事实：对一个内存位置的访问可能在不久的将来再次发生，除非进行清除，否则数据仍然驻留在缓存中。

3.2.1.2　非统一内存访问架构

我们在图 3.8 中看到的处理器架构由一个包含多个核心的处理器封装组成。我们可以将这个概念扩展到多封装系统，其中包含多个处理器封装。这些处理器封装通过网络或结构总线相互连接，以便每个封装可以与系统中的所有其他封装交换数据。通常，这也意味着所有处理器都可以访问系统内的整个内存，因此在软件看来，它运行在具有大量核心和内存的机器上。

将单个内存子系统连接到系统内部网络的设计已被证明不适用于具有大量处理器封装的情况。当越来越多的处理器封装被添加到系统中时，访问内存的单一路径就会成为瓶颈，而将通信流从处理器封装路由到内存所需的中心交换机就会变得异常复杂[56]。因此，大多数现代机器遵循不同的设计思想，如图 3.10 所示。

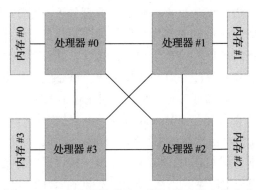

图 3.10　四个全连接的处理器封装及其本地内存

如上所述，所有处理器都连接到板上结构总线，以便它们可以交换消息。每个处理器通过位于同一处理器封装中的内存控制器连接到内存的一部分，而不是单个内存块。这种设计明显的好处是，到内存的路径现在随着系统中处理器封装的数量而扩展。如果我们将它们的数量翻倍，也会自动将内存组件的数量翻倍，包括到内存的数据路径。

这种设计的缺点是对内存的访问不再是一致的。也就是说，不同的内存位置现在有不同的访问延迟。例如，如果处理器 2 想要访问内存 0 中的数据（对应于缓存行中的数据量），则处理器 2 必须从处理器 0 请求该内存，处理器 0 将请求转发到内存 0。然后，请求的数据返回发出请求的处理器，并存入本地缓存。这种架构称为非统一内存访问（Non-Uniform Memory Access，NUMA）。根据发出请求的处理器和提供服务的 NUMA 域，内存暴露了不一致的访问延迟。

图 3.11 包含了配置 Intel Xeon Platinum 8260L 处理器的双插槽系统的 hwloc -ls 命令的输出。其中每个封装包含物理核心 P#0 到 P#23（每个封装内的编号），整个系统提供编号为 PU#0 到 PU#95 的逻辑核心。每个物理核心有两个硬件线程。该系统的编号方案为：每个核心的所有第一个硬件线程的编号为 PU#0 到 PU#47，然后所有第二个硬件线程的编号为 PU#48 到 PU#95。

对于系统的 NUMA 结构，两个处理器分别构成一个 NUMA 域。然而，图 3.11 中的系统已经配置了子 NUMA 集（sub-NUMA Clustering，SNC）[116]。因此，通过改变处理器内部通信网格中的映射，每个物理 NUMA 域被进一步分成两部分。

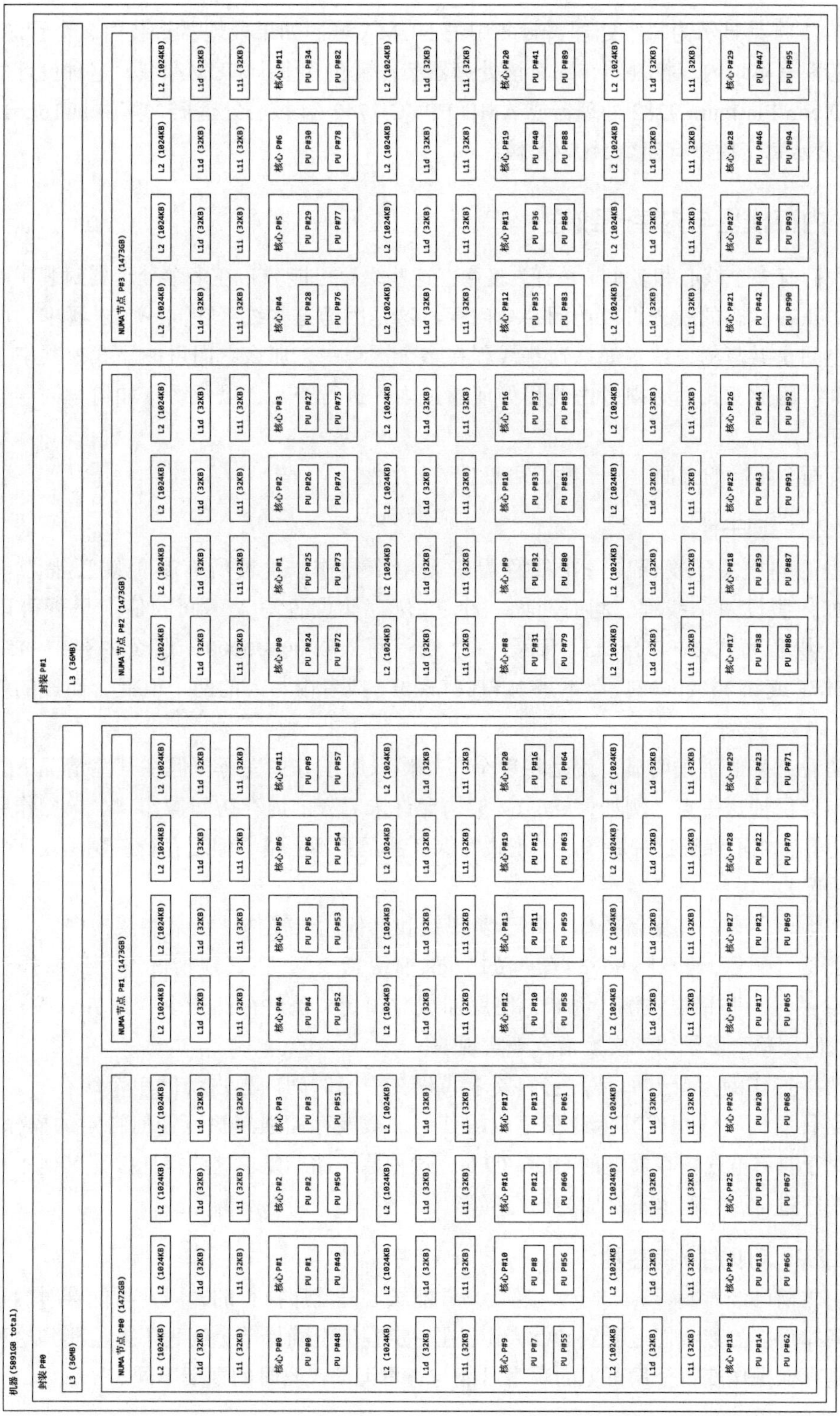

图 3.11 双插槽 Intel Xeon Platinum 8260L 处理器系统

图 3.11 将其显示为每个处理器封装中的 NUMA 域。如果处理器封装由多个管芯组成，每个管芯都有本地内存控制器，那么该处理器架构就包含多个 NUMA 域。这种设计的例子有 Intel Xeon Platinum 9282 处理器或 AMD EPYC 7742 64 核心处理器，其中 `hwloc lstopo` 工具 [99] 显示每个插槽有四个 NUMA 域。

3.2.2　内存模型与内存一致性

当我们有多个核心和多个（私有）缓存，这些缓存可能分布在多个处理器封装中时，这些核心中正在执行的线程可以访问共享内存。这是因为这些线程在同一个进程中，所以整个地址空间是共享的，或者如果这些线程在多个进程中，那么它们可能显式地共享了部分地址空间。因此，我们必须考虑线程如何通过内存进行交互，以及缓存如何与内存数据传输进行交互。

这有两个不同的方面：原子性，可见性 / 有序性。

3.2.2.1　原子性

这里的问题关于确保在一个线程看来是单个操作，也被所有其他线程视为单个操作。例如，假设两个线程"同时"向一个 32 位存储位置写入不同的值。是否可以保证如果一个线程写入 0xffffffff，而另一个线程写入 0x00000000，那么内存中的结果是 0xffffffff 或 0x00000000，而不是 0xff00ff00ff 或者由写入的两个值混合而成的任何其他值？

最初看起来似乎很明显，就是将单个写操作以原子方式进行。但在某些情况下，某些架构并不能保证这一点。例如，x86_64 架构允许未对齐的内存访问操作，如果操作跨越了缓存行边界，则不保证这种原子性（正式的保证甚至更不严格，但缓存行跨越是现实中可能发生的情况）。

类似地，还有一些更新操作，用于实现锁和其他同步操作。在某些架构中，存在显式的原子指令（例如，针对 x86_64 架构的 lock 前缀指令）。在其他情况下，这些操作的原子性是通过预测和错误检测（例如，使用加载时锁定 / 条件存储指令，如 Arm V8 ldxr/stxr）或使用单个原子比较交换指令来实现的。

这两种操作的重要方面是，它们要求线程在一段时间内独占访问单个缓存行。然而，它们不必针对同一线程或其他线程生成的其他加载或存储强制执行任何特定的操作顺序。因此，对于具有宽松内存模型的 OOO CPU，这种原子性不要求这些操作按照其他本地内存读写的顺序进行，它们也不必成为内存屏障。

3.2.2.2　可见性 / 有序性

我们之前已经看到（3.1.3 节），现代高性能核心是乱序执行的，因此可能会对内存访问进行重新排序。虽然我们还看到 OOO 引擎在一定程度上确保单个线程不能检测到这种重排序，但是存储操作变得全局可见的顺序可能与查看汇编代码时的预期不同。

例如，清单 3.1 所示的代码不能按照编写的方式工作，因为它对语言和硬件内存模型做出了错误的假设，使得内存操作能够以一种不符合程序员预期的顺序对其他核心可见。这段代码试图实现点对点通信通道，但它依赖于 send() 函数中的 payload 存储操作在 go 的存储可见之前完成并全局可见。然而，对于乱序执行的核心，并不能保证这是正确的。如前所述，C++ 语义甚至允许编译器将每个轮询循环视为无限循环之前的测试，因为在单线程代码中，一旦读取了值，编译器就可以有效地假定它不能更改。我们可以在清单 3.2 中的汇编代码中看到这种情况。

清单 3.1　有问题的点对点通道

```cpp
// This example is broken!
class channel
{
  bool go;
  void * payload;
public:
  channel() : go(false) {}
  void send (void * data) {
    while (go)
      ;             /* Wait for data to be consumed */
    payload = data;
    go = true;
  }
  void * recv() {
    while (!go)
      ;             /* Wait for data to be written */
    void * result = payload;
    go = false;
    return result;
  }
};
```

清单 3.2　有问题的点对点通道，x86_64 汇编代码

```asm
# Compiled by clang 9.0.0 -O3

send(channel*, void*): # @send(channel*, void*)
  cmp byte ptr [rdi], 0
  je .LBB0_2
.LBB0_1: # =>This Inner Loop Header: Depth=1
  jmp .LBB0_1
.LBB0_2:
  mov qword ptr [rdi + 8], rsi
  mov byte ptr [rdi], 1
  ret
recv(channel*): # @recv(channel*)
  cmp byte ptr [rdi], 0
  je .LBB1_1
  mov rax, qword ptr [rdi + 8]
  mov byte ptr [rdi], 0
```

```
  ret
.LBB1_1: # =>This Inner Loop Header: Depth=1
  jmp .LBB1_1
```

在 send() 和 recv() 函数实现中，编译后的代码检查 go 标志的状态，然后分支到一个无限循环（在标签 .LBB0_1 和 .LBB1_1 处）。

为了使这段代码正确工作，我们必须告诉编译器：

1. go 字段正在被用于通信，因此它必须被原子更新。

2. 当赋值 go = true 被执行时，我们还要求赋值 payload = data 对另一个线程可见。

这两个需求正是前文讨论的原子性和可见性约束。一旦编译器理解了我们的需求，它就可以确保生成适当的指令来强制执行内存排序，以便 CPU 核心执行所需的操作。我们可以通过包含 <atomic> 头文件并确保 go 标志是原子类型来告诉编译器这一点，如清单 3.3 所示。让我们简单看一下 C++ 内存模型，以理解它在底层是如何工作的。

清单 3.3　正确的点对点通道

```cpp
#include <atomic>

class channel
{
  std::atomic<bool> go;
  void * payload;
public:
  channel() : go(false) {}
  void send(void * data) {
    while (go.load(std::memory_order_acquire))
      ;            /* Wait for data to be consumed */
    payload = data;
    go.store(true, std::memory_order_release);
  }
  void * recv() {
    while (!go.load(std::memory_order_acquire))
      ;              /* Wait for data to be written */
    void * result = payload;
    go.store(false, std::memory_order_release);
    return result;
  }
};
```

3.2.2.3　C/C++ 内存模型

由于 C 和 C++ 编程语言支持接近硬件的编程，并且常用于实现 OS 内核等任务，因此它们具有能够反映硬件乱序属性的内存模型，同时还允许程序员在需要的地方强制排序。

通过给变量（或类成员）一个类型，该类型是 std::atomic 模板的一个实例，我们可以保证对变量的访问将以原子方式进行。由于对原子的默认访问是 std::memory_order_seq_cst，在默认情况下，所有访问也将强制执行严格的顺序约束，即顺序一致性，确保所有之前的加载和存储已经完成，而后续的加载和存储都未启动。

在比代码所需的限制更严格（而且成本更高）情况下，可以使用 load() 和 store() 方法，它们允许显式指定所需的内存顺序。

在上面的示例代码中，只需用类型 std::atomic 声明变量 go 就足以得到正确的代码。然而，对于 x86_64 处理器，编译器会在变量 go 的每个存储操作引入全内存屏障。g++ 编译器添加了一条 mfence 指令，而 clang++ 使用一条 xchg 指令来执行锁操作，就像 x86 架构中所有锁指令一样，它也是一个全内存屏障。

然而，如果我们表达出真正需要的语义，即 go 的每个加载都是一个获取操作，而每个存储都是一个释放操作，那么在 x86_64 架构中就可以正确生成代码，而无须额外的内存屏障操作。

清单 3.4 是为该代码生成的汇编代码，可以看到，代码修复已经起作用。轮询循环正在测试加载的值，并在适当的时候离开循环，加载和存储的顺序是正确的。

清单 3.4　修复的点对点通道 x86_64 汇编代码

```
# Compiled by clang 9.0.0 -O3
_ZN7channel4sendEPv: # channel::send(void*)
.LBB0_1:
        movzx   eax, byte ptr [rdi]
        test    al, 1
        jne     .LBB0_1
        mov     qword ptr [rdi + 8], rsi
        mov     byte ptr [rdi], 1
        ret


_ZN7channel4recvEv: # channel::recv():
.LBB1_1:
        movzx   eax, byte ptr [rdi]
        test    al, 1
        je      .LBB1_1
        mov     rax, qword ptr [rdi + 8]
        mov     byte ptr [rdi], 0
        ret
```

C 和 C++ 内存模型的完整细节，包括形式逻辑，可以在网上找到，例如，CPP Reference 网站 [1] 的 std::memory_order 部分。

对于内存排序的获取和释放的描述，来自思考需要什么样的内存排序才能使用锁实现的临界区正确运行。

3.2.2.4　获取和释放

获取内存排序适用于检查线程是否获得了锁的加载操作。由于锁获取不会将任何状态暴露给其他线程，这是一个限制，以确保应该在临界区内部执行的操作确实是在那里执行。换句话说，对于具有获取语义的加载操作，其之后的加载或存储操作不能在该操作之前执行。它不会对在获取操作之前运行的操作实施任何限制。

释放内存排序适用于指示线程正在离开临界区的存储操作。在这里，我们必须确保发生在临界区内的所有存储操作对声明该锁的其他线程可见。因此，它阻止了释放操作的完成和可见，直到之前的所有存储操作（从临界区内部）都完成。实际上，它防止存储操作不能重排在具有释放语义的存储操作之后，而获取内存排序则防止加载或存储操作重排在具有获取语义的加载操作之前。

在我们的通道示例中，可以看到所需的排序语义是在发送端释放，在接收端获取。

3.2.3 缓存

在没有缓存的内存系统中，只能从一个地方读取给定内存位置的值：内存。然而，当我们引入缓存时，整个目的是允许一些内存位置（最近已被访问或预取器预计很快将被访问）在更靠近核心的地方被访问，因此它们现在同时位于缓存和内存中。这就引出了一个问题：我们如何确保所有核心看到的复制数据是一致的？

为了确保在架构的内存模型需要时所有核心能看到相同的值，需要缓存一致性协议，以保证操作不会丢失并且硬件能够支持。可以使用各种不同的一致性协议，它们对性能的影响略有不同。这里，我们主要关注最简单的 MESI 协议[56]。MESI 是缓存行可以处于的四种状态的缩写：修改（Modified）、独占（Exclusive）、共享（Shared）和无效（Invalid）。其中的基本问题和协议选择无关，你可以找到更复杂的协议的详细信息 [例如，具有修改、拥有（Owned）、独占、共享和无效状态的 MOESI[56]]。

3.2.4 缓存一致性：概述

任何缓存一致性协议的目的都是确保缓存的存在不会导致架构的内存模型被破坏。

要了解这是如何发生的，请考虑在系统中可能发生的一种情况，其中内存传输总是在缓存行的粒度内，且独占性没有被正确跟踪。在这种情况下，两个缓存可以分别保存同一缓存行的副本。如果核心靠近这些缓存，每个核心都会写入缓存行内不相交的字节，那么当两个被修改后的副本被写回内存时，其中一个写入将丢失。图 3.12 展示了这种情况；核心 0 对第一个元素的写入已丢失。

在本节中，我们使用术语缓存行来指代内存中连续的、固定长度的、自然对齐的字节集。当它保存在缓存中时，还具有与之关联的附加标签，以表示该行的本地状态。确切地说，这些标签所代表的内容取决于一致性协议以及其他架构问题（例如，具有事务性内存硬件支持的架构将有额外的标签位来保存实现它所需的状态）。

3.2.5 缓存一致性：MESI 协议

简单起见，我们从只涉及两个核心和单级缓存情况下的协议开始介绍。一旦我们了解了这些，就可以讨论更复杂的情况，即多核和多级缓存。

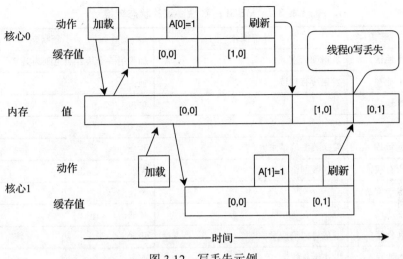

图 3.12 写丢失示例

3.2.5.1 协议描述

在 MESI 协议中，物理缓存行可以处于以下四种状态之一：

1. **修改**（Modified）——该行仅在此缓存中有效，并且包含尚未写回内存的已修改数据。

2. **独占**（Exclusive）——该行只存在于此缓存中，但未被修改。

3. **共享**（Shared）——该行在此缓存中有效，在其他缓存中也有效，这些缓存都具有相同的值，也就是内存中的值。

4. **无效**（Invalid）——物理行是空的，没有保存任何内存位置的数据。这是缓存行的初始状态，当没有保存有用的数据时，就会恢复到这个状态。

缓存行的状态可能会因来自相关核心的本地请求的结果或通过一致性结构总线从某个其他核心传输的请求的结果而改变。本地请求可以要求缓存控制器在请求完成之前通过一致性结构总线与其他缓存或内存控制器进行交互。

对于缓存中的缓存行，在每一种状态下，都可能发生五种情况：

1. **本地读**——与缓存相关联的核心对该行中的数据执行读操作。

2. **远程读**——另一个核心试图读取行中的数据，但其本地缓存没有副本，因此它通过一致性结构总线发出读操作，该操作在远程缓存命中。

3. **本地写**——与缓存相关联的核心对该行中的数据执行写操作。

4. **远程写** [所有权读（Read for Ownership，RFO）]——另一个核心想要向该行写入数据，因此它必须确保自己拥有该行的独占副本。

5. **本地刷新**——缓存本身需要清除该行并用另一行进行替换，或者本地核心已经为该缓存行发出了缓存清除指令。

表 3.2 展示了每个操作对缓存行的影响以及由此产生的请求。同样的信息也可以可视化为状态转换图，如图 3.13 所示。

表 3.2　MESI 一致性协议的状态转换

状态	请求	外部操作	新状态
无效	本地读	发送读请求	如果另一个缓存满足则为共享，否则为独占
无效	本地写	发送所有权读	独占
独占	本地读	空	独占
独占	本地写	空	修改
独占	远程读	发送数据给请求方	共享
独占	所有权读	发送数据给请求方	无效
独占	本地刷新	空	无效
共享	本地读	空	共享
共享	远程读	发送数据给请求方	共享
共享	本地写	发送所有权读	独占
共享	所有权读	发送数据给请求方	无效
共享	本地刷新	空	无效
修改	本地读	空	修改
修改	本地写	空	修改
修改	远程读	刷新到外部缓存 / 内存；然后发送数据	共享
修改	所有权读	刷新到外部缓存 / 内存；然后发送数据	无效
修改	本地刷新	刷新到外部缓存 / 内存	无效

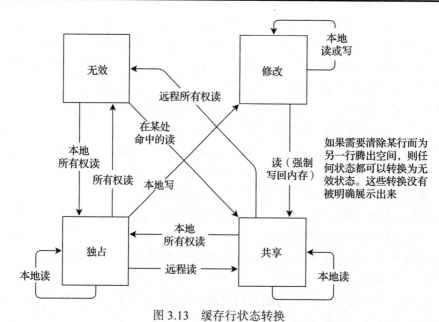

图 3.13　缓存行状态转换

为了显示协议的作用（如图 3.14 所示），让我们再次考虑上面的示例，在该示例中，我们展示了两个核心写入同一缓存行并丢失一次写入，以了解 MESI 协议是如何避免这个问题的。

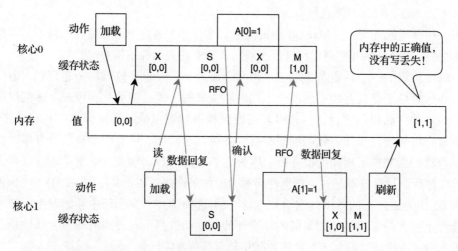

如果未显示缓存状态/值，则缓存行状态为无效状态

图 3.14　MESI 协议生效

我们可以看到，由于该协议确保只有当缓存行处于"独占"或"修改"状态（这确保它只在一个缓存中）时，才能对其进行更新，因此可以正确处理多个写操作，并且不会出现写丢失。

3.2.5.2　添加更多的核心

当我们添加更多的核心时，会遇到一个问题：硬件如何找到所有拥有共享行副本的缓存？

在过去，这个问题很容易解决，因为所有的缓存共享同一个总线，所以所有的缓存都可以看到特定缓存行的每个事务。然而，在现代处理器中，这不再是正确的，因为物理信号问题意味着通信线路现在必须是物理级别的点对点连接。

一种解决方案是引入另一个实体（通常与共享的外部缓存相关联），即标签目录（Tag Directory，TD）或缓存归属代理（Cache Home Agent，CHA）。CHA 跟踪缓存行的状态（MESI 的状态之一），以及处理器中哪些缓存拥有该缓存行的副本。

为了确保原子性，内存中的每个缓存行都有一个负责它的 CHA。从缓存行的物理地址到所分配的 CHA 的映射是通过一个从物理地址到 CHA 的哈希函数（未公开）来实现的。

由于 CHA 必须确保它可以将缓存行的状态转换至独占状态，因此需要跟踪存有某缓存行的缓存集，以便使它们无效。对于处于独占状态或修改状态的行，只能有一个这样的缓存。对于共享状态的缓存行，如果是在多管芯 / 多插槽系统中，则可以分布在管芯内两个到更多缓存中，外加一个所有管芯外的缓存。这可能会产生很大的开销 [例如，在具有 64 字节缓存行的 32 核心系统中，将导致 6% 的开销（32/（8 * 64）= 1/16）]。因此，处理器的设计可以假设这种高度共享的缓存行是很少的，并且当缓存行所在的缓存数量超过某个阈值时，在 CHA 中切换到额外的"无处不在"状态。在这种情况下，协议将要求当一行处于这种"无处不在"状态时测试所有缓存。

另一种可能的方案（在 Marvell Arm 处理器中使用）通过向所有缓存广播所有事务来模拟共享总线。在 Marvell 实现中，这使用双向环来实现一致性结构总线 [124]。

一致性协议的一个特点是伪共享。当两个或多个核心想要修改同一缓存行，但偏移量不同，即恰好位于该缓存线中的两个不同内存位置时，就会发生这种情况。该情况是，其中一个核心将"赢得"缓存行，并将其切换到独占状态以执行写操作。一旦写操作完成，另一个核心将获得处于独占状态的缓存行，并执行写操作。尽管两个核心没有修改相同的内存，但它们伪共享了相同的缓存行，因为它们处理的数据项彼此非常接近，以至于共享相同的缓存行。尽管这不是一个正确性问题，但如果许多线程伪共享同一缓存行（例如，使用线程 ID 作为被修改的数组的索引），或者如果这种伪共享在循环中频繁发生，则可能会对性能产生很大的影响。正如我们不断看到的，移动数据所花费的时间通常是性能限制因素，因此引入这种额外的、不必要的数据移动会导致性能问题。

这对核心到核心的数据传输的具体影响将取决于设计，因为这里有不同的选项。目前的 Intel 处理器实现了一个共享的 L3 缓存，尽管缓存片与一个核心位于同一位置，但缓存片中的数据可以来自任何核心，而我们正在研究的 AMD 处理器有许多 L3 缓存，每个缓存只由四个核心共享。Marvell Arm 处理器遵循 Intel 共享分布式缓存的风格（尽管如上所述，它们的一致性结构总线实现不同）。

虽然我们可以深入了解每个操作的细节（如果想了解缓存的深层操作，你应该解决这个问题），但当我们试图在代码中实现最高性能时，协议的细节不如性能重要，因为代码必须在核心之间进行数据移动。我们需要考虑的是：

1. **行放置**。
2. **核心放置**。
3. **共享度**。

我们将在 3.2.6 节中讨论这些内容。

3.2.6 性能影响

当我们试图优化核心之间的通信（也就是缓存之间的通信）时，我们希望确保将数据从一个缓存传输到另一个缓存所花费的时间尽可能短，并且我们选择的通信模式可以使之成为可能。

管芯上通信总线的实际拓扑结构会影响我们可能看到的性能上的相对差异。对于一些有趣的案例，这不影响最基本的问题，即两个核心之间通信的时间将取决于它们在处理器通信总线中彼此之间的距离。（这在单向环结构中是不成立的，但由于这通过使所有核心都保持很远的距离来避免不均匀性，因此它在当前并不是一种常见的实现！）

我们在这里看到的三个 CPU 分别是：

1. AMD EPYC 7742 64 核心处理器：这是一个使用支持 x86_64 架构的"芯粒"构建的 64 核心封装 [5]。每个核心可以支持两个 SMT。

2. Marvell ThunderX2：这是一个单片 32 核心芯片，支持 Arm V8.1-a 架构 [87]。每个核心可支持 4 个 SMT。

3. Intel Xeon Platinum 8260L 处理器：这是一个支持 x86_64 架构的 24 核心芯片 [65]。每个核心可以支持两个 SMT。

我们所有的机器都是双插槽机器；表 1.3、表 1.2 和表 1.1 给出了它们配置的更多细节。在我们的测量中，每个核心只使用一个线程，因为我们感兴趣的是核心之间通信所花费的时间，而不是共享所有级别缓存的线程之间的通信时间。我们展示了来自这三台完全不同的机器的结果，以证明我们在这里讨论的问题不是 ISA 或特定实现的问题，而是在所有现代处理器上普遍出现的问题，并构成处理器架构的基本属性。由于我们不关心比较这些机器的绝对性能，因此不显示时间，而是显示根据我们为每台机器绘制的最佳结果得出的每机比率。

3.2.6.1　行放置

初看上去，我们通信的缓存行的地址似乎无关紧要。然而，如上所述，为了保持缓存的一致性，缓存之间的所有通信都必须由适当的 CHA 控制，并且由于到 CHA 的哈希是伪随机的，因此我们所移动行的 CHA 完全有可能位于管芯的相反侧。因此，如果想优化通信，则我们希望使用一个缓存行，它的 CHA 与正在通信的两个核心之一位于同一位置。

在图 3.15 中，我们展示了两个任意选择的核心之间使用单个页面中的每个缓存行进行通信的相对性能。可以看到，在 Marvell ThunderX2 和 Intel Xeon Platinum 8260L 处理器上，最差的行所需的时间是最好行的 1.2 倍，而在 AMD 的机器上，大多数行的时间是最佳时间的小于 1.1 倍。

虽然我们只显示了一次运行（测量 10 000 个操作），但实际上我们进行了 5 次独立的重复实验，结果一致。当然，如果重新运行代码，特定行的结果可能会不同，因为保存通信通道的页面不太可能被放置在相同的物理页面中。

这是否值得优化，以便我们能够使用精心选择的缓存行，取决于目标机器以及找到一个好的缓存行的复杂性。要做到这一点，需要锁定通信页面，以便操作系统不会选择移动它，然后测量性能以找到好的缓存行，进而优化特定的点对点通信。

3.2.6.2　核心放置

为了具体一些，考虑 32 个核心的 4×8 网格。核心之间可能的最长距离为 10[由 (4-1)+(8-1) 得出] 跳（位于相对角落的核心之间），因此发送消息和接收回复需要花费 20 跳。如果两个核心是相邻的，往返距离仅为 2 跳。当然，这个通信时间可能只是满足读或写请求的总时间的一小部分，因为系统还必须执行缓存查找和将操作排入一致性结构总线。然而，如果它是可测量的且重要的，我们应该尝试选择我们想要的通信模式到核心的好的映射，以使通信更快。

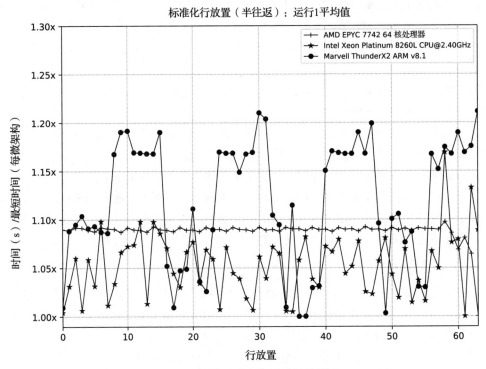

图 3.15 行放置对半往返时间的影响

在图 3.16 中，我们可以看到，在单个插槽中，无论是 Intel Xeon Platinum 8260L 处理器还是 Marvell ThunderX2，核心放置对于存储操作执行时间几乎没有影响。而在 AMD EPYC 7742 上，前四个核心彼此更接近，因为它们共享相同的 L3 缓存。在这种情况下，缓存能够看到该行没有与另一个 L3 缓存共享，因此不需要再进一步查看。正如我们预期的那样，当所有机器必须处理位于不同插槽缓存中的数据时，它们的延迟都会明显增加。

3.2.6.3 共享度

我们已经看到，在具有大量缓存的系统中，一个缓存行可以同时出现在其中许多缓存中。我们还看到，要执行写操作，常用的一致性协议要求该行只位于正在执行写操作的核心的缓存中。因此，值得考虑的是，将一个缓存行从高度共享状态转换到独占状态的成本是多少，以及随着我们改变共享度，这会发生什么变化。

我们可以测量这一点，如图 3.17 所示。由于 AMD 机器中的每组 4 个核心共享一个 L3 缓存，我们不绘制只有 1～4 个线程的数据，因为这种情况明显更快，而且会扭曲图表数据显示的比例。我们还将其限制为 64 核心（这样我们就可以看到 Arm 和 Intel 机器上的行为），以便 AMD 的数据都在一个插槽中。可以看到，我们预期的效果确实存在，在 Arm 核心的单个插槽中写入时间的差异为 1.3 倍，而 Intel 的插槽中写入时间的差异为约 1.5 倍。
AMD 的机器也显示为约 1.4 倍。

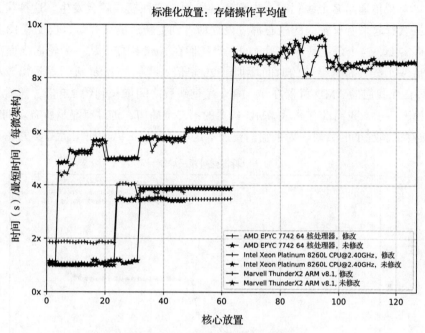

图 3.16　核心放置对写入时间的影响

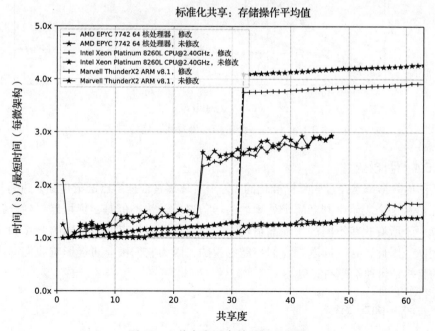

图 3.17　共享度对存储时间的影响

这里的一个相关问题是，如果所有其他线程都轮询同一缓存行，那么写操作需要多长时间才能对所有其他线程可见。这似乎是一种反常的情况，但在分层同步障中释放线程或将信息从单个源传递给多个线程时会出现锁的争用，这种模式就会发生。这种模式通常称为广播。虽然看起来所有轮询的核心都应该立即看到更新后的缓存行，但图 3.18 显示它们并没有。事实上，这个延迟是非常明显的，当我们在 Arm 机器中从一个轮询线程移动到 63 个时，最后一个线程看到存储的时间增加了 20 多倍。我们的 Intel 机器显示出较小的影响（约为 9 倍），而我们的 AMD 机器在 4～10 个轮询线程之间增长到约 2.5 倍，然后呈现平稳状态。如该图所示，我们没有显示 AMD 机器的第二个插槽，也没有显示所有轮询线程共享同一 L3 缓存的情况下的数据。如果我们要展示这一点，那么纵轴比例就需要更大。

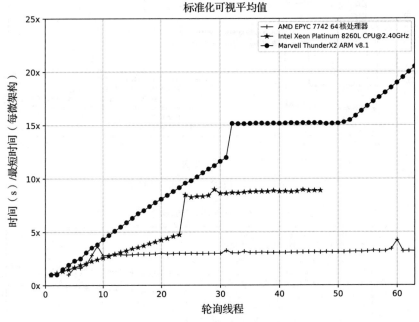

图 3.18　最后一个轮询线程看到存储的时间

3.2.6.4　性能结论

这些图的数据都是经过内部标准化的（每个实现都是根据自己的最佳结果进行标准化），因此你无法从这个表示中判断哪个处理器的通信速度最快。但是，你可以看到，我们所描述的效果对于所有这些不同的实现都是相同的，尽管它们代表两个不同的 ISA 和三个不同的设计团队。因此，这些问题是我们不能忽视的，因为它们极有可能影响我们的代码，无论我们的目标是何种架构和实现。

3.2.7　非统一内存架构

前面的讨论已经表明，从缓存访问数据的延迟受到执行内存访问的核心与缓存行所在的缓存和为其提供服务的 CHA 的物理距离的影响。除了我们在缓存使用上看到的不同之外，系统通常有多个内存控制器，这些控制器并不都与任何特定的核心距离相同。因此，在多插槽系统中，每个插槽可能都有自己的内存控制器。因此内存访问的延迟将取决于包含数据的页面的物理内存是在本地内存系统中还是在远程内存系统中。

表 3.3 展示了在内存中完成加载或存储操作所需的标准化时间，该操作最初并不存在于三个不同的双插槽机器的缓存中。和往常一样，这些是 AMD EPYC 7742、Intel Xeon Platinum 8260L 处理器和 Marvell ThunderX2 Arm。由于这里的重点不是比较这些机器的绝对性能，而是研究一般属性是否相似，因此将时间标准化为给定机器上本地加载的时间。

表 3.3　标准化后的内存访问时间

操作	AMD EPYC	Intel Xeon	Marvell ThunderX2
加载	1.0	1.0	1.0
存储	1.2	2.2	0.8
远程加载	1.5	1.0	2.0
远程存储	1.5	5.3	1.6

在这里，我们可以看到，在每台机器上，内存的加载和存储有不同的相对开销。在 x86_64 机器中，存储比加载开销更大，而在 Arm 机器中，情况恰恰相反。这可能是因为 x86_64 内存模型比 Arm 要严格得多，需要在存储完成之前加载相关的缓存行，而在更宽松的 Arm 模型中，可以更早提交存储。在所有的机器中，我们看到远程写入（在双插槽机器的另一个插槽中写入内存）比通过本地内存控制器访问的内存要慢。在这项测试中，Intel 机器的远程加载开销似乎与本地加载相同，尽管这可能只是它的智能内存访问预测器在发挥作用，使得比我们尝试创建不可预测的内存访问模式的结果要好。然而，我们的关键问题仍然存在：这些差异对于性能调优非常重要，因为内存延迟通常是性能限制因素。虽然我们已经证明了 NUMA 效应是由于访问需要插槽间通信的内存而产生的，但对于在单插槽中使用"芯粒"这种较新的实现，或者在启用了 SNC 的 Intel 机器上，NUMA 效应也可能在单个插槽内发生。

由于页表允许将任何页面映射到任何可用的物理内存，从而映射到任何内存控制器，因此代码的性能将取决于操作系统如何执行映射。

许多操作系统采用首次接触策略，这意味着在对页面进行存储之前不会分配物理页面，这时操作系统可以看到哪个核心执行了写操作，因此它可以在靠近该核心的内存中分配物理页面。这对我们如何编写代码有影响。特别是，如果可能的话，数组的初始化应该使用与在代码中性能要求较高的部分所使用的数组索引到线程相同的分布来并行执行。

3.3 总结

从我们对现代核心、缓存以及内存系统的简要概述中，你应该掌握哪些内容？在编写底层、高性能（运行时）代码时，有几点非常重要，你必须牢记在心。幸运的是，对于不同的平台，有些结论是相似的。

硬件比你预期的要复杂得多。你已经了解了处理器设计团队为提高处理器核心的性能而实现的一些技巧。对于大多数处理器架构来说都是如此。尽管在过去有一些处理器（例如，嵌入式系统）非常简单，可以通过查看（汇编）代码来推断性能，但现代处理器具有乱序引擎、复杂的内存层次结构等，显然更难以理解。通过查看源代码你很难（甚至不可能）推测性能。当你尝试这样做时，你可能会得出错误的结论，这些结论在实现或优化任务中会对你产生误导。

相反，在编写代码时，我们需要考虑硬件真实的和测量的性能。我们的期望和直觉往往是错误的。查看我们在本章中提供的数据，你甚至可能会发现它们与给定的处理器规格数据表不匹配，因为这些文档通常与并行运行时系统所需的指标不同。掌握本章的内容，我们就有机会编写性能更好的代码。

第 4 章 *Chapter 4*

编译器和运行时的交互

在本章中，我们将讨论编译器的基础知识，以便我们能够对编译器的工作原理以及它如何处理程序员编写的代码有基本了解。我们还将解释基于任务的编程模型的实现以及它如何与并行运行时系统交互。在本章中，我们将使用 Intel 线程构建模块作为此类系统的具体示例。在本章结束时，我们将重温编译器并展示如何实现并行编程语言的编译器。具体而言，OpenMP 的应用程序接口将是我们本次讨论的典型代表。

4.1 编译器基础

在我们继续解释 OpenMP 编译器（我们用它来举例说明并行编程语言的编译器）如何生成并行代码之前，我们必须首先了解编译器的作用以及它如何从人类可读的源代码生成可执行代码。

编译器是复杂的软件。cloc 工具 [27] 在 9.0.0 版本 LLVM 的 clang 子目录中统计到超过 170 万行非注释源代码。表 4.1 展示了 clang 实现所用编程语言的完整分类统计结果。整个 9.0.0 版本 LLVM 编译器项目（包括运行时库、其他语言的前端、测试等）的非注释源代码行数超过 680 万行。因此，我们只能在本书中触及这个主题的冰山一角。如果你想了解更多关于编译器背后的理论，那么我们必须向你推荐一些相关文献。虽然 "龙书" [2]⊖（以书封面上的红龙而闻名）出版时间较早，但它是一个很好的起点。此外，Andrew W. Appel 编写的 "老虎书" 系列（以书封面上的老虎而闻名），例如，*Modern Compiler Implementation in*

⊖ 本书已由机械工业出版社翻译出版，书名为《编译原理（第 2 版）》（书号为 978-7-111-25121-7）。——编辑注

Java[7]，以及 Grune 等人的"树书"[52] 也都是了解编译器原理相关更新知识的良好资源。

表 4.1　LLVM clang 编译器（9.0.0 版本）代码行数统计

编程语言	文件数	空行数	注释行数	代码行数
C++	6041	192 603	335 685	1 000 946
C/C++ Header	2008	58 861	96 007	235 133
C	3620	48 423	218 872	151 927
XML	81	47	715	142 803
Objective C	1568	17 461	28 756	57 654
HTML	32	3643	309	30 303
reStructuredText	68	14 366	9111	29 584
Objective C++	428	5063	5225	17 073
总计	14 643	352 085	710 575	1 716 955

通过观察图 4.1，我们可以了解从人类可读的源代码到二进制可执行代码的转换过程。从历史上看，编译器分为前端和后端两部分，每一部分负责某些类型的代码分析和转换。一些编译器添加了一个包含架构无关优化的中端。

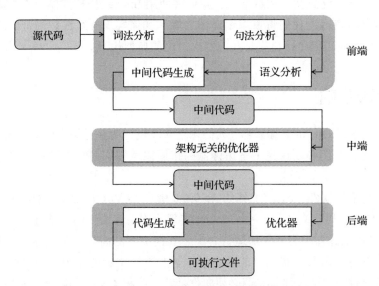

图 4.1　具有前端、中端和后端的编译器的不同阶段

前端和后端通过中间代码或中间表示（Intermediate Representation，IR）建立联系。IR 从处理器可以理解的实际二进制代码抽象而来，是一种接近可执行代码的源代码表示。这是一个实现技巧，可以降低为 n 种不同的源语言和 m 种目标架构编写编译器的复杂性。如果没有中间代码，我们将不得不编写 $n \cdot m$ 个实现，例如，C 到 Intel 架构，C 到 ARM 架构，

C++ 到 Intel 架构，C++ 到 ARM 架构等。但是，通过使用通用的中间代码，我们仅需实现 n 个编译器前端（在我们的示例中为 C 和 C++）和 m 个后端（例如，Intel 架构和 ARM 架构）。

生成可执行代码的第一步是执行词法分析。在编译的这个阶段，源代码从源文件（或编译单元）中读取，并被拆分为所谓的标记。大多数编程语言都有特定类的词，例如关键字（int、subroutine）或标识符（foo、printf）。如果后面的编译器阶段不必处理字符序列，而是可以用唯一整数 ID 表示的标记，则它们会更有效。虽然语言的关键字具有其唯一 ID，但词法分析会将标识符插入表中，并且每个标识符都被替换为对该表的引用。关于这一阶段（词法分析）和下一阶段（语法分析）的工具的两本相当实用的书是文献 [83]（针对 lex 和 yacc）和文献 [82]（针对 flex 和 bison）。

语法分析阶段接收来自词法分析的标记 ID 流，并尝试将其与编写前端的编程语言的正式语法相匹配。此阶段识别格式良好的程序的句法结构，并拒绝任何不符合语法格式的标记流。如果所有检查都顺利通过，输出结果即为代码的树形表示，称为抽象语法树（Abstract Syntax Tree，AST）。图 4.2 展示了 for 循环的简化 AST。

```
for (i = 0; i < length; ++i)
    sum += compute(data[i], value);
```

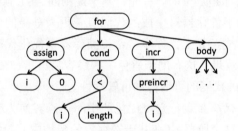

图 4.2　简化的抽象语法树示例

下一步是执行语义分析。这个阶段遍历 AST 并确保程序从语义角度符合编程语言的规范。例如，表达式 i=i+1; 是语法上有效的 C/C++ 代码，但是，如果 i 被声明为 enum 类型，那么表达式在语义上是无效的。

语法检查包括很多测试，来确保所有变量在使用之前都已正确声明（如果编程语言要求这样做），并且它们具有正确的类型以供使用（这个过程会捕捉到上边我们的 enum 类型加 1 的错误）。代码中的函数、过程、类和其他实体也会经历这些测试。对于面向对象的语言，编译器还会验证类和对象的继承关系，并在代码中使用类成员时检查它们的可见性。在某些情况下，如果需要，编译器还会引入隐式类型转换，例如：将整型数值赋值给浮点类型变量，或将默认形参填充到在特定调用位置没有显式实参的函数。

前端的最后一步是生成中间代码。这个编译阶段对 AST 进行最终遍历，并为编译单元的源代码（源文件）生成中间代码。由于中间代码被设计为前端和后端之间的桥梁，其可能是树状图、树的列表或类似于汇编代码的简单语句序列。不管实际结构如何，中间代码是程序的抽象表示，它仍然包含比汇编代码更多的信息[92]。对于中间代码生成任务，编译器定义了一组规则，以指导处理 AST 的各个节点以及生成 IR 指令序列或树。

在经典的（优化）编译器中，前端工作结束后，后端接管中间代码，其将中间代码先输入到各种优化流程，再输入针对特定机器的代码生成器完成代码生成。

在现代编译器中，可能有许多不同的优化流程，每一个都对 IR 进行一些转换操作。这些统称为中端。中端和后端流程之间的区别在于：中端的代码是架构无关的，并且应用了可移植的优化，这些优化可以在不改变目标机器的情况下重复使用；后端的优化是特定于具体架构（甚至是微架构）的，因为这些优化包含乱序执行架构的指令调度等特性，这些特性依赖于特定处理器实现的细节。当然，没有通用的方法来决定应该考虑在编译过程中的哪个位置进行优化。向量化等优化具有许多独立于目标架构细节的特性，但同时显然也依赖于目标架构，因为对于没有向量指令的机器架构，向量化代码毫无意义。有些人甚至认为在编译器中找到好的优化过程的顺序是一种接近魔法的艺术！

优化流程通常是编译器的一部分，且消耗了编译所需的大部分时间。编译器通常会应用一些基本优化，例如死代码删除、公共子表达式消除、常量折叠、函数内联等[92]。编译器还可以实现非常复杂的循环优化，例如：循环平铺、循环倾斜、循环展开[10] 和多面体循环分析[51]。这些优化的目标是双重的。首先，基于规则的 AST 到中间代码的转换可能会创建非最优的代码模式。由于优化器对生成的代码有着更为全局的考察，因此它可以删除和替换掉这些非最优代码模式。其次，程序员希望编译器来优化代码，并且希望优化效果能够胜过程序员的手工优化效果。这有助于避免一些最容易出错和最烦琐的源代码优化工作，这些优化可能会降低生成的代码的可读性和可管理性。

编译器的最后阶段是代码生成，它将优化的中间代码转换为链接器的实际二进制代码或汇编器的汇编代码。在这个阶段，（在基于寄存器的架构中）变量被分配给在处理器指令集中可见的寄存器，同时编译器选择用于执行程序的指令。当从单个源文件编译程序时，编译器也会调用链接器，该链接器通过将所有编译单元和库绑定到操作系统可以加载和执行的单个二进制文件中来生成最终的可执行映像。如果你想了解有关链接阶段如何工作的更多信息，我们建议你参考文献[81]。虽然这本书有点过时，但它很好地解释了链接可执行文件和加载生成的二进制映像以创建运行进程的过程。

一些现代编译器（例如 LLVM [84]）也可以在链接时被调用。由于此时所有源文件都已编译，编译器可以查看和分析整个程序。这允许编译器进行额外的优化，但由于单个源文件的范围有限，这些额外优化不可能在编译单个源文件时完成。这被称为链接时优化（Link-Time Optimization，LTO）[70, 94]。

4.2　基于任务的并行模型的实现

现在我们已经大致了解了编译器如何编译 C++ 等基础语言，我们可以使用现有编译器并通过库来实现并行编程模型。Intel 线程构建模块 [151] 是基于任务的并行编程模型的一个例子，它的实现形式就是一种 C++ 库。C++ 编译器不提供超出标准 C++ 语言功能（例如模板、lambda 函数等 [123]）的任何额外机制。

基于任务的并行编程模型的基本 API 入口点非常简单。需要的第一个 API 例程是生成任务并将其排入队列以供运行时执行。还需要另一个 API 例程来等待排队任务的完成，以便在子任务完成执行后其父任务可以继续执行。当然，虽然这两个功能接口对于简单的事情可能已经足够了，但真正的任务并行编程模型要复杂得多。

例如，可以考虑设计一种运行时入口点，其安排一组任务执行而不是一个接一个地执行，或者可以设计一种等待多个任务完成的运行时入口点，例如等待由同一父任务创建的所有任务。这两种方法都可能会提高性能，因为与运行时及其任务池的交互会更少。更高级的编程模型可能提供简单任务之外的特性（例如，TBB 的任务图或其他库提供的任务依赖）。还可以考虑添加其他高级"服务"，比如同时在多个线程或任务中使用的容器，或并行算法，如 Parallel STL[71] 提供的算法。此外，任务间同步（例如互斥）也需要在运行时系统中添加额外的入口点。

我们将在第 9 章介绍如何实现这种运行时。

4.2.1　lambda 函数和闭包

这里先简要介绍 lambda 函数和闭包，因为它们是需要理解的重要概念，我们很快就会需要它们。lambda 函数（有时也称为 lambda 表达式或匿名函数）是没有名称的函数。这个术语源于函数式编程理论。与此相关的是闭包的概念。闭包同时包含一个函数（例如一个 lambda 函数）和数据环境，该数据环境承载执行该函数的特定运行时实例所需的所有数据。函数式编程的一个关键特性是，可以让函数对象具有一些绑定的参数，而其他参数则没有绑定。因此，可以有一个通用的加法函数（即将两个数字相加），然后通过将实参之一绑定到常数值 1 来创建一个增量函数。

我们刚才描述的内容构成了 TBB 的基础。它大量使用 C++ 模板（例如 tbb:: parallel_for）和 C++ lambda 函数来为这些模板定义并行工作，从而为程序员提供高级接口。前文清单 2.7 中的示例展示了如何使用 lambda 函数来描述任务体。实际上，我们可以将任务视为一个闭包，该闭包由 lambda 表达式代码以及任务被调度执行时所需捕获的所有变量的值组成。

清单 4.1 展示了 TBB 库实现的经典" Hello World"示例的变体。清单 4.2 展示了相同功能的代码，只是手动将 lambda 表达式外联，这类似于编译器为我们自动执行的操作。任务的代码已移至 C++ 类，尤其是 operator() 方法，这将该类转换为仿函数类。请注意，我们使用 struct 关键字来定义类，以使类中所有定义默认对外 public 可见。

清单 4.1　外联并行代码之前的 TBB 示例代码

```cpp
#include <iostream>
#include <tbb/spin_mutex.h>
#include <tbb/task_group.h>

const size_t num_tasks = 8;

void answer() {
  using namespace std;
  tbb::task_group grp;
  tbb::spin_mutex mtx;
  float value = 21.0f;
  int factor = 2;
  for (auto i = 0; i < num_tasks; ++i) {
    grp.run([i, &mtx, value, factor]() {
      tbb::spin_mutex::scoped_lock lck(mtx);
      cout << "Task " << i << " says: the answer is "
           << (value * factor) << endl;
    });
  }
  grp.wait();
}
```

清单 4.2　外联并行代码之后的 TBB 示例代码

```cpp
#include <iostream>
#include <tbb/spin_mutex.h>
#include <tbb/task_group.h>

const size_t num_tasks = 8;

struct outlined_answer_task_0 {
  outlined_answer_task_0(size_t i_, tbb::spin_mutex &mtx_,
                         float value_, int factor_)
    : i(i_), mtx(mtx_), value(value_), factor(factor_) {}

  void operator()() const {
    tbb::spin_mutex::scoped_lock lck(this->mtx);
    std::cout << "Task " << this->i
              << " says: the answer is "
              << (this->value * this->factor) << std : endl;
  }

private:
  size_t i;
  tbb::spin_mutex &mtx;
  float value;
  int factor;
};

void answer() {
  using namespace std;
```

```
tbb::task_group grp;
tbb::spin_mutex mtx;
float value = 21.0f;
int factor = 2;
for (auto i = 0; i < num_tasks; ++i) {
  grp.run(outlined_answer_task_0(i, mtx, value, factor));
}
grp.wait();
}
```

外联代码中变量的值成为新创建的仿函数类的构造函数的参数。它们也是类结构的私有成员变量，因此可以通过 this 指针访问这些变量。正如你从示例代码中看到的那样，按值调用参数成为相同类型的常规类成员（如 i 和 value）。引用调用参数（例如 mtx）作为引用类型的类成员实现，引用类型指向保存变量的基本类型（例如这里 mtx 的基本类型是 tbb::spin_mutex）。

在 lambda 函数的原始源位置，编译器会删除此处的代码，就像我们在清单 4.2 中所做的那样。在删除 lambda 代码后，编译器插入代码来构造新类的仿函数对象，并传入闭包需要捕获的所有变量。如果参数不是像我们的示例中那样按名称给出的，而是作为通用捕获规范给出的，编译器就要确定在外联代码中捕获哪些变量。

这样看起来任务并行模型需要一种非常富有表现力的编程语言来实现任务特性。当然，C++ 是基本语言的一个典型例子，它提供了任务并行库可以利用的有表现力的和复杂的机制。不过，即使像 C 这样程序表现力较低的语言也足够了。在最基本的层面上，从 lambda 函数创建的函数闭包归结为两件事：指向函数的指针和指向数据环境的指针。因此，任何具有表达这两个概念的数据类型和特性的编程语言都足够强大，以创建可执行任务并将它们交给并行库执行。最后，关键在于程序员必须编写多少代码来模仿 lambda 函数和闭包特性。

4.2.2　TBB 中的排队任务

现在我们手中有一个任务的函数对象，我们需要将它交给运行时系统以将其存储在任务池中，以供可用的工作线程来执行该任务。清单 4.3 展示了清单 4.1 所使用的 tbb::task_group 类的 run() 方法调用的起始点。这段代码来自 Intel Composer 附带的 TBB 版本 2019.4.243，以及 TBB 的开源版本[66]。

清单 4.3　将任务存入任务池的 TBB 代码片段

```
template <typename F>
void run(F && f) {
  internal_run<
  internal::function_task<typename internal::strip<F>::
    type>>(std::forward<F>(f));
}
```

```
template <typename Task, typename F>
void task_group::internal_run(__TBB_FORWARDING_REF(F) f) {
  owner().spawn(*new (owner().
                allocate_additional_child_of(*my_root))
                Task(internal::forward<F>(f)));
}

inline void interface5::internal::task_base::spawn(task & t)
{
  t.prefix().owner->spawn(t, t.prefix().next);
}

void tbb::internal::generic_scheduler::spawn(task & first,
                                             task *& next) {
  governor::local_scheduler()->local_spawn(&first, next);
}

void generic_scheduler::local_spawn(task * first,
                                    task *& next) {
  if (&first->prefix().next == &next) {
    // Spawn a single task
    size_t T = prepare_task_pool(1);
    my_arena_slot->task_pool_ptr[T] =
      prepare_for_spawning(first);
    commit_spawned_tasks(T + 1);
  }
  else {
    // Spawn multiple tasks in one go
  }
  // More code that we have omitted
}
```

该过程从 run() 方法调用内部实现 internal_run() 开始（TBB 的较新版本利用更现代的 C++ 特性来简化这一点并避免函数调用）。在 internal_run() 方法中，代码从所有者的内存池中为任务分配内存，并在调用 Task 对象的构造函数时使用定位放置 new 操作符。

spawn() 方法接收这个新 Task 对象，并将其转发给负责处理任务执行的调度程序。该接口被设计为可以通过传入类似于迭代器的 first 和 next 对来生成多个任务对象。在生成任务时，调度器的实现首先在任务池中分配一个任务槽 T，然后将任务放入预留的槽中。最后，将任务提交到任务池。

在第 9 章中，我们将更深入地介绍运行时系统内部原理、任务池是如何实现的，以及如何在任务池中存储和检索任务。

4.3 并行编程语言的编译器

我们使用 OpenMP API 作为示例来介绍并行运行时是如何实现的。我们将仔细研究编译器是如何实现 OpenMP API 的，以及如何将串行编译器扩展为并行编程语言的编译器。

图 4.3 展示了 OpenMP API 的并行运行时系统。与第 1 章中的图 1.1 相比,你会注意到
此处的应用程序代码现在也利用了处理器的能力。

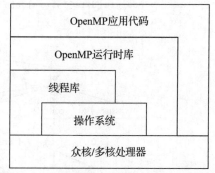

编译器可以自由地决定,对于语言的特定特性,
可以调用运行时系统的接口或生成代码来直接实
现该特性。对于串行和并行编程语言都是如此。
例如,编译器可以使用目标架构提供的任何指令
来实现原子操作,也可以调用运行时库来执行原
子操作。

从概念的角度来看,串行语言的编译器可以
扩展以支持并行编程语言。图 4.4 展示了新编译
器流水线的高级视图。主要增加的是中端和后端

图 4.3　典型 OpenMP 运行时库的分层结构

的一组新的流程,并且可能是中间代码的扩展,以包含有关并行性的信息。在讨论这些之
前,我们将描述编译器前端所需的修改。大多数并行编程语言都有额外的语法来帮助程序
员向编译器表达并行性。由于前端负责解析和分析源代码的语法,因此必须扩展前端以正
确解析新的并行语言。

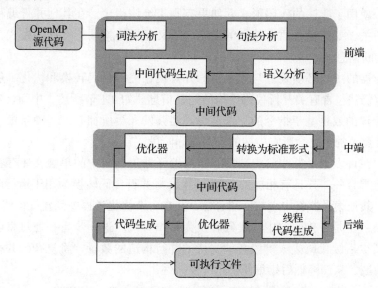

图 4.4　带有用于并行代码转换的中端的编译器

在词法分析期间,编译器识别并行编程语言的关键字,并向语法分析阶段发出相应的
标记。在语法分析阶段中,这些标记像以前一样被构建到抽象语法树中,因此现在 AST 就
包含了源代码中描述并行性的完整模型。OpenMP 编译器将 C/C++ 中的编译指示或 Fortran
中的指令作为 C、C++ 或 Fortran 基础语言之上的附加语法元素进行解析。图 4.5 在图 4.2
的基础上添加了一个 OpenMP 并行循环。图 4.5 还展示了 AST 的一种可能表示形式,其中
OpenMP 指令映射为 AST 中的附加节点。

```
#pragma omp parallel for shared(data) reduction(+ : sum)
for (i = 0; i < length; ++i)
  sum += compute(data[i], value);
```

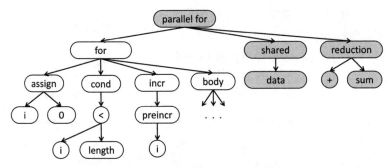

图 4.5　OpenMP 并行循环的简化 AST 示例

语义分析获取这些附加信息，并检查 AST 中不正确的语言特性使用。例如，OpenMP 语义禁止在 shared 子句和 private 子句中以冲突的方式使用相同的变量。另一个示例是 OpenMP 规范所要求的程序实现并行循环的规范循环形式。语义分析器必须分析代码，检查程序员是否使用了非法的代码形式，如果有则拒绝该程序。在其他并行编程语言中，可能也有类似的关于如何组合语言特征的限制。语义分析将检测所有这些模式，并向程序员提供编译器诊断消息。

并行编译器的中端必须处理与代码中的并行性相关的代码转换和优化。从前端流向中端的中间表示仍然包含有关并行代码结构的完整信息。如 4.1 节所述，中间代码中的并行表示可以是基于树的或是基于指令的。这是编译器开发人员所拥有的一种自由度，这不仅是品味问题，更重要的是它会影响中端的许多编译阶段。

请注意，在许多编译器中，中端并不作为编译器工具链中的单独实体存在。一些编译器将中端与前端合并，并具有相应的 AST 转换，将并行代码转换为用于运行时系统入口点的线程代码。其他编译器将中端与后端合并，并在一个优化过程中创建线程代码。

中端的第一步是将传入的中间代码转换为标准形式。这一步旨在通过将隐式构造显式化，并通过减少后续代码生成阶段必须支持的并行构造的数量，将复杂的并行构造替换为简单的并行构造，从而降低后续编译阶段的复杂性。

图 4.6 展示了在 OpenMP 编译器中可能发生的转换示例。组合的 parallel for 构造被它的两个组成部分 parallel 和 for 所取代。简化过程中还向 parallel AST 节点添加了显式 num_threads 子句，以显式确定在运行时执行并行域时要使用的线程数。for 构造接收了一个 nowait 子句，并且在 for 构造的末尾将隐式同步障转换为显式同步障。

中端的下一阶段实现了编译器可以进行的特定优化，以有效利用编译后的并行代码的特性。一些简单的示例包括同步障融合优化，其合并连续的同步障（同步障之间没有用户代码），以避免过多的线程同步。并行域扩展优化 [32] 检测融合并行序列和（可能的）串行域序列的机会，以减少与派生和合并并行域相关的开销。其他优化可能涉及对并行域产生的任务图的分析，以创建改进的执行模式（甚至推导出提前任务调度方案[112]），或对代码进行属性传播分析，例如变量的只读访问[32]。

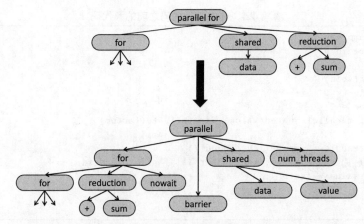

图 4.6　带有拆分并行结构和显式子句的图 4.5 中的 AST

　　一旦中端的并行阶段完成，IR 中特定的并行化信息将被删除，并在必要时插入对并行运行时的调用。然后，修改后的 IR 可以在传递到后端进行代码生成之前，通过其他与架构无关的中端流程进行优化，如 4.1 节所述。

　　选择何时从 IR 中删除并行信息仍然是编译器开发者之间值得讨论的问题。如果通过删除显式的并行信息和尽早插入运行时调用来简化 IR，那么很容易重用现有的优化流程而不做任何更改，因为它们没有发现任何新的东西。这在最初实现并行语言时显然是有益的，因为减少了所需的工作量。但是，这也丢失了可能对后续编译阶段有用的信息，导致生成的代码更差。因此，随着并行语言变得越来越普遍，将有关并行性的信息更深入地传递到编译器中会引起更多的兴趣，尽管这需要更改编译器中的更多代码。

4.4　并行代码生成模式

　　让我们来看几个代码生成模式的示例，这些模式是并行语言通常需要的，特别是支持 OpenMP API 所需要的。我们可以涵盖的代码模式数不胜数，但这里我们限制仅考虑那些最重要的模式：启动并行并将数据传递到并行上下文中的并行域、并行循环和串行域，最后是任务构造。

4.4.1　并行域的代码生成

　　多线程代码生成的常用方法是将并行代码概括为一个所谓的 thunk 函数，然后将其交给线程进行并行执行。这类似于 4.2.1 节中描述的 C++ 编译器为 TBB lambda 表达式所做的操作，或者类似于 POSIX 线程 API，它需要程序员为线程编写运行函数以执行[34]。你已经在清单 2.1 中看到了这样的示例。清单 4.4 展示了一个简短的代码示例，编译器将其转换为清单 4.5 的代码。

清单 4.4　外联并行代码之前的源代码

```
#include <omp.h>
#include <stdio.h>

void answer(void) {
  float value = 21.0f;
  int factor = 2;
#pragma omp parallel shared(value) firstprivate(factor)
  {
    int thread_id = omp_get_thread_num();
    printf("Thread %d says: the answer is %f\n", thread_id,
           value * factor);
  }
}
```

清单 4.5　外联并行域代码后清单 4.4 的代码

```
#include <omp.h>
#include <stdio.h>

void __omp_thunk_answer_0(float * value, int * factor) {
  int tmp_factor = *factor;
  int thread_id = omp_get_thread_num();
  printf("Thread %d says: the answer is %f\n", thread_id,
         *value * tmp_factor);
}

void answer(void) {
  float value = 21.0f;
  int factor = 2;
  __omp_invoke_region(&__omp_thunk_answer_0, &value,
                      &factor);
  __omp_end_region();
}
```

编译器获取并行域代码，并将其移动到名为 __omp_thunk_answer_0() 的新函数中。并行域中对变量的引用会被更改，以符合 OpenMP API 中的数据共享语义。shared 变量（例如例子中的 value）会成为 thunk 函数的指针参数，并指向变量的原始存储位置。代码生成器将标记为 private 的变量移动到 thunk 函数中，thunk 函数会自动在线程的栈中分配这些变量，从而使它们成为私有的。firstprivate 修饰的变量是前两种情况的混合体。thunk 函数接收指向原始变量的指针参数，然后将值从原始存储位置复制到线程本地栈内存（这里是 tmp_factor）。

在并行代码的初始位置，编译器删除外联的代码并保留运行时系统的调用以派生并行执行（`__omp_invoke_region()`）以及停止并行执行（`__omp_end_region()`）。注意，`__omp_invoke_region()` 和 `__omp_end_region()` 现在是占位符。我们将在本章稍后部分看到来自生产级编译器的实际示例。

为了启动并行域，`__omp_invoke_region()` 接收一组分别指向 thunk 函数和所有 `shared` 或 `firstprivate` 变量的指针。由运行时库管理线程，然后在每个线程中调用外联的 thunk 函数。

完整起见，清单 4.6 展示了另一种创建外联 thunk 函数的方法。如果编译器支持嵌套函数声明（另请参见文献 [42]）甚至 lambda 表达式，那么线程代码生成器可以将 thunk 函数设置为嵌套函数或 lambda 函数。这样，代码生成器对数据共享的处理会变得容易得多：它可以依赖嵌套函数实现从外层作用域访问正确的原始变量，而不是显式传递指针，并且可以消除因派生函数调用向线程传参而引入的运行时复杂性。

清单 4.6　在外联嵌套的 thunk 函数后清单 4.4 的代码

```
#include <omp.h>
#include <stdio.h>

void answer(void) {
  float value = 21.0f;
  int factor = 2;
  void __omp_thunk_answer_0(void) {
    int tmp_factor = factor;
    int thread_id = omp_get_thread_num();
    printf("Thread %d says: the answer is %f\n", thread_id,
        value * tmp_factor);
  }
  __omp_invoke_region(&__omp_thunk_answer_0);
  __omp_end_region();
}
```

4.4.2　线程并行循环的代码生成

线程并行循环的代码生成有两种主要形式。首先，我们将了解编译器如何生成将循环的循环迭代空间分配给并行域的工作线程的代码。其次，大多数平台都可以执行 SIMD 指令，因此我们也需要为这些单元生成代码。

让我们从多线程循环开始。我们在这里想要实现的是将循环迭代空间有效地映射到可用线程上。当然，对于如何实现实际映射，有多种选择。这称为循环调度并将在第 8 章中进行更深入地描述，我们将在其中讨论不同的调度及其实现。

举一个简单的例子，将两个数组 a 和 b 按对应元素相加存到数组 c 中（如清单 4.7 所示）。由于我们已经在 4.4.1 节了解了编译器如何处理 `parallel` 域，所以可以忽略代码生成模式这一方面。

清单 4.7　使用工作共享构造的元素级数组求和代码

```
void array_sum(double * c, double * a, double * b,
               size_t n) {
#pragma omp parallel shared(a, b, c) firstprivate(n)
#pragma omp for nowait
  for (size_t i = 0; i < n; ++i)
    c[i] = a[i] + b[i];
}
```

从高层次的角度来看，在一组线程之间分配循环需要以下步骤。首先，需要初始化循环调度，从而初始化跟踪循环执行所必需的内部状态。然后，我们需要一种方法将迭代块分发给工作线程。块是分配给线程的基本工作单元，是原始循环迭代空间的迭代子集。

当一个线程完成一个块（或开始执行循环）时都会调用块函数，并且块函数会向这个线程指示工作的最后一个块已完成且并行循环也已完成。

最后，最好有一个运行时入口点来清理任何内部状态并结束并行循环，这样它就可以利用同步障来同步线程的执行。尽管这方面可能是块函数的一部分，但将这些东西分开通常是个好主意。

从概念上讲，清单 4.7 中生成的代码类似于清单 4.8。在 array_sum() 函数中，只剩下我们在 4.4.1 节中看到的调用并行域的样板代码。在 thunk 函数中，编译器引入了上述函数以便将原始循环的循环迭代空间分配到可用的工作线程中。

清单 4.8　编译器为清单 4.7 生成的循环调度代码

```
void __omp_thunk_array_sum_0(double * c, double * a,
                             double * b, size_t n) {
  size_t lb, ub;
  size_t chunksz;
  size_t tid = omp_get_thread_num();
  __omp_for_init(0, n, 1, &chunksz, tid);
  while (__omp_for_get_chunk(0, n, 1, chunksz, tid,
                             &lb, &ub))
    for (size_t i = lb; i < ub; i += incr)
      (*c)[i] = (*a)[i] + (*b)[i];
  __omp_for_fini(tid);
}

void array_sum(double * c, double * a, double * b,
               size_t n) {
  __omp_invoke_region(&__omp_thunk_array_sum_0,
                      &a, &b, &c, &n);
  __omp_end_region();
}
```

一切都从循环调度的初始化开始，通过调用 __omp_for_init() 来设置工作线程的工作分配。该函数接收一组参数：循环迭代空间的下界和上界（这里是 0 和 n）、循环迭代空间的步长（这里步长是 1，表示 ++i）、指向函数的变量的指针，用于返回循环分配的块大小，以及调用该函数的工作线程的线程 ID。

原始循环已被重写，以便仅使用原始循环的增量处理一个循环块从下界（lb）到上界（ub）的循环迭代。lb 和 ub 是通过调用 __omp_for_get_chunk() 运行时函数来设置的，该函数通过指向这些变量的指针返回这些值。该函数还接收线程 ID，因为它必须为调用线程计算正确的上下界。该函数返回一个 bool 值，以指示包含重写的 for 语句的 while 循环是否应该停止，因为该线程没有剩余的工作了，所以调用线程可以停止执行并行循环。

最后，当当前线程的并行循环执行完成时，它会调用 __omp_for_fini() 函数来清理内部数据结构，这些数据结构可能是保存循环并行执行信息所需的。一些编译器会稍微调整此代码模式，以便它们不触发对 __omp_for_fini() 的调用，而是在 __omp_for_get_chunk() 函数分发最后一个循环块时，在最后一次调用中完成循环执行。

将循环迭代分配给线程的另一种方法是通过任务。正如我们所知，这是通过 OpenMP API 中的 taskloop 构造完成的，而英特尔 TBB 库方法提供了一个循环模板 tbb::parallel_for。清单 4.9 展示了将清单 4.7 中代码修改为 taskloop 结构的例子。在这里，该实现为每个生成的循环块创建一个任务，并将创建的任务添加到任务池中。

清单 4.9　使用 taskloop 构造的元素级数组求和代码

```
// original code:
void array_sum(double * c, double * a, double * b,
               size_t n) {
#pragma omp parallel shared(a, b, c) firstprivate(n)
#pragma omp master
  {
#pragma omp taskloop
    for (size_t i = 0; i < n; ++i)
      c[i] = a[i] + b[i];
  }
}

// transformed code:
void array_sum(double * c, double * a, double * b,
               size_t n) {
#pragma omp parallel shared(a, b, c) firstprivate(n)
#pragma omp master
  {
    size_t grainsize = __omp_default_grainsize();
    size_t num_tasks = n / grainsize;
    size_t extra_iterations = n % grainsize;

    for (size_t tmp = 0; tmp < num_tasks; ++tmp) {
      size_t lb = tmp * grainsize;
      size_t ub = (tmp + 1) * grainsize;
#pragma omp task firstprivate(lb, ub) shared(a, b, c)
      for (size_t i = lb; i < ub; ++i)
        c[i] = a[i] + b[i];
    }
    if (extra_iterations) {
```

```
      size_t lb = n - extra_iterations;
      size_t ub = n;
#pragma omp task firstprivate(lb, ub) shared(a, b, c)
      for (size_t i = lb; i < ub; ++i)
        c[i] = a[i] + b[i];
    }
  }
}
```

这有许多实现策略。首先，编译器可以将任务循环视为循环结构的语法糖，如清单 4.9 底部所示。taskloop 构造已被删除，并被代码所取代，以将任务循环的原始迭代空间分割为从 lb（下界）到 ub（上界）运行的循环块。块的大小由设置为任意默认值的 grainsize 变量确定。外部循环通过为当前循环块计算各自的 lb 和 ub 值来创建一个又一个循环块，所创建的循环块的数量由 num_tasks 确定。如果粒度大小不能均分循环迭代次数，则会创建一个剩余任务，该任务在一个较小的块中处理剩余的循环迭代，迭代次数介于 1 和 grainsize-1 之间。

另一种稍微复杂一点的策略可以通过将一个额外的迭代分配给前几个任务，直到所有额外的循环迭代都已分发，来避免剩余任务的创建。二元分割是另一种流行的方法（TBB 也将其用于 tbb::parallel_for）。假设迭代空间有 $n = 2^m$ 次迭代，m 为正整数，则循环迭代空间 $[0, n)$ 分为 $[0, n/2)$ 和 $[n/2, n)$ 两个区间。然后生成的代码为每个区间创建一个任务。分割和任务创建过程一直持续到区间接近所需的粒度（如图 4.7 所示）。此时，该实现切换到执行各自循环迭代空间块的循环任务。如果循环没有 $n = 2^m$ 次迭代，那么在每级递归上部分循环块可能会更小。

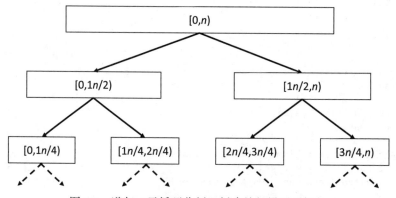

图 4.7 递归二元循环分割以创建并行循环的任务

4.4.3 SIMD 并行循环的代码生成

让我们稍微切换一下主题，从线程并行循环转到 SIMD 并行循环。SIMD 单元的代码生成通常由称为展开和阻塞（unroll-and-jam）的方法完成[4, 20]。像往常一样，还有其他方法可以做到这一点。因为这不是一本讲编译器的书，所以我们将尽量简短，只讨论展开和阻塞这一种可能的方法。

我们将使用清单 4.10 顶部的代码作为示例来解释这个概念。这与我们在并行循环中使用的按元素求和的示例相同。simd 指令指示编译器为具有四宽 SIMD 寄存器的机器生成 SIMD 版本的循环。

清单 4.10　针对 SIMD 机器的元素级数组求和代码

```
// original code:
void array_sum(double * c, double * a, double * b,
               size_t n) {
#pragma omp simd simdlen(4)
  for (size_t i = 0; i < n; ++i)
    c[i] = a[i] + b[i];
}


// unrolled version:
void array_sum(double * c, double * a, double * b,
               size_t n) {
  size_t ub = n - (n % 4);
  for (size_t i = 0; i < ub; i += 4) {
    c[i + 0] = a[i + 0] + b[i + 0];
    c[i + 1] = a[i + 1] + b[i + 1];
    c[i + 2] = a[i + 2] + b[i + 2];
    c[i + 3] = a[i + 3] + b[i + 3];
  }
  for (size_t i = ub; i < n; ++i)
    c[i] = a[i] + b[i];
}
```

清单 4.10 底部的代码展示了由编译器的展开阶段生成的元素级数组求和的展开版本代码。在该示例中，我们将循环展开四次以适配 Intel AVX2 指令集架构，该架构为每个向量寄存器支持四个双精度值。主循环现在以 4 为步长运行以匹配展开因子。在循环之前，计算一个新的上界（ub），以便主循环的迭代空间是展开因子的倍数。一旦主循环完成，剩余的迭代将在第二个循环中处理。这称为余数循环。

主循环的主体被复制多次，以便展开循环的每次迭代都处理数组的四个元素。余数循环中的代码与之前相同，因为这个示例比较简单，余数循环保持非 SIMD 循环。请注意，复杂的编译器还将尝试创建余数循环的 SIMD 版本。

现在我们切换到清单 4.11 中的汇编代码，因为我们需要查看代码生成的阻塞阶段。简单起见，我们只展示了由 clang 9.0.0 版本为主循环生成的部分汇编代码。

清单 4.11　清单 4.10 中数组操作代码对应的汇编代码

```
# assembly code of the unrolled version:
array_sum:
  # function prologue omitted
.LBB0_2:
```

```
    vmovsd   ymm0, qword ptr [rsi + 8*rbx]
    vaddsd   ymm0, ymm0, qword ptr [rdx + 8*rbx]
    vmovsd   qword ptr [rdi + 8*rbx], ymm0

    vmovsd   ymm0, qword ptr [rsi + 8*rbx + 8]
    vaddsd   ymm0, ymm0, qword ptr [rdx + 8*rbx + 8]
    vmovsd   qword ptr [rdi + 8*rbx + 8], ymm0

    vmovsd   ymm0, qword ptr [rsi + 8*rbx + 16]
    vaddsd   ymm0, ymm0, qword ptr [rdx + 8*rbx + 16]
    vmovsd   qword ptr [rdi + 8*rbx + 16], ymm0

    vmovsd   ymm0, qword ptr [rsi + 8*rbx + 24]
    vaddsd   ymm0, ymm0, qword ptr [rdx + 8*rbx + 24]
    vmovsd   qword ptr [rdi + 8*rbx + 24], ymm0

    add      rbx, 4
    cmp      rbx, rax
    jb       .LBB0_2
.LBB0_3:
    # remainder loop & function epilogue
```

汇编代码呈现为四块，每块对应被展开的主循环体的一行。第一块按照以下步骤计算 c[i+0]：先使用 movsd 指令加载一个双精度标量 a[i+0]，再使用 addsd 指令加载 b[i+0] 并加和到 ymm0 寄存器，最后将 ymm0 存回到 c[i+0]。其他汇编代码块使用 8 字节增量计算内存偏移量来处理 c[i+1]、c[i+2] 和 c[i+3]。

指令 addq，cmpq 和 jb 实现了循环计数器的增量以及循环条件的测试，包括在计数器尚未到达最后一次迭代时要迭代的分支。

在清单 4.12 中，代码保持不变，但对汇编指令进行了排序，以便将数组上的相似操作放在一起。第一组指令加载数组 a 的四个元素。下一组执行加法操作，最后一组将结果存储到数组 c 中。

清单 4.12 对清单 4.11 的展开代码进行排序后的汇编代码

```
# assembly code of the unrolled version, sorted:
array_sum:
    # function prologue omitted
.LBB0_2:
    vmovsd   ymm0, qword ptr [rsi + 8*rbx]
    vmovsd   ymm0, qword ptr [rsi + 8*rbx + 8]
    vmovsd   ymm0, qword ptr [rsi + 8*rbx + 16]
    vmovsd   ymm0, qword ptr [rsi + 8*rbx + 24]

    vaddsd   ymm0, ymm0, qword ptr [rdx + 8*rbx]
    vaddsd   ymm0, ymm0, qword ptr [rdx + 8*rbx + 8]
    vaddsd   ymm0, ymm0, qword ptr [rdx + 8*rbx + 16]
    vaddsd   ymm0, ymm0, qword ptr [rdx + 8*rbx + 24]

    vmovsd   qword ptr [rdi + 8*rbx], ymm0
```

```
  vmovsd  qword ptr [rdi + 8*rbx + 8], ymm0
  vmovsd  qword ptr [rdi + 8*rbx + 16], ymm0
  vmovsd  qword ptr [rdi + 8*rbx + 24], ymm0

  add     rbx, 4
  cmp     rbx, rax
  jb      .LBB0_2
.LBB0_3:
  # remainder loop & function epilogue
```

下一步是阻塞指令组，以便将前四条加载指令合并为单个 SIMD 加载指令（movupd，p 表示封装后的四元素 SIMD 向量）。下一组也是同样的情况，addsd 指令被替换为单个 addpd 指令，该指令对两个四宽 SIMD 寄存器执行元素级加法。最后的 movupd 指令一次写回数组 c 的四个元素，如清单 4.13 所示。

清单 4.13　对清单 4.12 的展开代码进行阻塞后的 SIMD 代码

```
# assembly code of the unrolled version:
array_sum:
  # function prologue omitted
.LBB0_2:
  vmovupd ymm0, ymmword ptr [rsi + 8*rbx]
  vaddpd  ymm0, ymm0, ymmword ptr [rdx + 8*rbx]
  vmovupd ymmword ptr [rdi + 8*rbx], ymm0

  add     rbx, 4
  cmp     rbx, rax
  jb      .LBB0_2
.LBB0_3:
  # remainder loop and function epilogue
```

4.4.4　串行构造的代码生成

前文中讨论了很多并行构造的代码生成，现在让我们看一下串行构造。一些并行编程语言提供了一些特性，使你能够在并行代码段中使用较短的串行域。通常有两种类型：在主线程上执行的或在任何一个线程上执行的。在 OpenMP 代码中，这分别由 master（或 masked 构造）和 single 构造处理。

master 构造是语法糖，用于将 omp_get_thread_num() 返回的线程 ID 与主线程 ID 进行比较。由具体实现决定如何标识主线程。带有 filter 子句的稍微灵活一些的 masked 构造与此类似，但需要我们将线程 ID 与 filter 子句中表达式的计算结果进行比较。

清单 4.14 展示了用于实现 OpenMP master 构造的代码模板（清单顶部的代码片段）。它被一个 if 语句替换，该语句确定线程 ID，并且仅在 ID 为零时执行 master 构造的代码（清单中间的代码）。

清单 4.14　实现 master 构造

```
// original code:
void main_thread_only() {
#pragma omp master
  {
    printf("This code only runs in the main thread!\n");
  }
}

// translated code (simple):
void main_thread_only() {
  if (omp_get_thread_num() == 0)
    printf("This code only runs in the main thread!\n");
}

// translated code (more complex):
void main_thread_only() {
  bool ok_to_enter = __omp_enter_master();
  if (ok_to_enter) {
    printf("This code only runs in the main thread!\n");
  }
  __omp_leave_master();
}
```

有些实现选择使用稍微复杂一点的代码模式，如清单 4.14 中的第三个代码片段所示。编译器向并行运行时库发起调用，以进入（__omp_enter_master()）和离开（__omp_leave_master()）master 构造的代码域。第一个函数检查运行时系统中的线程 ID，并返回一个 bool 值，通知线程是否可以进入代码域（值为 true）或在返回值为 false 时跳过该域。然后调用 __omp_leave_master() 完成 master 构造代码域的执行。

为 single 构造生成的代码与 master 构造的代码相似（如清单 4.15 所示），single 构造使用任一线程执行（仅执行一次）代码域。与 master 构造一样，生成的代码调用运行时函数 __omp_enter_single() 来确定是否允许当前线程进入代码域。当线程完成代码域的执行时，通过调用运行时函数 __omp_leave_single() 来完成该区域。

清单 4.15　实现 single 构造

```
// original code:
void single_construct() {
#pragma omp single
  {
    printf("This code only runs on one of the threads!\n");
  }
}

// translated code:
void single_construct() {
  bool ok_to_enter = __omp_enter_single();
  if (ok_to_enter) {
    printf("This code only runs on one of the threads!\n");
```

```
    }
  __omp_leave_single();
}
```

如果在进入和离开此类构造时需要额外的记录，或者如果需要性能分析的钩子，则一对更复杂的进入和离开 API 例程对于实现是有用的。master 和 single 接口的实现见 6.9 节。

4.4.5　静态任务的代码生成

OpenMP API 提供了一种特性，最好将其描述为静态任务，即在编译时已知的一组并发任务。OpenMP sections 构造引入了一组静态描述的任务，每个任务都由标记单个静态任务的 section 构造（参见文献 [100] 中 2.8.1 节）分隔。清单 4.16 给出了三个静态任务的示例。如果并行域执行的线程数少于 section 构造的数量，则其中一些构造将串行执行。如果可用的线程数多于 section 构造数量，则一些线程将跳过 sections 构造，或者在隐式同步障处等待所有正在执行 section 构造的线程完成，或者，如果 sections 构造带有 nowait 子句，则不会等待而是开始执行后面的代码。

清单 4.16　OpenMP 静态任务和相关的代码生成模式

```
// original code:
void parallel_sections() {
#pragma omp parallel
#pragma omp sections
#pragma omp section
  { // section 1
    code_for_section_1();
  }
#pragma omp section
  { // section 2
    code_for_section_2();
  }
#pragma omp section
  { // section 3
    code_for_section_3();
  }
}

// translated code:
void parallel_sections() {
#pragma omp parallel
#pragma omp for schedule(static, 1)
  for (auto tmp = 0; tmp < 3; ++tmp)
    switch (tmp) {
    case 0:
      code_for_section_1();
      break;
    case 1:
      code_for_section_2();
      break;
```

```
    case 2:
      code_for_section_3();
      break;
    }
}
```

4.4.6 动态任务的代码生成

TBB 通过 C++ lambda 函数的原生功能和 TBB 库的模板接口来处理任务创建。我们现在将描述如何在并行编程语言的编译器中实现任务。

在 4.2.1 节中，我们已经看到了编译器如何编译 lambda 函数。如果并行语言提供了 lambda 函数，那么任务的代码转换是相当明显的。任务域被转换为 lambda 表达式，然后传递到运行时 API 入口点并调度 lambda 函数作为任务执行。清单 4.17 展示了如何做到这一点。其顶部的代码片段展示了具有 shared、firstprivate 和 private 变量的 OpenMP task 域的原始代码。

清单 4.17　将 task 构造转换为 lambda 表达式

```cpp
#include <iostream>
#include <omp.h>

// before task outlining:
void answer() {
  float value = 21.0f;
  int factor = 2;
  int thread_id = -1;
#pragma omp parallel
#pragma omp master
  {
#pragma omp task shared(value) firstprivate(factor) \
                 private(thread_id)
    {
      thread_id = omp_get_thread_num();
      std::cout << "Thread " << thread_id
                << " says: the answer is "
                << (value * factor) << std::endl;
    }
  }
}

// after task outlining:
void answer() {
  float value = 21.0f;
  int factor = 2;
  int thread_id = -1;
#pragma omp parallel
#pragma omp master
  {
    auto __omp_thunk_answer_0 = [&value, factor]() mutable {
```

```
      int thread_id = omp_get_thread_num();
      std::cout << "Thread " << thread_id
                << " says: the answer is "
                << (value * factor) << std::endl;
    };
    __omp_create_task(__omp_thunk_answer_0);
  }
}
```

在清单 4.17 底部的代码片段中，应用了 lambda 转换。为了便于阅读，我们保留了 parallel 和 master 构造。其各自的代码生成模式，请参见 4.4.1 节和 4.4.4 节。

数据共享子句的转换规则为：

❏ shared——shared 的变量被捕获为对 lambda 表达式的引用。
❏ firstprivate——firstprivate 变量转换为 lambda 表达式的按值调用参数。
❏ private——private 变量不传递给 lambda 函数，而是在 lambda 函数体中创建一个局部变量。

一些基本语言（或并行编程语言）可能不支持 lambda 函数（例如，在本书撰写时，C 和 Fortran 都没有这种支持）。这使得情况稍微复杂一些，编译器必须模拟 lambda 表达式的功能。最终，代码转换是非常相似的，尽管涉及更多的底层代码来处理数据移动。

对于清单 4.17 中的 answer() 函数，OpenMP 编译器可能会生成清单 4.18 的代码模式。任务的代码已迁移至 thunk 函数，然后通过调用运行时系统的 API 间接调用该函数。在我们的示例中，编译器生成了对运行时系统的两次调用。首先，__omp_data_alloc_task() 分配内存来存储任务需要接收的数据，其参数指示需要分配多少内存。其次，调用 __omp_task_create() 将任务放入任务池中。此调用将指向已分配内存的指针和指向 thunk 函数的指针传递给运行时系统，以便最终使用正确的参数调用该外联函数。

清单 4.18　将 task 结构转换为底层运行时入口

```
int32_t __omp_answer_thunk_0(char * data) {
  float * value;
  int factor;
  int thread_id;
  memcpy(&value, data, sizeof(float *));
  memcpy(&factor, data + sizeof(float *), sizeof(int));

  thread_id = omp_get_thread_num();
  std::cout << "Thread " << thread_id
            << " says: the answer is "
            << (*value * factor) << std::endl;
  std::flush(std::cout);

  return 0;
}

void answer() {
```

```
    float value = 21.0f;
    int factor = 2;
    int thread_id = -1;
#pragma omp parallel
#pragma omp master
    {
        char * data =
            __omp_data_alloc_task(sizeof(float *) + sizeof(int));
        float * value_ptr = &value;
        memcpy(data, &value_ptr, sizeof(float *));
        memcpy(data + sizeof(float *), &factor, sizeof(int));
        __omp_task_create(__omp_answer_thunk_0, data);
    }
}
```

我们现在必须稍微更改数据共享子句的转换规则，规则如下所示：

❑ shared——对于 shared 变量，编译器生成代码以获取该变量的地址并将指针复制到任务的数据部分。

❑ firstprivate——firstprivate 变量被复制到任务的数据部分。

❑ private——private 变量不通过数据部分传递给任务，而是在 thunk 函数的主体中创建一个局部变量。

根据这些规则，编译器获取 shared 变量 value 的地址并存到指针变量 value_ptr，然后将指针复制到任务的数据部分。factor 变量按值复制，因为它被标记为 firstprivate。和前面一样，thread_id 成为在 thunk 函数中声明的局部变量，因为它是一个 private 变量。将变量存储到任务的数据区时，编译器为每个变量分配一个槽。它将遵循所存储数据类型的自然对齐，例如，C/C++ 中的 double 类型为 8 个字节。每个数据槽的偏移由数据区域中之前变量的累计大小确定。在我们的示例中，第二个变量 factor 的偏移量是 sizeof(float*) 个字节（通常在 64 位架构上是 8 个字节）。

在清单 4.18 的示例中，我们使用 memcpy() 来指示数据从原始变量移动到到所创建任务的数据部分，这是为了使示例更易于理解。事实上，大多数编译器会生成适当的中间代码，然后生成汇编代码来执行内联复制。智能的编译器可能会将我们使用的 memcpy() 识别为内置函数，并将其替换为对 int 等基本数据类型甚至简单结构体类型的加载 / 存储操作。

在 2.3.3 节中，我们了解了通过让任务等待其他任务完成来同步任务执行的机制。现在我们将描述 taskwait 和 taskgroup 的编译器转换。

为 OpenMP taskwait 构造（或其他并行编程语言中的类似构造）生成代码非常简单。构造

```
#pragma omp taskwait
```

转换为调用运行时函数，以等待当前任务的所有子任务完成。该函数如下：

```
__omp_taskwait();
```

taskgroup 构造稍微复杂一些，因为它是一个有作用域的同步构造。在该构造结束时，遇到的任务必须等待在 taskgroup 构造作用域内创建的所有后代任务完成。因此，编译器必须生成一个入口调用来通知运行时 taskgroup 域的开始，并生成一个出口调用来通知运行时这个特殊域已经结束并且需要等待任务的完成。在这方面，该模式类似于我们看到的 single 构造的模式。

如下代码片段：

```
#pragma omp taskgroup
  {
    some_code_that_creates_tasks();
  }
```

会被编译器转换为下列代码：

```
__omp_enter_taskgroup();
  some_code_that_creates_tasks();
__omp_leave_taskgroup();
```

请注意，跟踪创建的子任务以及实现等待机制都是运行时系统的一部分，因此编译器不需要为此生成任何额外的代码。

4.5 OpenMP 实现示例

在 4.4 节中，我们以 C 代码为例，讨论了如何以抽象的方式实现 OpenMP 语言的一些特性，并给出了编译器代码生成模式的高级概述。现在我们已经了解了编译器的基本工作原理，下面可以更详细地介绍三种实际的实现：GNU 编译器套件 [40]、Intel 编译器 [61] 和 LLVM 编译器 [84]。

4.5.1 GNU 编译器套件

不幸的是，除了源码本身，GCC 在编译器中实现 OpenMP 扩展的相关文档并不多。有些人可能会说这已经足够了，但是这使得本书提取相关部分变得更加困难。

每种语言前端（C、C++ 和 Fortran）都会解析 OpenMP 并行指令，并用它们扩充抽象语法树。作为 GCC 所称的 gimple 化的一部分，AST 被转换成名为 GIMPLE 的高级中间代码，然后编译器将其输入到中端。中端执行架构无关的优化，并将结果输入到后端，后端进行架构特定优化和代码生成。

在 gimple 化过程中，GCC 分析并行域的 AST 表示，从并行域中发现使用了哪些变量，并显式地为这些变量添加数据共享子句，正如我们在 4.3 节中讨论的那样。清单 4.19 给出 AST 转换后的 GIMPLE 代码，其中编译器显式设置了数据共享子句。我们稍微重新格式化了这些代码。如果要重新输出这些代码，可以使用 -fdump-tree-all 编译器开关。

清单 4.19 清单 4.4 中代码对应的 GCC 高级中间代码

```
answer ()
{
  float value; int factor;
  value = 2.1e+1; factor = 2;
  {
    .omp_data_o.1.factor = factor;
    .omp_data_o.1.value = value;
    #pragma omp parallel firstprivate(factor) \
                          firstprivate(value) ...
    {
      .omp_data_i = (struct .omp_data_s.0 &...)
        &.omp_data_o.1;
      factor = .omp_data_i->factor;
      value = .omp_data_i->value;
      {
        int thread_id;
        thread_id = omp_get_thread_num ();
        D.2703 = (float) factor;
        D.2704 = D.2703 * value;
        D.2705 = (double) D.2704;
        printf ("Thread %d says: the answer is %f\n",
                thread_id, D.2705);
      }
      #pragma omp return
    }
    .omp_data_o.1 = {CLOBBER};
  }
}
```

清单 4.19 的生成代码中有几处值得注意。首先，编译器引入了一个 struct 来将 value 和 factor 变量的值复制到并行域中。在并行域中，这些值随后被复制到各自线程的局部变量中。其次，编译器进行了分析和优化，发现 value 可以更改为 firstprivate 变量而不是 shared 变量。

下一步创建代码来调用 GCC 的多线程运行时（libgomp，具体运行时接口参见文献 [41]）。清单 4.20 展示了这些阶段的最终输出结果。我们重新格式化了代码，并将其稍微缩短（用 ... 表示），以适应本书的格式。

清单 4.20 清单 4.4 中代码对应的 GCC 底层中间代码

```
answer._omp_fn.0 (struct .omp_data_s.0 & restrict
                  .omp_data_i)
{
  double D.2720;
  float D.2719;
  float D.2718;
  int thread_id;
  float value;
  int factor;
  ...
```

```
      factor = .omp_data_i->factor;
      value = .omp_data_i->value;
      thread_id = omp_get_thread_num ();
      D.2718 = (float) factor;
      D.2719 = D.2718 * value;
      D.2720 = (double) D.2719;
      printf ("Thread %d says: the answer is %f\n", thread_id,
              D.2720);
      return;

  }

  answer ()
  {
    int thread_id;
    int factor;
    float value;
    struct .omp_data_s.0 .omp_data_o.1;
    ...
    value = 2.1e+1;
    factor = 2;
    .omp_data_o.1.factor = factor;
    .omp_data_o.1.value = value;
    __builtin_GOMP_parallel (answer._omp_fn.0, &.omp_data_o.1,
                             0, 0);
    .omp_data_o.1 = {CLOBBER};
    return;
  }
```

如清单 4.20 所示，编译器将代码设置为一个 thunk 函数（answer._omp_fn.0()），该函数接收一个指向清单 4.19 已给出的 struct 的指针。在初始代码位置，编译器生成代码以在主线程的栈上分配 struct，填充并行域的参数槽，然后将其传递给 __builtin_GOMP_parallel()。此函数是 libgomp 库中 GOMP_parallel_start() 的占位符名称，当 GCC 后端在最后的代码生成阶段生成汇编代码时，该函数将被替换为实际的函数调用。

4.5.2　Intel 编译器和 LLVM 编译器

我们将在本节中讨论 Intel 和 LLVM 编译器，因为它们是相似的，都以适配通用 OpenMP 运行时系统为目标，因此会生成调用相同入口点的可以并行执行的代码。但是，它们在各自编译器的内部设计上大相径庭。

在我们撰写本书时，Intel 编译器使用的是在中间代码中支持显式并行的中间表示（称为 IL0）。未来版本的 Intel 编译器将基于 LLVM，但保留类似的并行构造后处理。Intel 编译器没有中端，而是在前端执行从 OpenMP 指令到并行 IL0 代码的转换 [135]。然后将并行中间代码提供给后端进行优化 [136]，为后端的剩余流程生成多线程代码。

因为 Intel 编译器的中间代码是支持显式并行的，所以在最终去除并行之前的一些早期优化流程可以对并行代码进行优化并保持并行语义。这些优化包括内联、代码重组、常量传播和分析指导优化。

在处理并行代码时，编译器使用 Intel 的线程进入和线程退出节点构建分层图，以分析中间代码。添加这些节点后，以后的优化流程不仅会看到对外联代码的函数调用，而且还会在控制流图等结构中获得有关并行执行的所有信息。这有助于编译器进行高级分析，以支持检测并行循环结构、缓存 threadprivate 变量、过程间优化和 SIMD 指令代码生成 [135]。

相比之下，从 9.0.0 版开始，clang 编译器会在生成中间代码之前删除 OpenMP 指令。与 Intel 编译器类似，clang/LLVM 编译器没有明确的中端来支持并行语言。前端执行并行代码的转换并生成 LLVM 字节码（LLVM 的中间表示），以调用并行运行时系统。此中间代码被提供给后端进行进一步处理和优化。然而，LLVM 项目正在努力改变 LLVM 中间表示，以保留更多关于并行的信息，并将 AST 中并行构造的处理移动到类似于中端的中间步骤，因此在未来的版本中，关于并行的信息将进一步传入 LLVM，从而允许更多针对并行的优化，如文献 [38] 所描述的那些。

清单 4.21 展示了 clang 为清单 4.4 中的代码创建的抽象语法树。简洁起见，我们删除了结构的一些部分（用 ... 表示）。你可以很容易地找到树中与代码中 OpenMP 并行指令相对应的节点：OMPParallelDirective 对应 parallel，OMPSharedClause 和 OMPFirstprivateClause 分别对应 shared 和 firstprivate。

清单 4.21　clang 编译器为清单 4.4 中代码生成的抽象语法树

```
TranslationUnitDecl 0x15ae438 ...
| ...
`-FunctionDecl 0x16db0e8 ... answer 'void (void)'
  `-CompoundStmt 0x16dbdc0 ...
    |-DeclStmt 0x16db228 ...
    | `-VarDecl 0x16db1a0 ...
    |   `-FloatingLiteral 0x16db208 ... 'float' 2.100000e+01
    |-DeclStmt 0x16db2e0 ...
    | `-VarDecl 0x16db258 ...
    |   `-IntegerLiteral 0x16db2c0 ... 'int' 2
    `-OMPParallelDirective 0x16dbd80 ...
      |-OMPSharedClause 0x16db318 ...
      | `-DeclRefExpr 0x16db2f8 ... 'value' 'float'
      |-OMPFirstprivateClause 0x16db4f8 ...
      | `-DeclRefExpr 0x16db338 ... 'factor' 'int'
      `-CapturedStmt 0x16dbce8 ...
        |-CapturedDecl 0x16db620 ... nothrow
        | |-CompoundStmt 0x16dbb78
        |   ... openmp_structured_block
        | | ...
        | |-ImplicitParamDecl 0x16db690
        |   ... implicit .global_tid. ...
        | |-ImplicitParamDecl 0x16db6f8
        |   ... implicit .bound_tid. ...
        | |-ImplicitParamDecl 0x16db788
        |   ... implicit __context ...
        | ...
```

在所有语义检查都通过后，clang 编译器从 AST 表示生成 LLVM 字节码。在这个阶段，编译器还会从代码中删除所有 OpenMP 构造并生成字节码，该字节码会在程序执行时调用运行时系统来实现并行。清单 4.22 展示了清单 4.4 的 LLVM 字节码。同样，我们删除了一些代码（用 ... 表示），以降低所展示的代码的复杂性。

清单 4.22　clang 编译器为清单 4.4 中代码生成的 LLVM 字节码

```
define dso_local void @answer() #0 {
  ...
  store float 2.100000e+01, float* %value, align 4
  store i32 2, i32* %factor, align 4
  %0 = load i32, i32* %factor, align 4
  %conv = bitcast i64* %factor.casted to i32*
  store i32 %0, i32* %conv, align 4
  %1 = load i64, i64* %factor.casted, align 8
  call void (%struct.ident_t*, i32,
          void (i32*, i32*, ...)*, ...)
      @__kmpc_fork_call(... @.omp_outlined. ...,
      float* %value, i64 %1)
  ret void
}

define internal void @.omp_outlined.(...,
        float* dereferenceable(4) %value,
        i64 %factor) #1 {
  ...
  %value.addr = alloca float*, align 8
  %factor.addr = alloca i64, align 8
  %thread_id = alloca i32, align 4
  ...
  store float* %value, float** %value.addr, align 8
  store i64 %factor, i64* %factor.addr, align 8
  ...
  %call = call i32 @omp_get_thread_num()
  store i32 %call, i32* %thread_id, align 4
  ...
  %conv1 = sitofp i32 %3 to float
  %mul = fmul float %2, %conv1
  %conv2 = fpext float %mul to double
  %call3 = call i32 (i8*, ...) @printf(...)
  ret void
}

...
```

从清单 4.22 可以看到，clang 编译器创建了一个外联函数 .omp_outlined。该函数包含并行域的代码。你仍然可以在其中看到对 printf 的调用。在上述代码的起始处，字节码现在包含对 __kmpc_fork_call() 的调用，它是运行时的入口点，用于创建并行执行的线程组。与 GCC 的实现相比，该调用类似于清单 4.5，并使用基本语言的调用规则将 shared 和 firstprivate 变量作为参数传递给运行时 API。

4.6　总结

本章只涉及了并行编程模型中面向应用程序层实现的一些皮毛。受限于篇幅，我们无法详细、全面地介绍这个有趣的主题。目前已有大量关于库和编译器实现并行的研究论文，因此你可以阅读这些论文进一步了解相关内容。

在第 5 章中，我们将深入研究软件栈和并行运行时的实现。我们将讨论内存管理，这不仅对应用程序员来说是一个非常重要的主题，对运行时开发人员来说也是如此。毫无疑问，内存是一种宝贵的（有时也是稀缺的）资源。如何在并行运行时中巧妙地管理内存分配和释放，同时尝试减少内存占用和开销，将是实现高效并行运行时的关键。

第 5 章 *Chapter 3*

并行运行时基本机制

在大多数并行运行时的底层，有一些实现编程语言所需功能的基本机制。这些组件可以在不同的地方使用，并由编译器直接生成的高级接口调用，它们将构成本书其余部分的基础。我们将在本章中讨论这些基本主题。

本章将探讨三个主题。第一，并行编程模型和程序员如何管理并行性。高效生成并行性是性能的关键，特别是在派生／合并编程模型中。第二，运行时系统需要在机器架构上布局并行性。值得注意的是，NUMA 感知的并行和阻止操作系统任意移动线程是一个重要的概念。第三，运行时系统需要维护内存以保存有关其状态的重要信息。因此，内存管理和内存布局是本章中非常重要的主题。

5.1 管理并行性

正如我们在第 2 章中看到的，并行编程模型不仅创建了并行性，而且提供了许多方法来将线程或任务与其他线程或任务同步，还提供了在短时间内减少并行性的构造。因此，并行运行时系统必须支持这些模式，并为它们提供有效的实现。

5.1.1 生成并行性

在 2.1.1 节中，我们看到了通过创建和销毁系统级线程实现派生／合并并行的代码。虽然这是一个比较容易理解的实现，但对于大多数并行应用程序来说，其成本过高，因为通过操作系统调用来创建线程并确定它们已经完成执行成本非常高昂（在 Marvell Arm 机器上每个线程约 28 μs）。

OpenMP API 还对每个线程状态 [也称为线程本地存储（Thread-Local Storage，TLS）]

的持久性提出了要求，如果操作系统线程不断被创建和销毁，则很难满足这些要求。虽然 OpenMP 运行时库可以提供自己的线程本地存储实现，但使用现代编译器和操作系统提供的机制要高效得多，因为这些机制完全不需要调用运行时库。

如果我们有一个双插槽的机器，每个插槽有 32 个核心，每个核心启动一个线程（注意，必须有一个线程已经在运行），那么将需要 63 倍的 28 μs 或大约 1.8 ms 的时间。从性能的角度来看，这显然是不可行的，因为许多并行域的运行时间要比这少得多。因此，我们必须维护一个线程池，在这个线程池中，我们只创建一次线程，然后将它们保留起来，即使在语言语义只需要执行单个线程的时候也是如此。

正如我们将在第 7 章中讨论的那样，当不调用操作系统来创建和销毁线程时，可能能够显著减少进入和离开并行域的时间，在 64 个线程的机器上，该时间可减少到约 1 μs（即速度超过 1500 倍）。

然而，如果我们维护一个线程池，那么即使程序的语义只需要一个线程，所有的线程仍然存在。因此，我们必须考虑当这些线程没有工作要做时，如何以将硬件资源（例如，支持 SMT 的架构的 SMT 资源）释放到较低级别的方式保留这些线程，并且在理想情况下，还要让操作系统知道它们没有工作要做，从而将硬件切换到较低的能耗状态或使用逻辑核执行其他有用的工作。这在共享环境中比在单个作业占用整个机器的情况中更为重要，因为当资源不共享时，其他工作不太可能被执行。

这就引出了我们的下一个主题，即线程应该如何等待。

5.1.2 等待

最初看起来，等待似乎是一件非常简单的事情。总的来说，这只是意味着什么都不做。但是，在该唤醒和恢复有用的工作时，需要以某种方式通知线程。实现这一点的一种方法是将线程发送到紧密循环中以轮询一个缓存行，直到修改了标志，线程才可以继续执行，然后完成相应的工作。

不幸的是，事情并没有那么简单，因为我们并不希望等待的线程消耗宝贵的资源（这些资源可能对解决手头的计算任务更有用）。这些资源类似于我们在第 3 章中看到的处理器核心内部的资源，例如 ALU、ROB、加载和存储缓冲区，以及物理寄存器文件。另一个资源是能源（需要支付相应费用，使用时会产生二氧化碳排放）。当然，如果没有其他 SMT 线程可以在同一核心上运行，则单核内部的硬件资源可能不可重用。但是，如果我们允许等待的线程消耗能源，那么它们将产生热量，从而提高整个管芯/芯粒的温度，并导致时钟节流，这反过来可能会减慢线程的速度，甚至减慢那些在其他核心上运行的线程的速度。

如果代码运行在一个其他应用程序正在运行并共享硬件的环境中，那么将逻辑核心释放回操作系统就更加重要了，因为操作系统可能能够使用逻辑核心执行其他代码。

这里有一个明显的矛盾。一方面，我们希望当线程等待的条件满足时，以尽可能小的延迟唤醒线程；但另一方面，我们希望尽快释放资源，以便它们可以被关闭以节省能源，或者被有工作要做的线程使用。

如果我们认为单个线程的唤醒延迟很关键，那么在紧密循环中轮询是不可避免的，而如果我们认为必须尽快向操作系统释放资源，那么运行时应该将线程设置为休眠状态。如果唤醒线程的系统调用的成本很小，那么显然我们可以这样做。但事实并非如此。我们通过 Linux futex() 系统调用[130]测量唤醒正在等待的线程的时间，在我们的 Arm 机器上约为 1.2 μs。因为直接唤醒轮询线程的时间接近 100 ns，我们可以看到这有比较大的开销。

我们可以得出结论，等待不仅仅是让线程无所事事地待在某个地方。并行运行时需要在自旋等待和信号类等待之间找到适当的折中方案。

有些人将自旋等待（或称忙等）与轮询区分开来，前者在无延迟的循环中测试条件，后者在有延迟的循环中测试条件。我们没有做这样的区分，因为自旋等待只是没有延迟或延迟非常小的轮询的极端情况。我们识别的关键区别是轮询和在内核中等待。对于轮询，线程继续执行并测试条件；对于在内核中等待，线程被挂起，直到被另一个知道条件被满足的线程唤醒。

一些并行实现通过公开环境变量或接口来指定等待时间，为用户提供选择。在等待时间结束之前，线程进入一个自旋等待循环，并在等待时间过去后进入休眠状态。并行运行时采用的另一种方法是具有吞吐量模式和性能模式。在吞吐量模式下，当线程必须等待时，运行时释放资源，以便其他线程可以使用这些资源（即线程立即在内核中休眠）。在性能模式下，库将使线程保持活动状态，以使它们在必须恢复工作时尽可能快地响应。OpenMP API 提供了 OMP_WAIT_POLICY 环境变量来控制这种行为。

6.7 节将详细地讨论实现等待所涉及的问题。

5.2　并行性管理与硬件结构

有了前面提到的高效管理并行性的能力，并行运行时系统还需要注意尽可能将并行性映射到可用的硬件上。

正如我们在第 3 章中看到的，硬件是由组件组成的特定结构。物理核心可能有多个硬件线程，并且可能共享部分缓存层次结构。然后是系统的 NUMA 结构，其内存具有较低的访问延迟和较高的内存带宽。

5.2.1　检测硬件结构

典型的操作系统提供查询硬件结构的接口。有些操作系统（如 Linux）通过文件向用户提供信息。Linux 内核通过可读取和解析的 /proc/cpuinfo 文件公开硬件结构及其能力（例如，指令集架构）。然而，让别人去关注每个操作系统如何描述它所运行的硬件的细节，并使用别人已经编写好的库以独立于架构和操作系统的方式访问这些信息，通常更容易，也更具有可移植性。

hwloc 库 [99] 提供了有关系统结构的底层信息以及 shell 命令，该命令允许你从命令行查看该结构。图 3.11 已经展示了 hwloc -ls 命令的输出。但是 hwloc 还提供了一个库接口，该接口允许程序确定运行其机器的属性，而不必了解每个硬件平台和操作系统如何编码该信息。

使用这样的库可以轻松地处理 NUMA 信息、逻辑核心到物理核心的映射信息，以及核心到更高级别硬件层次结构（管芯或封装）映射的信息。由于每次物理中断都会在通信中引入额外的延迟（见图 3.16），因此了解各个线程的执行位置以获得尽可能好的性能是很重要的。

如果只需要 NUMA 信息，并且你准备将代码限制在 Linux 上运行，那么 libnuma 库 [133] 可以提供对该信息的便捷访问。清单 5.1 给出了输出机器 NUMA 布局的函数。

清单 5.1　使用 libnuma 检测系统的 NUMA 结构

```c
#include <stdio.h>
#include <numa.h>

int print_numa_domains(FILE * stream) {
  int ncpus = numa_num_configured_cpus();
  int nnuma = numa_num_configured_nodes();
  struct bitmask * mask = numa_bitmask_alloc(ncpus);

  if (!mask)
    return -1;

  fprintf(stream,
          "This system has %d core%s in "
          "%d NUMA domain%s\n\n",
          ncpus, (ncpus != 1) ? "s" : "", nnuma,
          (nnuma != 1) ? "s" : "");

  for (int n = 0; n < nnuma; ++n) {
    fprintf(stream, "Cores in NUMA domain %d:\n", n);

    if (numa_node_to_cpus(n, mask)) {
      numa_bitmask_free(mask);
      return -1;
    }

    for (int c = 0; c < ncpus; ++c)
      if (numa_bitmask_isbitset(mask, c))
        fprintf(stream, "%d ", c);

    fprintf(stream, "\n");
  }
  fprintf(stream, "\n");

  numa_bitmask_free(mask);

  return 0;
}
```

该段代码首先要求 libnuma 返回配置的 NUMA CPU（在本书的术语中为逻辑核心）的数量和配置的 NUMA 域（libnuma 将其称为节点）的数量。然后，构造位掩码，每个系统核心对应一位，如果相应的核心属于查询的 NUMA 域，则将在调用 numa_node_to_cpus() 函数后设置该位。最后，代码检查该位，如果该位已设置，则输出核心的编号。对于本书中使用的 Intel Xeon Platinum 8260L 处理器，函数的输出如下（使用 ... 表示我们简化了输出）：

```
This system has 96 cores in 4 NUMA domains

Cores in NUMA domain 0:
0 1 2 3 7 8 12 13 14 18 19 20 48 49 50 51 55 56 60 61 62 ...
Cores in NUMA domain 1:
4 5 6 9 10 11 15 16 17 21 22 23 52 53 54 57 58 59 63 64 ...
Cores in NUMA domain 2:
24 25 26 27 31 32 33 37 38 39 43 44 72 73 74 75 79 80 81 ...
Cores in NUMA domain 3:
28 29 30 34 35 36 40 41 42 45 46 47 76 77 78 82 83 84 88 ...
```

一旦运行时查询了系统并了解了机器的结构，它就可以在创建用于执行的线程、调度工作或在 NUMA 域中分配内存时考虑这些数据，以使其尽可能保持在本地，满足预期性能。

5.2.2　线程固定

运行时可以自动使用或按用户请求使用的一种优化是线程固定。尽管操作系统通常会尝试在同一核心上调度进程或线程，但有时也会出现操作系统调度器试图在核心之间移动线程的情况。这可以用于平衡耗损，这样所有核心的使用程度大致相同，处理器之间的热量大致相同，从而确保它们以大致相同的速率损耗。这也可以发生在休眠进程或线程唤醒，会消耗一些时间片，然后返回休眠状态。正在运行的线程需要在其他进程工作时移动。

我们已经看到，空间和时间局部性对于实现高性能非常重要，因为从本地缓存访问数据要比从系统其他地方访问数据快得多。我们还发现，NUMA 系统中的远程访问会大幅度增加访问延迟和减少内存带宽。

例如，在 OpenMP API 中，每个线程都有一个整数线程号或线程 ID（由 omp_get_thread_num() 返回），其范围为 $[0, N_{Threads})$。在确定如何将迭代映射到静态调度循环中的线程时，使用该值。然而，该索引本身无法告诉我们线程可能在机器中的何处运行。因此，如果不提供额外的信息，那么无法假定线程 0 和 1 在机器中彼此很近，甚至不能假定它们不能根据操作系统的意愿在机器中自由移动。

因此，为了获得最高的性能，运行时可以（而且应该）获取系统相关的信息，并利用这些信息将线程移动到系统中的正确位置，然后阻止操作系统移动这些线程，从而使这些线程保持在那里。这被称为线程固定。如果用户也有接口可以控制线程的位置（例如，

OpenMP proc_bind 和 OMP_PLACES），那么编译器和运行时必须提供相应的接口。

同样，在系统中固定线程的接口是操作系统特有的。libnuma 库提供了诸如 numa_sched_setaffinity() 等调用，这些调用接受位掩码，该掩码为操作系统可以调度线程的每个核心设置了位。另一个选择是特定于 pthread 的 pthread_setaffinity_np() 函数，如清单 5.2 所示，该清单展示了清单 2.1 中使用过的 run() 函数的扩展版。

清单 5.2　使用 POSIX 线程 API 将线程固定到核心

```
#define _GNU_SOURCE
#include <sched.h>
#include <pthread.h>

static pthread_mutex_t mtx = PTHREAD_MUTEX_INITIALIZER;

static void * run(void * data) {
  int thread_id = * (int *) data;
  unsigned core;

  cpu_set_t cpuset;
  CPU_ZERO(&cpuset);
  CPU_SET(thread_id, &cpuset);
  pthread_setaffinity_np(pthread_self(), sizeof(cpu_set_t),
                         &cpuset);

  pthread_mutex_lock(&mtx);
  printf("Hello World from thread %d on core %d!\n",
         thread_id, sched_getcpu());
  pthread_mutex_unlock(&mtx);
  return NULL;
}
```

清单 5.2 中的代码通过 run() 函数中 data 参数传递线程 ID（在创建线程时，主线程必须预先创建这些 ID）。然后，代码构造一个 cpu_set_t 类型的 cpuset，类似于清单 5.1 中的位掩码。在该掩码中，如果位已被设置，则表示操作系统可以调度该逻辑核心的线程；如果位未被设置，则表示该逻辑核心不可用于调度线程。为了简化问题，我们假设可以选择可用系统的任何核心，并使用线程 ID 将线程固定在具有相同编号的核心上。最后，通过 printf() 显示线程 ID，并通过调用 sched_getcpu() 系统调用向 Linux 内核询问线程当前活动的核心。

5.3　并行运行时系统中的内存管理

并行运行时系统中的内存管理是一个非常重要的主题，它可以极大地影响并行程序执行时的性能。在本节中，我们将探讨如何处理这一情况，以及如何有效地为并行运行时系统所需的各种数据结构分配内存。

5.3.1　内存效率及缓存使用

每个（并行）运行时系统通常需要一些内存供自己使用。它需要保持内部状态，维护数组和相关列表（例如，用于执行的线程）、用于快速查找内容的哈希表，以及我们将在本书剩余章节中介绍的各种其他内容。

从第 3 章中，我们知道现代处理器通常使用多级缓存来减少内存延迟。由于运行时系统需要的内部数据也流经处理器的缓存，因此运行时系统需要非常清楚自己的内存占用情况以及它如何与缓存交互。其目标是减少缓存中的容量未命中（甚至冲突未命中），这些未命中将逐出应用程序使用的数据，从而影响应用程序代码的性能。因此，保留不必要的数据或运行时系统功能并不严格需要的数据将导致性能问题。

由于缓存是由缓存行组成的，因此需要将包含从多个核心访问的数据的数据结构放置在不同的缓存行中。这将有助于避免从不同核心上的不同线程访问时的伪共享。为了最大限度地减少缓存使用并避免伪共享，数据的正确对齐要求考虑 class 或 struct 中各个数据元素的布局，以及整个对象本身的对齐。同时，同一（物理）核心上需要的数据应尽可能密集地表示以利用缓存中的空间局部性，并通过确保单行中包含将被一起访问的相关字段来避免不必要的缓存行移动。

如果系统有多个 NUMA 域，那么运行时系统应该考虑数据的放置问题，以便将某个处理器上需要的数据放在与该处理器封装相关联的 NUMA 域中。考虑到首次接触策略，运行时系统必须并行初始化数据，以便稍后访问处理器上数据的线程在运行时的初始化阶段已经接触了同一处理器上的数据。例如，跟踪线程的线程对象应该由它所描述的线程初始化，而不是由开始初始化运行时的主线程初始化。

5.3.2　单线程内存分配器

在这些相当笼统的说明之后，让我们看看如何进行内存管理。内存管理的任务是向运行时系统和应用程序代码提供内存。内存管理既可以通过 C++ 中的 new 和 delete 操作符、C 中的 malloc() 和 free() 函数手动完成，也可以通过垃圾收集器自动完成，自动完成时程序员不必自己释放已分配的内存。在两种情况下，内存管理都涉及在请求时分配内存，并在不再需要内存时将其回收至可用内存池。负责处理此问题的组件是内存分配器。

虽然我们对并行运行时系统感兴趣，但研究单线程内存分配器仍然具有指导意义，因为它们是实现并行系统的内存分配器的基础。

内存分配器的主要任务是为请求者分配内存，并在不再需要内存时将其收回或释放。因此，内存分配器需要跟踪当前分配的内存，以便在新的内存请求到来时能够找到未分配的内存块。

属于一个进程的内存通常至少分为两个内存段[81, 126]：

❑ **文本段**——有时也称为代码段，该段内存包含进程的可执行代码，通常是只读的。

❑ **数据段**——包含程序可以处理的数据并且是可读/可写的。这部分内存被分为堆和栈。

在某些操作系统上，数据段被细分为 BSS（Block Started by Symbol，由符号开始的块）段，包含通过操作系统初始化为零的数据和一个包含初始化数据的数据段[126]。

例如，Linux 上的一个有用的惯例是，堆从较低的虚拟地址"向上"伸展到较高的虚拟地址（从文本段或 BSS 段的末尾开始），而栈从较高的虚拟地址"向下"延伸到较低的虚拟地址。如果进程中存在多个线程，那么对于每个线程，都会保留一个从高地址开始向下延伸的栈（见图 5.1）。

图 5.2 展示了内存分配器的概念结构。分配器通过系统调用从操作系统请求内存片（memory slab）。这样的片是一块更大的内存，将用于服务分配请求（图中的 M1 和 M2）。由于片的大小是固定的，因此当它的所有内存都被分配完时，它就会被耗尽，或者如果有许多空闲且很小的内存块，但没有足够大的空间来满足请求，那么它可能因为碎片化而无法满足内存请求。如果一个片的内存耗尽，那么分配器将从操作系统请求一个合适大小的新片，并将其添加到现有的片中。

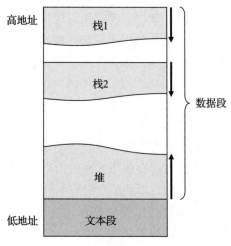

图 5.1 多线程进程的内存布局

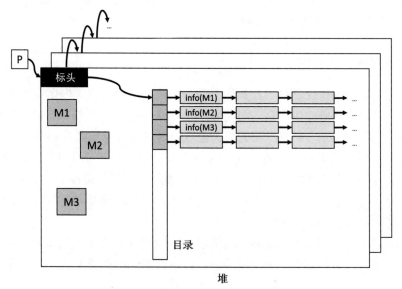

图 5.2 内存分配器的概念结构（引自文献 [37]）

在每个片的开头，分配器会保留一些包含标头的内存，以保存它所需要的信息，比如从哪里找到目录和指向下一个片（或一组片）的指针。指针 P 保存内存中第一个片的标头的地址，以便分配器访问它并从那里找到数据库中的所有其他信息。

目录是存储当前分配信息的中心位置，包含它们在内存中的地址（或片中的偏移量）、它们的大小和其他状态信息。当内存被返回给分配器时，它必须在目录中找到相关信息并将分配标记为空闲。然后，它可以选择保持分配不变，也可以尝试寻找相邻的空闲块，将这些块合并以创建更大的空闲内存块，以抑制碎片化。

一些分配器（例如 glibc[44] 中的 malloc()）通过在每次分配前保留一些额外空间来存储带有已分配和未使用的内存块的目录，进而将其用于存储目录信息（见图 5.3）。在图 5.3 中，内存块 M1 和 M2 目前未使用，因此目录信息存储在内存块中。每个空闲块都通过一个双向链表连接，这样当内存分配器试图为分配请求找到匹配的内存块时，可以在其中查找。

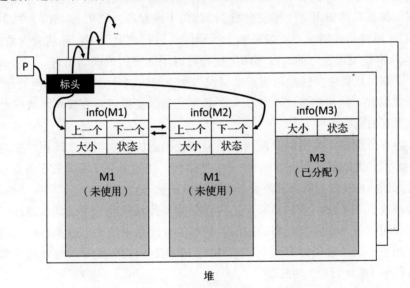

图 5.3　将分配目录存储在内存块中

块 M3 是当前分配的，因此它的大部分内存空间包含来自请求者的有效负载数据。在块的开头，但在提供给请求者的地址之前，分配器会保留一个很小的标头来保存内存块的大小和一些状态标志。当块被返回给内存分配器时，分配器会找到未使用块链中的第一个（或最后一个）块，读取被释放块的大小并创建标头以将该块添加到链表中。

我们的描述中还遗漏了最后一件事，即在实际中如何向操作系统请求内存。每个操作系统都有自己的处理方法。在类 UNIX 的系统（如 Linux）上，系统调用 brk() 和 sbrk() 增加或缩减进程的数据段的大小[74, 129]。在现代 Linux 系统中，内存片通常通过 mmap() 系统调用进行分配[74, 131]：

```
new_slab = mmap(NULL, slab_size, PROT_READ | PROT_WRITE,
            MAP_ANONYMOUS | MAP_PRIVATE, -1, 0);
```

通过这个系统调用，Linux 内核为 slab_size 字节分配了足够的页面，以便进程能够访问这些页面进行读写操作（这是常规内存）。MAP_ANONYMOUS 告诉内核内存不被磁盘上的文件支持，应该初始化为零。MAP_PRIVATE 模式限制了内存对当前进程的可见性（与 2.1 节中的共享内存段相反）。如果 mmap() 调用成功，它将返回指向它分配的片的开头的指针。

5.3.3　多线程内存分配器

了解了内存分配器的工作方式之后，便可以探讨如何在并行程序和并行运行时系统中分配内存了。

因为数据段是单个进程的一部分，所以内存分配器只能从这样的段中分配内存。虽然我们可以假设操作系统调用是线程安全的（因此两个线程各自调用 mmap() 来映射额外的内存是安全的），但在某些情况下，如果多个线程同时进行冲突调用，显然会有危险。例如，sbrk() 本身就不是线程安全的，因为两个线程可以用冲突的请求调用它。一个线程可能要求减少内存空间，而另一个线程可能要求增加内存空间。这种竞争应该如何处理？实际上，两个线程都试图在不同步的情况下更新单个共享变量。变量隐藏在操作系统内部这一事实并不能避免固有的竞争条件。

同时，内存分配器需要跟踪分配给应用程序代码的内存。当多个线程并发地请求和释放内存时，必须并发地修改图 5.2 和图 5.3 中的结构。这是另一个需要处理的竞争条件，以便这些关键数据结构在任何时候都不会处于不一致的状态。

典型的解决方案是使用全局锁来保护内存分配器使其免受并发访问。然而，这意味着只有一个线程可以进入内存分配器的内部，并修改分配目录的状态或从操作系统请求新的内存。可以想象，这个解决方案是不可扩展的。单线程内存分配器很快就成为频繁请求和释放内存的程序（或运行时）的瓶颈。

如果我们可以应用与处理线程栈相同的技巧，使每个线程都有自己的内存片来分配，会怎样？每个线程都有自己的目录来跟踪内存块。当线程请求内存时，内存分配器将查看请求线程的目录，确定是否需要创建新的内存片，并返回适当的内存块。只要操作系统使用 mmap() 这样的系统调用来创建新的内存片，就不需要锁定。如果必须使用老式的 sbrk()，则需要用锁来保护。但是，这个锁只需要在添加新片时确保互斥。只要分配器不添加新片，它就可以在不互斥的情况下运行。

可惜的是，事情并没有那么容易！如果能够保证请求内存的线程也能释放该内存，那么这种方法可以起作用。然而，当线程可以在它们之间传递指针时，事情就变得复杂了。如果一个线程分配内存，另一个线程释放内存，释放线程必须修改初始请求者拥有的分配目录。因此，我们又回到了起点，必须应用互斥机制来保护每个线程的目录不被其他线程并发访问。

互斥的需求似乎并没有大幅改善这种情况，尽管用每个线程的本地锁替换全局目录和全局锁是有用的。如果线程主要是为自己请求和释放内存，并且线程之间的内存交叉不频繁发生，那么每个线程的锁将主要由所属线程获取和释放。在这种情况下，多个线程可以并发运行。在另一种极端情况下，当所有分配的内存都由其他线程释放时，该实现将更接近具有全局锁的内存分配器的行为。

然而，我们可以做得更好。如果放弃集中式目录（即使每个线程都有）的方法，而将分配信息与内存分配本身一起分发（类似于 glibc 的 malloc() 所做的），那么我们就可以优化行为并进一步减少对锁的需求。我们不一定需要将内存块返回给最初请求它的线程。内存分配器可以简单地从线程中保留一个已释放的内存块，并使用它服务来自同一线程的分配请求。实际上，释放内存块的线程将成为该内存块的新所有者。

通过这种修改，内存分配器不必保护分配请求（除非操作系统必须提供新的内存片），也不需要保护内存的释放（除非它被返回给操作系统）。这两个操作成为每个线程的本地更新操作，因此可以在没有任何锁的情况下执行。

像 glibc 的 malloc() 这样的内存分配器还可以实现额外的智能性，例如返回内存分配的特殊列表以找到新分配请求的最佳匹配对象，启发式地确定是否以及何时应该合并返回的内存块以减少内存碎片；也可以实现其他的启发式方法来确定新请求的内存片大小，甚至确定何时切换到全局内存分配算法。除了这里介绍的内容之外，还有一些有趣的内存分配器示例可供了解，例如 FreeBSD jemalloc[36]、Google TCMalloc[43] 和 Intel TBB tbb::scalable_allocator[151]。

5.3.4　并行运行时系统的专用内存分配器

在并行运行时系统的上下文中，当涉及如何处理内存分配时，我们可以利用更多的方法。虽然（并行）应用程序的内存分配器需要为任意大小的内存块的任何分配请求提供服务（当然，内存不足问题除外），但作为实现者，并行运行时系统是你可以控制的。这意味着运行时系统可以使用专门处理来自运行时系统的内存请求的内存分配器。它们不必是通用的，因为它们必须为来自其他地方的任何请求提供服务。

我们将在本书中看到，并行运行时系统使用内部数据结构，其大小及其在内存中的对齐需求可以被很好地预测。实现互斥的锁对象（参见第 6 章）通常具有相同的大小（对于相同的锁实现）。哈希表中的链表元素或桶的大小可以相同。任务描述符（参见第 9 章）也可能需要相同数量的内存来存储。运行时的实现者还准确地知道这些对象的创建时间和位置，以及运行时何时需要分配它们。因此，我们可以利用这些知识来优化内存管理任务，以满足运行时系统实现的需要。

我们假设运行时的内存分配器可以专门提供三类内存分配：32 字节、128 字节和任意大小。分配器能做的就是为 32 字节和 128 字节的情况预先分配足够的条目。当运行时请求任意一种大小的分配时，内存分配器都会从内存片中返回 32 字节的块用于 32 字节的请求，或者返回 128 字节的块用于 128 字节的请求。由于某类分配的内存都是相同大小的，因此不会产生内存碎片。对于任意大小的分配，该实现将调用多线程内存分配器来请求运行时要求的大小。

5.3.5 线程本地存储

线程本地存储是一个重要的概念，可以分为两类：

❑ **本地变量或私有变量**——这些变量分配在线程栈上（参见 4.4.1 节），因此自然是单个线程的私有变量，无须任何特殊寻址或其他处理。例如 OpenMP private 和 firstprivate 子句。

❑ **静态 / 全局变量**——在串行代码中，静态或全局变量只分配一次（通过链接器），并且可以通过其绝对地址或全局偏移表（Global Offset Table，GOT）直接访问。全局偏移表用于处理与位置无关的、可重定位的共享库中的此类数据。例如，OpenMP API 中的 threadprivate 指令或 C++ 11 中的 thread_local 说明符。

因为每个线程都有自己的栈，所以栈变量的相关开销很低。当谈论 TLS 变量时，我们通常考虑的是第二种情况，即静态或全局变量。尽管静态和全局变量的使用被编程设计人员所反对，但这样的变量仍然出现在用户代码中。例如，在旧的 Fortran 代码中作为 COMMON 块，其中变量通常需要在代码中的函数和子例程之间共享，但也需要在每个线程中复制，以实现代码的并行化。

现代编译器和操作系统已经意识到对 TLS 的支持非常重要。因此，在许多架构中，它们为线程维护一个特定的寄存器，该寄存器指向 TLS 域的基址。在 x86_64 上，使用其中一个或不使用段基址寄存器（FSbase 或 GSbase，取决于操作系统）。Arm 上的 Linux 将 TLS 地址保存在 tpidr_el0 寄存器中。这允许链接器管理 TLS 域内的空间分配，并允许编译器生成访问 TLS 变量的有效代码。

例如，使用 C++ 11 的 _Thread_local 说明符创建一些线程本地空间的代码：

```
int getTLSValue () {
  extern _Thread_local int value;
  return value;
}
```

在 x86_64 机器 Linux 系统上使用 clang 9.0.0 编译时，上述代码生成如下所示的汇编代码：

```
getTLSValue:
  mov  rax, qword ptr [rip + value@GOTTPOFF]
  mov  eax, dword ptr fs:[rax]
  ret
```

在这里，你可以看到从 GOT 加载了一个值（相对于程序计数器的访问）。然后将加载的值用作 F 段的偏移量（通过 fs: 语法），这样计算出的地址便是 FSbase 寄存器的值加上偏移量。

并行运行时的实现需要 TLS 状态，因为它需要识别线程。我们还将看到，每个线程的状态需要由运行时维护，并且将使用 TLS 将这些结构与本地操作系统线程关联起来。例如，在 OpenMP 运行时中，线程标识对用户代码而言是可见的（通过调用 omp_get_thread_num()）。另一个例子是指向共享数据的指针，如用于实现同步障、动态循环调度和任务池的指针。

当然，如果线程可以获得它的标识，那么它就可以从那里开始，通过使用它的标识索引一个数组（或 std::unordered_map）——该数组为每个线程保存了一个给定的 TLS 变量的值，来提供它自己的 TLS 实现。虽然这提供了一种与操作系统无关的方式来编写 TLS 实现，但它增加了查找指向特定线程的线程本地存储域指针的延迟。

LLVM OpenMP 运行时的接口是按照这些原则设计的。在过去，当第一个 OpenMP 实现被编写出来时，TLS 在当时可用的操作系统中没有得到很好的支持和实现。因此，LLVM OpenMP 接口要求编译后的代码向几乎所有函数传递一个特殊的 gtid 参数（当你在本书其余部分的代码程序清单中看到匿名的 int32_t 参数时，请记住这一点！）。参数 gtid 是全局线程 ID 的简称。假设找到 gtid 的开销很大（例如，它可能需要与每个线程的栈范围进行比较，以确定要访问哪个线程的本地内存）。编译器通过调用运行时函数来计算全局线程 ID 并将该值缓存到栈上的局部变量中，从而对此进行优化。这种优化已经成为过去式，加载和传递附加参数现在只涉及额外的开销，因为加载 TLS 变量是很快的。

OpenMP 规范对 TLS 状态的保存有严格的规则（非常特殊的情况除外），这意味着清单 5.3 中所示的代码不能触发 assert() 函数。

清单 5.3　需要在 OpenMP 代码中保存线程本地状态

```
void test_for_tls() {
  static int myId;
#pragma omp threadprivate(myId)
#pragma omp parallel
  {
    myId = omp_get_thread_num();
  }
  // Thread executing the serial region must have
  // been thread zero inside the parallel region.
  assert (myId == 0);
#pragma omp parallel
  {
    // My TLS must be preserved.
    assert (myid == omp_get_thread_num());
  }
  // And the initial thread must still see zero after
  // parallel region.
  assert (myId == 0);
}
```

5.3.6 线程对象的数据布局

当处理运行时库中的数据结构时，我们要面对的问题与多线程用户代码相同。特别是，我们要确保避免伪共享，因此需要将单个线程访问的数据与真实共享的数据分开，并将这两类数据放在不同的缓存行中。当选择在数据结构中布局数据的方式时，要避免不必要的数据移动，这通常意味着将广泛共享的数据与仅由单个线程访问的数据分开。

C++ 支持 alignas(size) 属性，因此只要知道所需的缓存行大小，就可以请求编译器进行适当对齐。一般来说，这是有效的，尽管 C++ 标准允许实现默认忽略大于 alignof(std::max_align_t) 的对齐请求，后者可能低至 8 或 16 字节。因此，你打算使用的特定编译器是否允许更大（例如，64 B）的对齐请求，这是值得检查的。

例如，下面是一个简单广播类中类声明的数据布局部分（有关该类将执行的操作的详细信息，参见 7.3.2 节）：

```
class NaiveBroadcast : public
    alignedAllocators<CACHELINE_SIZE> {
  // Put the payload and the flag into the same cache line.
  CACHE_ALIGNED std::atomic<uint32_t> Flag;
  InvocationInfo const * OutlinedBody;

  // And the per-thread state into a cache line/thread.
  AlignedUint32 * const NextValues;

public:
  // ...
};
```

你可以看到：

❏ 整个类对象与 CACHELINE_SIZE 对齐，并使用特定的缓存对齐分配器来确保这一点（C++ 17 使这更容易；但是，这段代码仅假设我们使用的是 C++ 14）。

❏ Flag 是对齐的，而指向 OutlinedBody 的指针不是对齐的，因此会特意地与 Flag 位于同一缓存行中。这意味着，当线程读取 Flag 时，OutlinedBody 的值也将被提取到缓存中，并且由于字段的空间局部性而准备好被使用。

❏ NextValues 所指向的每个线程计数器都放在缓存行中，以避免伪共享，但我们允许指针本身与 Flag 在同一行中。由于许多线程将进行轮询，因此在设置 Flag 之前，该行将处于共享状态，因此没有必要将其放在单独的行中。

如果编译器忽略对齐请求，则可以通过手动填充来对齐 struct 的成员：

```
struct aligned_data {
  union {
    int x;
    char padding1[8];
  };
  union {
```

```
    int y;
    char padding2[16];
  };
  char padding3[LINE_SIZE - 32];
  int z;
};
```

该代码片段联合使用 union 和 struct 类型来构造特定的数据对齐方式。组件 x 的对齐方式与 struct aligned_data 的对齐方式一致。在 x86_64 机器和 Linux 上，这可能是一种 16 B 的对齐方式。联合体类型的成员 x 和 y 通过填充来改变 C 中 int 类型的默认对齐方式。虽然它通常是 4 B 对齐的，但字段 padding1 将 x 更改为 8 B 对齐的。最后，padding3 将 z 推到下一个缓存行。

当进行这种底层数据对齐时，必须确保根据 C 或 C++ 的语言规范考虑到各个基本数据类型的对齐属性。当从内存池返回指针时，内存分配器可以考虑结构化类型的对齐需求（参见 5.3.4 节）。例如，对于锁对象，运行时的内存分配器可以通过只分配与缓存行边界正确对齐的内存来确保对齐。

5.4　总结

本章介绍了并行运行时系统的各种交叉的概念和实现策略，它们是接下来的章节介绍的所有内容的基础。

并行运行时现在可以了解它要运行的机器的特定结构。我们知道如何将线程固定到特定的处理器核心，这样操作系统就不会干扰该核心的缓存位置。我们已经研究了运行时系统中内存管理的各个方面，以减少运行时对应用程序代码执行的影响。我们还研究了并行系统中内存分配的高级概念，并学习了并行运行时系统如何利用分配发生的上下文知识进行优化。

Chapter 6 第 6 章

互斥和原子性

因为线程可能会更新其他线程意料之外的内存位置，所以一旦多个线程在同一个地址空间中执行，它们就可能相互干扰。这称为竞争条件，需避免此问题以保证并行计算的正确性。

在本章中，我们将首先对问题进行分析，然后讲解避免竞争条件的方法。我们将简要讲解硬件提供的解决此问题的方法，然后展示在并行运行时系统中如何使用这些硬件功能来实现互斥锁和预测锁。我们还将深入研究现有的实现方案，并比较它们的性能。

6.1 互斥问题

先来看一段可能出现严重错误的代码，如清单 6.1 所示。如果两个线程同时尝试向用链表实现的队列中添加新项，会发生什么情况？虽然仅有几行代码，但如果它以如表 6.1 所示的顺序执行，则会失败。

清单 6.1　LIFO 队列的简单实现

```
class LIFOQueue {
  struct LIFOEntry {
    LIFOEntry *Next;
    int Value;

    LIFOEntry(LIFOEntry *N, int V) : Next(N), Value(V) {}
    ~LIFOEntry() {}
  };
  LIFOEntry *Front;

public:
```

```
LIFOQueue() : Front(0) {}
~LIFOQueue() {}
bool isEmpty() const {
  return Front == 0;
}

void push(int V) {
  Front = new LIFOEntry(Front, V);
}

int pop() {
  if (isEmpty())
    return 0;

  int V = Front->Value;        /* Remember the value */
  LIFOEntry *N = Front->Next;  /* and next pointer */
  delete Front;                /* Delete front element */
  Front = N;                   /* Update to point to next */
  return V;                    /* Return the value */
}
};
```

表 6.1　清单 6.1 的链表交错失败的示例

线程 0	线程 1
读取 Front	
	读取 Front
创建新项	创建新项
存入 Front	
	存入 Front

竞争条件使得其中一个新创建项丢失。因为另一个线程用指向旧 Front 项的指针覆写了 Front 字段中指向丢失项的指针，所以丢失项没有加入链表。

pop() 方法也存在类似问题。考虑一下，如果出现以下情况会发生什么：

1. 在线程检查 isEmpty() 后，在读取 Front 和 Value 字段前，另一个线程删除最后一项，并将 0 存入 Front。

2. 在线程删除 Front 字段后，另一个线程读取该字段。

显然，在多个线程访问共享数据结构时，需要以某种方式确保它们不会相互干涉。

有两种基本方法来实现这一目标：

1. 互斥——仅允许单个线程执行代码块，确保一次只有一个线程能访问并更新相关数据结构。

2. 预测——允许多个线程查看数据结构，同时确保它们能检测到会导致问题的更新操作，并在必要时中止并重新执行。

可使用临界区和锁（互斥锁）来实现互斥。既可以用能检测干扰读写的硬件预测性执行（"事务内存"），也可以用能以较小粒度检测冲突的硬件指令，例如链接加载和条件存储（Load Linked and Store Conditional，LL-SC）或原子的比较并交换（Compare-And-Swap，CAS），来实现预测。这些指令在更新某个值之前，会原子地检查该值是否为预期值。

在某些架构中，硬件仅提供预测操作，因此其他原子操作（例如，申请锁）必须依托于这些预测操作之上。

6.1.1　锁的硬件支持：原子指令

为了原子地执行单个操作，硬件必须对操作进行编码，即从内存加载、对读取的值进行操作、将结果值存入内存，同时确保在读和写之间，没有其他针对此内存位置的更新。因为 CISC 架构中的大多数指令能将内存地址作为操作数，所以有很多既能读取内存，又能写入内存的指令。因此从架构上而言，增加此类原子操作相对容易。然而，在 RISC 指令集中，内存值会先被加载到寄存器中，并于此更新，然后从寄存器存入内存，所以这种既读取内存，又写入内存的操作并不能自然地融入 RISC 指令集。因此，许多 RISC 机器将加载与存储两者分离，并使用特定的加载指令（链接加载）来标记操作开始，并使用相应的存储（条件存储）来标记操作结束。

指令集架构及其修订版决定了硬件支持的细节。然而，CAS 或 LL-SC 是构建一切的基石。我们将展示构建方法，但是，因为更高级的指令具有更优秀的性能，所以应尽可能地使用它们，如图 6.1 所示。

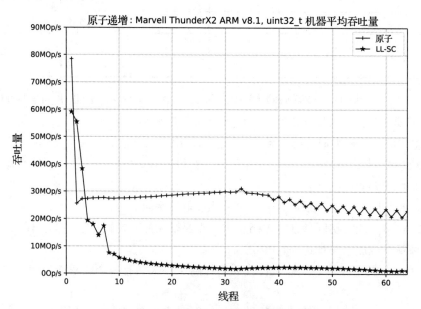

图 6.1　LL-SC 与原生原子操作的性能对比

图 6.1 展示了在相同 Arm 处理器上，通过 LL-SC 或单一原子指令实现 uint32_t 类型的原子递增操作的机器吞吐量。单一原子指令的性能大约是 LL-SC 循环的 6 倍。幸运的是，现代 Arm 架构编译器也了解这一点，所以如果编译器的编译目标是更现代的指令集，那么它能为该操作生成高效代码。

6.1.1.1　原子指令实现

为了确保原子指令能原子地执行，必须保证在指令加载值和存储更新值的这段时间内，没有其他存储操作。根据 3.2.5 节关于缓存协议的描述，若满足以下条件，则核心可以达成此要求：

1. 该原子指令被视为存储操作，因此在发生其他加载操作之前，缓存行处于独占状态。
2. 直到存储操作完成后，缓存才会响应外部请求。

此实现确保若能以独占状态获取某缓存行，则操作将会完成，从而确保向前进度。

但该实现有显著的副作用。在 CAS 操作中，即使因比较失败而没有更新，该缓存行依然会被置于独占状态。即使该行最终未被改变，CAS 还是会使该行的复制全部无效，所以该问题对性能有着举足轻重的影响。

6.1.1.2　LL-SC 指令实现

在 LL-SC 实现中，处理器使用多个指令将加载和存储分离。该方式更适合通常不在单一指令中进行读 – 修改 – 写操作的 RISC 架构。

有多种实现 LL-SC 指令的方式：在缓存中实现（开源的 RISC-V[110] 或 DEC ALPHA[118] 架构使用了此方式），或借助显式处理全局状态的硬件来实现（Arm 架构使用了此方式）。

在基于缓存的实现中，锁定加载指令仍将缓存行置于独占状态。与之关联的存储指令将检查状态，如果该行不再是独占的（例如出于某些原因，其他核心监听了该行的数据，或该行已从缓存中被逐出），则存储失败，并报告操作失败，之后代码重试。

在 Arm 架构规范中，锁定加载指令向集中式硬件资源发送消息，该硬件资源用于保存被监视内存区的相关信息。类似地，条件存储通过中央监视器来检查是否有其他操作改变了监视状态。从程序员的角度来看，它仅仅是一个替代实现，与缓存本地实现有相同语义，但是性能可能会有所不同。

这两种实现方式的问题在于，它们不能很好地保证向前进度，因为两个线程能交叉访问，并且每个线程都可能反复阻断另一个线程，因此没有线程能成功存储结果。为了克服这个问题，架构引入了额外的规则来限制 LL 和 SC 之间的区域大小，以及哪些指令能于此执行。有了这些限制，实现能够确保线程有一个窗口，它可以在其中进行更新，而不会发生行监听或监视器移除。

例如，RISC-V 指令集手册[110] 中的 8.3 节包含了以下文本（以及其他架构特定的限制。"LR"是 RISC-V 的"Load Reserved"的助记符，相当于刚才提到的"Load-Linked"，而"SC"是"Store Conditional"的助记符）：

标准 A 扩展定义了具有以下属性的受约束 LR/SC 循环：

❏ 循环仅包含 LR/SC 序列以及出故障时用于重启序列的代码，并且必须包含最多 16 条依次置于内存的指令。

❏ LR/SC 序列以 LR 指令开头，以 SC 指令结尾。在 LR 和 SC 指令之间的动态代码只能包含基础 "I" 型指令集的指令，除了加载、存储、向后跳转、执行向后分支、JALR、FENCE、FENCE.I 和 SYSTEM 指令。

❏ 用于重试失败的 LR/SC 序列的代码，可以包含向后跳转和分支，以重复 LR/SC 序列，但在其他方面与 LR 和 SC 之间的代码具有相同的约束。

类似的限制适用于其他实现了 LL-SC 的架构。

6.1.1.3　LL-SC 和 CAS 之间的差异

LL-SC 和 CAS 看上去非常相似。因为它们无法保证给定的 "加载、操作、CAS" 或 "LL、操作、SC" 序列能成功，因此 "操作" 的工作可能会被丢弃，所以两者都是预测性的。然而，因为 CAS 序列能保证全局向前进度，所以它比 LL-SC 序列强大。只有在其他线程成功执行更新时，CAS 才会失败，但也因此，整个计算能正常进行。即使另一个线程所做的只是加载相关缓存行，SC 操作也可能失败，而该操作本身并不能确保向前进度。

6.1.1.4　事务内存

各种处理器（至少有一些来自 Intel[68] 和 IBM[69, 79] 的处理器，以及将要出现的 Arm 架构处理器[8]）都对硬件事务内存操作提供了有限的支持。事务内存在概念上与之前在 LL-SC 中讨论的预测执行类似，但事务内存是将处理器置于事务的、预测的执行模式中，而非显式标记单个加载指令。在该模式下，所有加载指令都受到监视，而且所有存储指令都是私有的，直到提交整个事务后，它们才同时变为可见。硬件负责检测读写冲突，并在检测到冲突时中止事务。

与 LL-SC 一样，在使用此硬件事务内存时，并不能保证向前进度。使用它的代码必须检测故障，并在发生故障时回退到某个其他实现（例如使用普通锁）。

6.1.2　ABA 问题

如果用 CAS 构建原子操作，必须检测是否存在对读取值的竞争性修改，以便中止并重试。对于诸如原子加法的简单算术指令，这很容易实现：每个有效的更新都会更改值，而且更新的值将直接依赖于被读取的值。然而，当使用 CAS 管理数据结构时，会遇到一个问题：待检查值通常是指针，但更新值实际上依赖于被指针指向的数据结构中的值。这就产生了一种可能性：尽管指针保持不变，但真正依赖的值已经改变，而且我们无法察觉这一点。

这称为 ABA 问题。某个线程先看到指针存储值 A，并暂停执行；然后，另一个线程将该值更改为 B，并可能释放指针 A 指向的内存；之后重用此内存，将新分配的对象放回共享数据结构中。我们的初始线程将发现正在检查的值仍为期望值（即 A），而实际上数据结构已发生变化，它读取了无效值。

请注意，LL-SC 或事务内存不会出现 ABA 问题，因为这两者都会得知发生在监视位置的存储操作，并让操作失败。这实际上是向前进度问题的镜像。此处，主动中止操作为硬件监视实现带来了优势；而在另一种情况下，这是一个问题，因为它不保证向前进度。

6.2 我们应该写锁代码吗

Linus Torvalds 令人信服地指出，我们不应该这样做 [137]。他表示：

*"我重复一遍：**不要在用户空间使用自旋锁，除非你真的知道自己在做什么。要知道，你知道自己在干什么的可能性基本上为零……***

*你**永远不**应该认为自己足够聪明，可以编写自己的锁例程。因为更有可能的是，你没有那么聪明（这个"你"包括我自己。几十年来，我们一直在修复内核中的所有锁，从简单的测试并设置锁，到票锁，再到缓存行高效的排队锁，即使是那些知道自己在做什么的人，也会数次出错）。"*

既然如此，为什么我们还费心教你这些你不该做的事情？答案是，即使你不用自己编写锁，但是了解在评估锁实现的性能时的问题和注意事项，以及锁实现的工作约束，都是很有用的。即使遵循了 Linus 的建议，这也是有用的：

"因此，你需要研究的可能不是标准库实现，而是针对具体需求的特定锁实现。这件事确实非常烦人。但不要自己编写锁。让编写过锁的人来写，他们可能花几十年的时间来调试并使其正常工作。"

另一个值得阅读本章的原因是，我们不仅讨论了锁，还讨论了无须锁即可实现互斥内存更新的原子操作的实现方法。

与任何优化一样，应该考虑自己实现的锁能优于现有实现的情况。如果临界区需要执行很长时间（假设，1 ms），而锁代码增加了 10 μs，只占了开销的 1%，那么即使将锁开销减半，预期收益也仅为从 1.01 ms 提高到 1.005 ms，也就是大约 0.5% 的收益。因此，在这种情况下，我们没必要花时间做优化。此处更重要的问题是，较长的临界区可能会限制可用的并行性。要修改用户代码的算法来减少在临界区内花费的时间，或者在理想情况下，完全消除临界区，才能解决这个问题。

此时，性能分析可能会产生误导效果。对于被激烈争用的锁而言，没有锁感知的性能分析器将显示代码为了获取锁而花费了大量时间，看起来需要优化锁代码。然而，实际上，这反映的是锁正在被争用这一更高层次的问题，线程不得不等待获取锁。这不是一个可以通过优化锁获取代码来解决的问题。虽然性能分析工具对指导调优至关重要，但我们必须清楚明白地理解性能分析器所展示内容的含义。

另一种极端的情况，就是临界区非常小。在此情况下，锁开销可能大于临界区运行时间，这似乎是个令人担忧的问题。然而，从整体性能的角度来看，如果临界区对总体运行时很重要，那么应用程序需要执行非常多的此类临界区（因为根据定义，它们每个都很短）。因此，我们又在对错误的东西，或在错误的层次上做优化。也许操作可以直接表示为原子指令而不是临界区，或者操作是某种形式的归约，可以通过使用每线程累加器在适当的时机将各个线程的结果组合起来，进而取得更好的实现效果。

Travis Downs 在他的"Performance Matters"的博客中讨论了类似的问题 [33]。

6.3　锁的类别

在本章中，我们只讨论一种最简单的锁：它能被单个线程获取，然后由同一线程释放，并且每次只能有一个线程拥有。

还有一些具有不同语义的锁，例如：

❑ **递归锁**——递归锁可以由单个线程多次申请，然后线程必须多次释放该锁，释放次数与申请次数相等。可以相对容易地以基本锁的包装器的形式来实现该锁。

❑ **读 / 写锁**——读 / 写锁可用于保护哈希表等数据结构，其中多个线程能同时执行查找操作，但任何更新操作都必须单独进行。读 / 写锁允许多个并发的读操作同时持有一个读锁，但仅允许唯一写操作，并阻塞所有其他的（无论读或写）访问。

虽然这些锁也很重要，但因为基本原理适用于这些更复杂的锁，所以我们将不会对其深入讨论。如果你能理解我们将要讨论的问题，那么你就能处理更复杂的情况。

6.4　锁算法的特性

在讨论具体的锁实现之前，我们需要考虑一下它们应具有的特性和应用场景。这些因素将影响最佳的实现选择。

如上所述，两种极端的使用场景是：

1. **无争用**——锁冲突非常罕见。

2. **严重争用**——很可能有多个线程试图同时在临界区内执行。

当存在争用时，锁的公平性尤为重要，换言之，按照线程尝试申请锁的顺序将锁分发给线程很重要。实现此特性是有代价的。如果不存在争用，就不会有线程需要等待锁，也就没有所谓的线程接收锁的顺序，所以对于无争用锁，不存在公平与否。

类似地，我们是希望代码在受控环境中运行，在该环境中，机器仅执行已知代码，还是希望它在"嘈杂"环境中运行，在该环境中，其他进程和线程也在运行，并会发生许多中断。

在嘈杂环境中，操作系统调度器的行为将是关键，我们必须确保操作系统知晓线程轮询的时间和方式，以便让它良好地调度线程。

锁的性能指标

为了评估锁实现，我们必须考虑影响锁性能的因素、代码路径映射到底层硬件操作的方式，以及锁影响其他线程的方式。

对无争用锁而言，为获取和释放锁而花费的执行时间都是额外开销，因为执行这些代码的线程本可以执行其他有用的代码。然而，因为这些代码并不长，所以不太可能会干扰其他线程。

对于争用锁而言，因为试图申请锁的线程必须等待锁变为空闲，所以情况要复杂得多。而且线程的等待方式会产生重大影响。此外，因为线程无论如何都必须等待，所以争用锁代码的关键路径不包括进入等待状态的时间。此处关键路径是指，锁持有者释放锁到另一个线程索取锁之间的时间。实际上，这段时间会算作临界区持续时间。

因此，我们需要测量锁在不同争用程度下的各种特性：

❑ **开销**——申请和释放一个无争用锁的时间。

❑ **独占时间或吞吐量**——独占时间为在一个线程释放锁后，在另一个线程获取锁之前，锁依然被占有的时间。当存在争用时，这并非线程的各种操作花费的时间，而是锁的真实开销。独占时间的倒数为机器吞吐量（即给定数量的线程在 1s 内能执行完的空临界区的数量）。对于一个完美的锁，我们希望这个时间为零（吞吐量无限大），但在现实中，这显然不可能达到。

❑ **干扰**——因为使用锁而对其他未等待的线程的影响程度。

为了理解前两个指标之间的区别，请参见图 6.2。在无争用情况下，锁开销是显而易见的，这是深色阴影区代表的时间，即执行锁获取和锁释放代码所需的时间。因为该时间能用单个线程测量，所以相对容易测量。为了避免测得的是锁在本地缓存中时的性能，基准测试程序从拥有 4096 个锁的数组中随机选取一个锁。即使是在有 64 个线程的情况下，冲突概率也很低，而且该方法降低了锁仍驻留在正申请锁的处理器的 L1 缓存中的可能性。

然而，对争用锁而言，情况更为微妙。如你所见，在锁函数内部花费的时间包括了线程争用锁的等待时间，这是由应用程序代码，而非锁实现引起的开销。而由锁引发的独占时间才能真实地反映锁实现的实际开销时间，即从一个线程释放锁开始，到下一个线程成功获取锁并开始执行用户临界区内的代码为止经过的时间。因为应用程序无论如何都必须等待，所以这段时间与线程开始申请锁并决定等待的时间无关。

相反，这段时间由线程将锁标记为空闲之前的释放操作的开销、其他线程注意到该变化所花费的时间，以及申请操作在申请锁后到返回用户代码之前的所有其他开销组成。总时间可能比线程释放锁的时间长，也可能比它短。图 6.2 明确地标记了此时间。

为了测量该时间，我们测量随线程数增大时，线程执行空临界区时的机器整体吞吐量，所有线程都在争用锁。临界时间与机器吞吐量相关，如下所示（我们前面提到的倒数）：

$$T_{\text{Critical}} = \frac{N_{\text{Threads}}}{\text{吞吐量}(N_{\text{Threads}})}$$

虽然我们测量的是 T_{Critical}，但因为难以观察 T_{Critical} 中的微小差异，而机器整体吞吐量更容易观察和理解，所以我们以吞吐量的形式呈现结果（理想情况下，在完全争用时添加线程，机器整体吞吐量是恒定的）。

干扰是一个不太明显的问题。当我们有多个线程都在等待锁时，我们需要确保它们不会消耗那些本可以分配给正在执行有用工作的线程的机器资源。

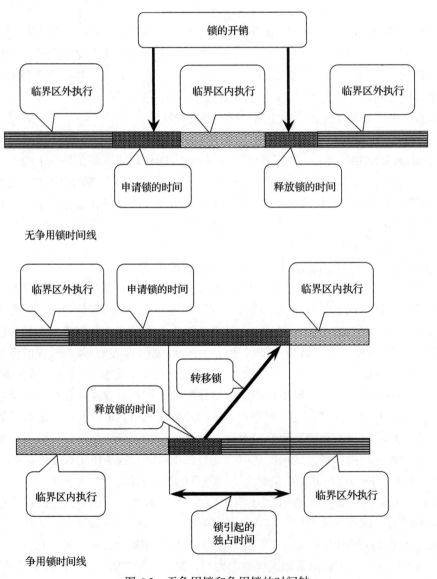

图 6.2　无争用锁和争用锁的时间轴

测量锁的性能

虽然我们知道我们想要测量什么，但我们必须谨慎地设置实验，以确保测量的确实是我们想要测量的值。衡量争用锁性能的一种明显的方法是，让每个线程都执行紧密循环，反复申请和释放同一个锁。然而，对于不公平锁，因为刚刚释放锁的线程能快速绕过循环，并在其他线程尝试获取锁之前，立即重新申请锁（因为锁在该线程的缓存中），所以该方法会产生非常具有误导性的结果。这会导致一种执行模式，其中每个线程都会连续执行大量迭代，因此，我们难以测量真正的锁转移时间。

人们可以很确定地辩称，这种"结块"是一件好事，因为它减少了锁开销，从而取得了更高的机器吞吐量。然而，这样做的代价是不公平性显著增加。线程要等待任意长的时间，而非等待最多 $N_{Threads}-1$ 个临界区时间。对某些代码而言，这可能没问题，但这肯定是意料之外的效果，并且会在其他代码中出现问题。

为了演示这一点，我们将测量有多个锁时，以及只有一个锁时的吞吐量。我们还将展示锁回收的比重。

6.5 锁算法

在本节中，我们将展示一些简单的锁实现，并讨论其性能。

在每种情况中，我们都依托简单的抽象基类来实现锁。因为我们能向基类传递锁实例，然后无须任何实现细节就能测量其性能，所以该方法能简化测量锁性能的代码。因为现在只能间接地调用各种锁操作，所以这确实增加了少量开销。然而，现代处理器能比较准确地预测此类调用，而且无论如何，在实际的运行时实现中，也可能会用这种基于抽象基类的方法。

如清单 6.2 所示，我们展示了抽象锁基类。它与 C++ 中 std::mutex 类的接口几乎相同，也满足 C++ 标准的 BasicLockable 要求。我们将获取和释放分别作为 C++ 术语加锁和解锁的同义词。

清单 6.2　简单的抽象锁基类

```cpp
// A base class so that we can have a simple interface to
// our timing operations and pass in a specific lock type
// to use. This does mean that we're doing an indirect call
// for each operation, but that is the same for all
// cases, and should be well predicted and cached.
class abstractLock {
public:
  abstractLock() {}
  virtual ~abstractLock() {}
  virtual void lock() = 0;
  virtual void unlock() = 0;
  virtual char const *name() const = 0;
};
```

6.5.1 测试并设置锁

最简单、最易懂的一种锁是测试并设置（Test-And-Set，TAS）锁。清单 6.3 展示了该锁的一种实现方式。

清单 6.3　测试并设置锁的实现

```
// A Test-and-Set lock
class TASLock : public abstractLock {
  CACHE_ALIGNED std::atomic<bool> locked;

public:
  TASLock() : locked(false) {}
  ~TASLock() {}
  void lock() {
    bool expected = false;
    while (!locked.compare_exchange_weak(expected, true,
                           std::memory_order_acquire)) {
      expected = false;
      architecturalYield();
    }
  }
  void unlock() {
    locked.store(false, std::memory_order_release);
  }
  // Name and factory omitted.
};
```

我们使用 std::atomic<>::compare_exchange_weak 函数来测试 locked 是否为 false，如果是，则将 true 存入其中。如果 CAS 操作成功，则代表获取了锁。如果失败，则其他线程正持有该锁，线程必须等待，直到其他线程释放锁。如果不用 CAS 操作，而是用一个简单的交换操作，将 true 与旧值交换，然后检查交换返回的旧值是否为 false（这意味着锁本来是空闲的），这其实是一个很容易掉进去的小的优化兔子洞。

请注意，我们显式地请求所需的内存模型语义，即获取锁时的 std::memory_order_acquire，以确保从临界区内的任何加载都不会出现在我们申请锁的位置之前，以及释放锁时的 std::memory_order_release，这样一来，所有在临界区内执行的存储在释放锁存储之前都是全局可见的，从而防止另一个线程看到在临界区中被更新的不一致的内存视图。

乍一看，我们很难得出比这种简单锁操作更快的方法。获取锁使用的是单个原子加载操作，释放锁使用的是单个（具有内存屏障操作的）存储操作。有什么能比这些单一指令更快呢？然而，如图 3.17 所示，当有多个线程轮询时，存储操作可能会很慢，所以用这种方式执行释放操作可能是很糟糕的。

该锁实现的另一个重要问题是，自旋等待循环中有原子操作。在某些实现中，即使操作最终并未执行写操作，原子操作仍会将缓存行置为独占状态（当存在争用时，CAS 无法完成匹配）。这意味着，每个轮询线程都会生成大量的缓存一致性总线流量，干扰到其他操作。当我们测量这种干扰时（通过测量一个仅执行 memcpy() 操作的线程在与 N 个试图申请一个锁的线程并行执行时取得的带宽），我们会发现，当某个轮询线程处于不同插槽中时，这很快就会成为大问题。

图 6.3 中展示了当轮询线程数增加时，标准化为最高性能后的 memcpy() 操作的性能。我们可以看到，在 Intel Xeon Platinum 8260L 处理器上，当执行 memcpy() 线程的另一个插槽中有轮询 TAS 锁的线程时，memcpy() 的性能会下降到最大值的 1/80 以下。若使用 TTAS 锁（请参阅 6.5.2 节），在 Intel 机器上，当其他插槽中出现轮询线程时，性能仍会略有下降，但仅下降到最大值的 80%，而非 1.25%。若使用 Marvell Arm 处理器，两种锁的影响均可忽略不计。可能是 Arm 架构更宽松的内存模型和不同的插槽间一致性协议消除了该问题。

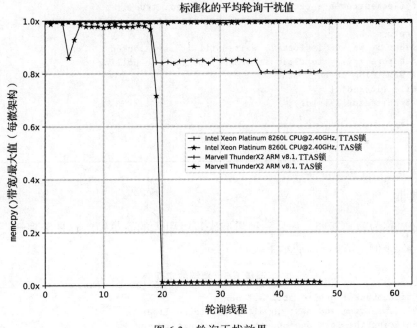

图 6.3 轮询干扰效果

因为 TAS 锁具有这种令人不快的特性，并且我们可以很容易地修复这个问题，所以我们不再进一步讨论它。

6.5.2 测试及测试并设置锁

测试及测试并设置（Test and Test-and-Set，TTAS）锁 [113] 对 TAS 锁进行了小改进。如你所见，因为线程都在执行原子操作，所以当线程轮询时，TAS 锁具有令人不快的干扰特性。为克服该问题，在轮询时试图获取锁之前，先检查锁是否正处于忙碌状态。由于我们没有（假装）更新锁的值，因此能共享该值所在的缓存行，每个轮询线程都能拥有本地副本。因此，轮询现在不会生成一致性流量，直到释放锁（或者，在我们的代码中，直到另一

个线程到达并首次尝试申请锁，此时它需要将本地副本载入其缓存中）。TTAS 锁与 TAS 锁
的唯一区别是 lock() 函数，如清单 6.4 所示。这些微小的变化消除了图 6.3 所示的线程间
的干扰，在 Intel Xeon Platinum 8260L 处理器上，位于另一个插槽中的轮询线程不会再影响
memcpy() 的性能。

清单 6.4　测试及测试并设置锁的 lock() 方法

```cpp
void TTASLock::lock() {
  for (;;) {
    bool expected = false;
    // Try an atomic before anything else so that we don't
    // move the line into a shared state then immediately
    // to exclusive if it is unlocked.
    if (locked.compare_exchange_strong(expected, true,
                                std::memory_order_acquire))
      return;
    // But if we see it locked, wait until it is unlocked
    // before trying to claim it again.  Here we're polling
    // something in our cache.
    while (locked) {
      architecturalYield();
    }
  }
}
```

6.5.3　票锁

票锁（也称为面包店锁）是另一种看起来很吸引人的简单锁。它易于理解、占用空间
小，并且是公平的。清单 6.5 展示了我们的实现。

清单 6.5　票锁的实现

```cpp
class ticketLock : public abstractLock {
  // Place serving and next in different cache lines.
  // Entering the lock and updating next doesn't need to
  // disturb those waiting for serving to update.
  CACHE_ALIGNED std::atomic<uint32_t> serving;
  CACHE_ALIGNED std::atomic<uint32_t> next;

public:
  ticketLock() : serving(0), next(0) {}
  ~ticketLock() {}

  void lock() {
    uint32_t myTicket = next++;
    while (myTicket !=
            serving.load(std::memory_order_acquire)) {
      architecturalYield();
    }
  }
```

```
    void unlock() {
      serving.fetch_add(1, std::memory_order_release);
    }
    // Name and factory omitted.
};
```

该锁核心思想是，当尝试获取锁时，线程通过原子递增 next 字段来申请下一张票，然后等待，直到 serving 字段的值与其票的值匹配。这是我们当地超市奶酪柜台的排队方式：从柜台上取一张票，并等待叫到你的号码。

该锁的问题是，当存在争用时，多个线程会轮询相同缓存行，因此，在"可见性"图中，我们离右边很远（请参见图 3.18），因此，另一个核心可能需要相当长的时间才看到这个存储。由于票锁是公平的，接下来只有一个线程能执行，因此我们预计这里的平均延迟约为可见性测量时间的 1/2。

因为测试及测试并设置锁也有许多线程轮询单个缓存行，所以你可能会认为它也会因相同原因而受影响。然而，因为 TTAS 锁是不公平的，任何轮询线程都能申请锁，并且相关的锁转移时间并非直到某个特定线程看到该值的时间，而是直到第一个线程看到该值的时间。

6.5.4　排队锁

为了解决前面的那些锁所遇到的问题，我们可以使用排队锁。典型例子为 Mellor-Crummey & Scott（MCS）锁[89]。

该锁的核心思想是，维护一个有序的等待线程的队列，其中每个线程轮询自己的 go 标志。由于只有一个线程轮询每个缓存行，每个缓存行都可以在自旋等待线程的缓存中，因此轮询不会产生一致性流量。类似地，由于只有一个线程轮询每一行，因此唤醒等待线程的写操作实际上是一种点对点通信，我们位于可见性图的最左侧（请参见图 3.18），那里传输时间最短。

MCS 锁的代码如清单 6.6 所示。你可以看到，这比之前的锁稍微复杂一些，并且有额外的基础设施要求，例如线程要具有标识（在我们的实现中，可以直接从 omp_get_thread_num() 中获得线程标识）。你还可以看到，每个线程都需要自己的锁项（在这段代码中，锁项为 MCSLockEntry 类的实例），这是构建等待线程队列的数据结构。

tail 成员指向由线程组成的单链表的尾部，而链表头部是当前拥有锁的线程。为了获取锁，线程将指向其 MCSLockEntry 的指针与尾部指针交换。如果尾部之前是 0（也就是 C++ 的 nullptr），则没有线程持有锁，因此该线程现在能获取锁，并继续执行；如果尾部之前不是 0，则该线程需要将自己的指针存入尾部的 next 字段中，使自己加入链表（它知道这一点，因为这是它将自己交换到全局尾部指针时得到的值）。然后，该线程在 go 标志上自旋等待，直到被唤醒。

在释放锁时，释放线程将自己的 MCSLockEntry 指针作为预期值，使用 CAS 操作，将 0 放入尾部指针。如果没有其他线程加入队列，则 tail 仍将指向该线程，这意味着后面没有等待线程，所以可以彻底释放锁。然而，如果 CAS 失败，则释放线程知道还有其他线程在等待被唤醒。不过，它需要小心行事。尽管其他线程已经更新了 tail 指针，但它可能还没有将其指针存入释放线程的 next 字段。因此，释放线程必须等待更新发生（通过轮询 next 字段，直到该字段为非空）。一旦它拥有了那个指针，它就可以在它的后继节点中设置 go 标志，允许后继线程进入临界区，并重置自己的状态，完成执行。

清单 6.6　Mellor-Crummey & Scott 锁的实现

```cpp
class MCSLock : public abstractLock {
  class MCSLockEntry {
  public:
    CACHE_ALIGNED std::atomic<MCSLockEntry *> next;
    std::atomic<bool> go;

    MCSLockEntry() : go(false), next(0) {}
    ~MCSLockEntry() {}
  };

  CACHE_ALIGNED std::atomic<MCSLockEntry *> tail;
  MCSLockEntry entries[MAX_THREADS];

public:
  MCSLock() : tail(0) {}
  ~MCSLock() {}

  void lock() {
    int myId = omp_get_thread_num();
    MCSLockEntry *me = &entries[myId];
    MCSLockEntry *t =
              tail.exchange(me,std::memory_order_acquire);

    // Anyone in the queue?
    if (t == 0)
      return; // No. So I now own the lock.
    // Yes: we must link ourself into the previous tail.
    t->next = me;

    // Then wait to be woken
    while (!me->go) {
      architecturalYield();
    }
  }

  void unlock() {
    int myId = omp_get_thread_num();
    MCSLockEntry *me = &entries[myId];

    // Need a sacrificial copy, since compare_exchange
```

```
  // always switches in the value it reads
  MCSLockEntry *expected = me;

  // Am I still the tail? If so no-one else is waiting.
  if (!tail.compare_exchange_strong(
          expected, 0,
          std::memory_order_release)) {
    // Someone is waiting, but they may not yet have
    // updated the pointer in our entry, even though
    // they've swapped in the global tail pointer, so
    // we may need to wait until they have.
    MCSLockEntry *nextInLine = me->next;
    for (; nextInLine == 0; nextInLine = me->next) {
      architecturalYield();
    }

    // Now we know who they are we can release them.
    nextInLine->go = true;
  }

  // Reset our state ready for the next acquire.
  me->go = false;
  me->next = 0;
  }

  // Name and factory omitted.
};
```

MCS 锁的一个实现细节是，它需要在队列中为每个线程提供一个槽位（请参见清单 6.6 中的 MAX_THREADS）。对此有多种实现方案。在清单 6.6 中，我们选择了简单的方法，静态定义线程数的上界。可能需要一种更为动态的方法，这将使实现更为复杂，因为在锁初始化时，当线程数超过预先分配的队列槽位数时必须增加队列槽位。

6.6　实际代码性能

在了解了各种合理有效的锁之后，让我们根据之前讨论过的度量来衡量它们的性能。由于我们证明了 TAS 锁具有不可接受的干扰特性，所以在此不讨论该锁。并且由于其他锁都在该度量上表现合理，所以我们在此不展示关于干扰的数据。

6.6.1　无争用锁开销

图 6.4 展示了线程获取和释放锁所需的时间。因为该度量针对非争用锁，所以基准程序从包含 4096 个锁的数组中随机抽取锁。由于最多只有 64 个线程，因此锁被争用的可能性很低。通过该方法，可确保测得的并非线程直接使用其 L1 缓存中的锁的性能。

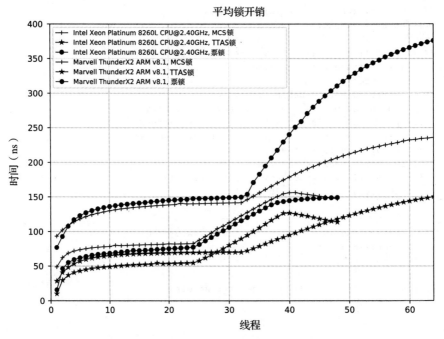

图 6.4　锁开销（线程中加锁和解锁的时间总和）

可见，TTAS 锁的开销最小，在我们的所有机器上均如此。在 Intel Xeon Platinum 8260L 处理器上，MCS 锁的开销最大。在 Arm 处理器上，票锁的开销最大。

然而，在宣布 TTAS 锁获胜并决定使用它之前，应该研究一下锁被争用时的性能。

6.6.2　争用锁的吞吐量

图 6.5 和图 6.6 展示了在所有线程都试图执行空临界区时，每种类型的锁能取得的整体机器吞吐量。这测量了我们在 6.4.1 节中讨论过的由锁引起的独占时间。在这种高度竞争的情况下，我们所能期望的最好结果是在添加线程时吞吐量保持不变。因为我们测量的是机器吞吐量，所以在这些图上，数值越高越好。而之前测量开销时，数值越低越好。这些图省略了单线程情况，因为此时显然不存在争用。而且由于单线程具有非常好的性能，它会影响数据图的缩放比例，使我们难以读取图中的重要数据。

图 6.5 展示了上述这些数据。当线程数较低时，TTAS 锁在两台机器上均表现良好。但在 Arm 机器上，当存在 11 个线程时，TTAS 锁的性能会下降，MCS 锁会优于 TTAS 锁。在 Intel Xeon Platinum 8260L 处理器上，当存在 17 个线程时，MCS 胜出。

图 6.6 展示了使用 8 个锁时的情况。所有线程均遍历每个锁（因此，如果少于 8 个线程，我们测量的只是存在部分争用的情况）。在此情况下，MCS 锁在所有机器上均表现最佳，而 TTAS 锁在所有机器上均表现不佳。在线程数很高时，甚至是票锁也会胜过 TTAS 锁。

图 6.7 说明了性能差异的原因。当争用单个锁时，TTAS 锁在 Arm 机器上的回收率接近

100%，在 Intel 处理器上，回收率大于 80%。但是，当遍历 8 个锁时，TTAS 锁在所有机器上的回收率都几乎下降为 0%。因此不会有结块，锁转移占据了全部开销。由于 MCS 锁和票锁都是公平的，因此它们永远不会在争用时出现结块。

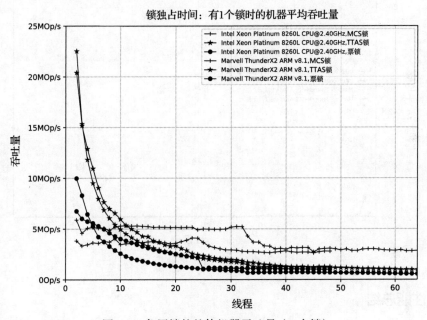

图 6.5　争用锁的整体机器吞吐量（1 个锁）

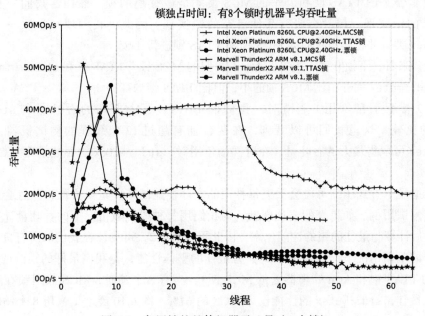

图 6.6　争用锁的整体机器吞吐量（8 个锁）

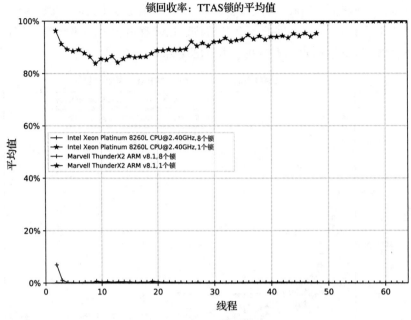

图 6.7 TTAS 锁回收率

6.6.3 性能总结

在所有测试中，票锁均表现不佳，所以我们不再讨论它。

似乎非公平的 TTAS 锁和公平的 MCS 锁才是最有趣的锁。然而，我们一直在比较我们自己的锁实现，却没有研究其他已有的锁实现。因此，我们现在学习一下 C++ 的 std::mutex 类，并将其与我们的 MCS 锁和 TTAS 锁进行比较。

首先，来看一下锁开销。图 6.8 展示了我们的 MCS 锁、TTAS 锁和 std::mutex 的开销数据。std::mutex 的开销比 MCS 锁的小，但比 TTAS 锁的高。

图 6.9 展示了在争用 1 个锁时，我们的 TTAS 锁、MCS 锁的吞吐量与 std::mutex 吞吐量的比较。这里我们可以看到，在两台拥有超过 12 个线程的测试机器上，使用 std::mutex 可取得最大的吞吐量。在跨插槽争用时，std::mutex 的吞吐量比 MCS 锁高出 2 倍。

将数据显示方式压缩可能会丢失每种锁的实际性能的某些重要方面，并且会过于凸显某些特定测试用例。如果真的要这样做，则我们用每种线程数情况下的吞吐量计算几何平均值，然后计算与最佳的锁的性能比率。由此可得表 6.2，可见，在我们的所有机器上，在争用激烈的单锁情况下，std::mutex 具有最佳的整体性能，是我们最好的锁的两倍（Intel 机器上的 TTAS 锁和 Arm 处理器上的 MCS 锁）。当有 8 个锁时，MCS 队列锁在所有机器上均表现最佳，std::mutex 的性能仅为 MCS 的 61%。图 6.10 展示了遍历 8 个锁时的数据结果。

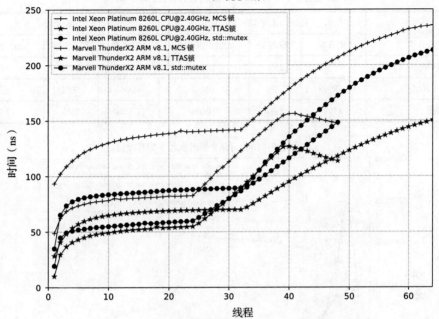

图 6.8 无争用锁的开销（包括 std::mutex）

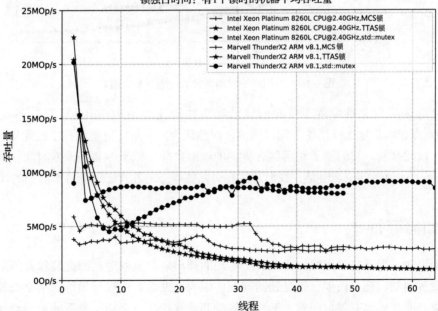

图 6.9 争用锁的机器吞吐量（1 个锁）

表 6.2　1 个锁和 8 个锁的性能的几何平均值

架构	1 个锁			8 个锁		
	MCS 锁	TTAS 锁	std::mutex	MCS 锁	TTAS 锁	std::mutex
Marvell ThunderX2	49%	25%	100%	100%	21%	56%
Platinum 8260L	38%	34%	100%	100%	50%	65%
几何平均值	43%	29%	100%	100%	33%	61%

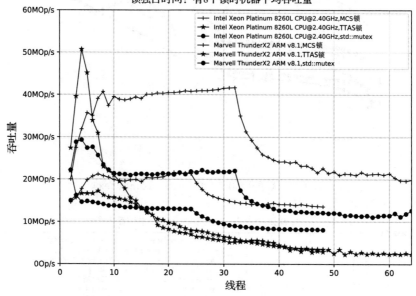

图 6.10　争用锁的机器整体吞吐量（8 个锁）

尽管这表明在某种配置下，我们自己实现的锁优于 std::mutex，但这不足以驳倒 Linus 的观点，因为这仅仅是单一测试用例，而他认为，针对特定基准程序的优化通常不是最优的。以此来看，我们除了对问题有更多的理解之外，似乎一直在浪费时间，只需要使用 std::mutex 就足够了。但是，我们还没有研究锁等待的方式，这也会影响锁的性能。

6.7　如何等待

由上可知，当存在争用时，我们自己实现的锁出现严重问题，因此线程必须等待。这是一个更普遍的问题，而不仅仅是锁的问题，因为这发生在线程必须等待某个条件满足的任何地方。同步障也有类似问题，某线程等待其他线程执行完毕，然后才能继续执行；串行域结尾也有类似的问题；线程等待释放锁时也有类似的问题。

像往常一样，我们可以使用不同的方法和指标来测量和评估这种等待操作的性能，它们代表了相互冲突的需求：

- **唤醒延迟**——我们希望等待线程在其等待的条件满足后能尽快唤醒。这通常可以通过一个非常紧密的轮询循环来实现。然而，这种方法有令人不快的副作用，因为轮询循环会消耗 CPU 时间和能量，而如果将这两者分配给其他线程的话，则可能会对程序整体的进度更有益。自旋等待循环会阻塞 CPU，如果过度依赖它的话，则会影响性能，因为轮询线程可能会阻止其他线程（对于锁而言，这就是指持有锁的线程）执行更有意义的工作。

  在支持同步多线程的机器中（即在指令级别，多个硬件线程共享物理核心），自旋等待也会阻止与此线程共享相同 CPU 硬件的其他线程处理有用的工作，即使那些线程已由操作系统调度并且正在运行。

- **资源消耗**——从更高的层次来看，我们希望尽可能减少由等待线程消耗的资源。理想情况下，我们希望操作系统立即得知线程没有要执行的有用工作，这样一来，操作系统既可以将该线程的硬件资源分配给其他线程，也可以将硬件置于低功耗状态。

  然而，这肯定会增加线程等待被满足的条件与线程恢复执行之间的延迟。如果在内核中挂起线程，那么使条件满足的线程必须通过系统调用来通知内核，使待唤醒线程从挂起调用中返回。这两个操作都比简单的加载或存储操作花费更多的时间。

在之前的锁代码中，我们通过在紧密循环中轮询来优先考虑唤醒延迟，但结果表明，这是个糟糕的选择。在许多情况下，std::mutex 能提供更高的性能。

回退策略

主动轮询会对不相关代码的性能产生不良影响，还会消耗更多的本可以用于其他地方的 CPU 时间和能量，因此我们不应使用主动轮询。那该怎么做呢？

首先，在支持同步多线程的机器上，可以告知 CPU 硬件，执行中的线程可以将资源转让给共享同一个核心的其他 SMT 线程。这是通过一条指令（x86 上的 pause 指令和 Arm 处理器上的 yield 指令）来实现的，该指令能将信息直接传递给硬件。然后，智能的乱序执行核心会尝试将更多共享资源分配给需要资源的其他线程。如果所有线程都处于可转让资源的状态，则降低时钟频率和能耗。

其次，如果轮询行为本身会造成某些干扰，则应降低轮询速率。例如，在不同的条件检查点之间使用随机指数回退。这不能有效地用于公平锁，因为一个已经等待很长时间的线程很可能很少进行轮询，而如果它已经等待了很长时间，则有可能很快就会轮到它。

再者，我们可以明确告知硬件，执行中的线程正在等待特定缓存行被修改。长期以来，x86 架构一直支持在内核代码中执行此操作，但是，至少在 Intel 的实现中，相关指令（monitor 和 mwait）无法在操作系统内核之外执行。然而，未来的 Intel 处理器将在

"WAITPKG"中实现新指令，例如 umonitor、umwait 和 tpause 指令 [68]。tpause 指令对 pause 指令加以改进，增加了暂停等待时长，并且能在预测区内执行，而 pause 总是会产生预测中止。这样一来，就可以构建能等待修改一组缓存行的任意行的代码，而基础的 umonitor 和 umwait 指令只能等待单个缓存行。只需启动预测执行，读取必需的缓存行，将其置入事务的读集合中，然后使用 tpause 指令。如果外部修改了某行，事务将因读后写冲突而中止，因此线程将从 tpause 中唤醒。不幸的是，我们的机器不支持 WAITPKG 指令，我们无法测量其性能，但它以后应该会很有用。

最激进的等待方式是告知操作系统线程正等待锁。在这一点上，我们受制于操作系统中锁相关的原语。我们无法查看所有操作系统，只能快速看一下 Linux，因为它是 HPC 环境中主要使用的操作系统，包含了所有操作系统都必须提供的那些功能。

Linux 实现了名为 futex()[130] 系统调用，该调用用于处理资源等待。在最简单的形式中，线程在 futex 处等待，另一个线程唤醒其中一些线程（通常是唤醒一个或是全部线程，但系统调用允许唤醒任意数量线程）。

图 6.11 展示了在 Arm 和 Intel 机器上，从根线程发出用于释放等待线程的 futex 调用，到最后一个线程离开经过的时间。可见，如果有多个线程在相同 futex 处等待，该时间会很长（如果同一个插槽中有 32 个线程，则需要超过 100 μs。在 Marvell Arm 机器上，需要花费超过 500 μs 来唤醒 63 个分布在两个插槽上的其他线程。在 Intel Xeon Platinum 8260L 处理器上，需要大约 170 来唤醒 47 个线程）。在 Arm 机器上，所需时间呈超线性增长。基于这些结果，我们绝对不应使用 futex 来实现多个线程在相同 futex 处等待的广播操作，而应限制能在单个 futex 处等待的线程数量，然后让根线程遍历所有线程，或者应该使用树，这样就能同时在不同线程中调用多个 futex。

这并不意味着我们不应使用 futex，而是应注意在何处以何种方式使用 futex。如果我们已经等待了 250 μs，那就不必非常担心 5 μs 的代价，因为这个小开销只占微不足道的 2%，让操作系统得知线程空闲是有益的。

另一个看上去很有吸引力的方法是使用某种调用（例如 Linux 的 sched_yield()）来尝试让另一个线程执行，但不将当前线程标记为挂起，这样操作系统稍后将再次运行它。不幸的是，该方法所需的调度模型不存在了，现有模型很可能会立即重新调度该线程，因此其效果只是一个代价昂贵的轮询循环，其中的延迟是通过进入和离开内核来实现的。

如果我们避免在每次轮询操作时都不加保护地执行原子操作的锁（例如，性能不佳的 TAS 锁），而使用在尝试更新前总是会进行读操作的锁（例如，TTAS 锁），或者仅进行读操作的锁（例如，票锁或任何排队锁，如 MCS），那么，减少等待时的轮询频率只会增加特定线程成功申请锁的延迟，而不会缓解其他方面的问题，因为轮询加载的全都是在 L1 缓存中的锁所在缓存行的共享副本。然而，通过实现回退，存在激烈争用时，我们取得了结块效果（增加了锁的不公平性）。释放锁的线程更有可能立即重新申请锁。这可以提高机器整体吞吐量，因为锁的缓存行不会在线程之间产生传输，所以会降低平均锁独占时间。

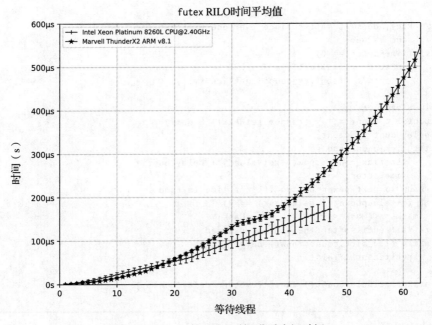

图 6.11　futex 的 RILO（根进后出）时间

　　清单 6.7 所示的类实现了随机指数回退。它调用低成本的最大长度反馈移位寄存器随机数生成器（因为它在栈中初始化，所以每个线程中的都不同）来生成一个随机数，然后该随机数与进行掩码操作。将该结果值进行缩放，以得到多个高分辨率计时器，并计算目标时间。然后代码等待（给其他 SMT 线程让步），直到到达目标时间之后，再次轮询。

清单 6.7　随机指数回退

```
// We use the CPU "cycle" count timer to provide
// delay between around 100ns and 25us.
class randomExponentialBackoff {
  const float smallestTime = 100.e-9; // 100ns
  // Multiplier used to convert our units into timer ticks
  static uint32_t timeFactor;
  mlfsr32 random;
  uint32_t mask;         // Limits current delay
  enum { maxMask = 255 }; // 256*100ns = 25.6us
  uint32_t sleepCount;   // How many times has sleep been
                         // called
  uint32_t delayCount;   // Only needed for stats

  enum {
    initialMask = 1,
    delayMask = 1, // Do two delays at each exponential value
  };

public:
  randomExponentialBackoff(): mask(1), sleepCount(0),
```

```
                             delayCount(0) {
    // Racy; doesn't matter since everyone will set the
    // same value.
    if (timeFactor == 0)
      timeFactor = smallestTime /
                   tsc_tick_count::getTickTime();
}
void sleep() {
    uint32_t count = 1 + (random.getNext() & mask);
    delayCount += count;
    tsc_tick_count end =
        tsc_tick_count::now().getValue() + delayCount *
        timeFactor;
    // Up to next power of two if it's time to ramp.
    if ((++sleepCount & delayMask) == 0)
      mask = ((mask << 1) | 1) & maxMask;
    // Wait until after the time we decided.
    while (tsc_tick_count::now().before(end))
      architecturalYield();
}
uint32_t getDelayCount() const { return delayCount; }
};
```

可以将这种随机指数回退应用于 TTAS 锁以改进性能，如图 6.12 和图 6.13 所示。将这些数据加入表 6.3 的汇总表后就能发现，现在在单锁情况下，具有指数回退的 TTAS 锁性能最好，优于 std::mutex。这也是由于更高的结块效果。结块是是否可接受，取决于具体的使用场景，因为这会加剧锁的不公平性（这也引出了一些其他更复杂的独占性方法，例如"委派"，其中将单一线程用于关键更新，如文献 [91] 中所述）。

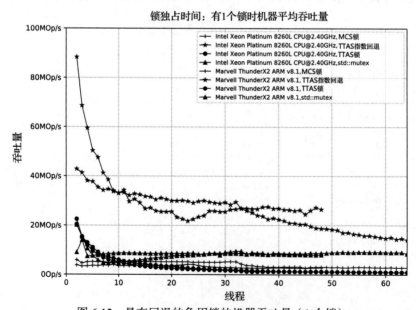

图 6.12　具有回退的争用锁的机器吞吐量（1 个锁）

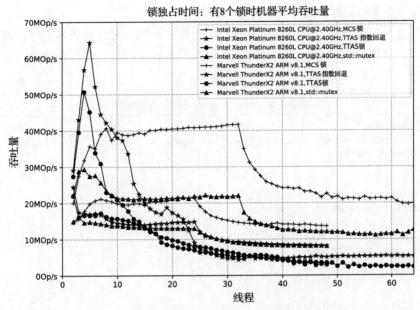

图 6.13　具有回退的争用锁的机器吞吐量（8 个锁）

表 6.3　使用 TTAS 指数（TTAS e^x）的 1 个锁和 8 个锁的性能几何平均值

架构	1 个锁			8 个锁		
	MCS 锁	TTAS e^x	std::mutex	MCS 锁	TTAS e^x	std::mutex
Marvell ThunderX2	16%	100%	33%	100%	32%	56%
Platinum 8260L	11%	100%	29%	100%	70%	65%
几何平均值	13%	100%	31%	100%	47%	61%

尽管如此，std::mutex 仍然是合理的选择。永远要记住："最好的代码，是我不必亲自编写的代码。"

6.8　事务同步

各种现代处理器都对事务内存提供某种形式的支持（至少部分 IBM 和 Intel 的处理器提供支持，而 Arm 架构有"事务内存扩展"规范）。

如你所见，真正的问题是，并发执行的线程之间的干扰，导致其中一个线程看到它们正在操作的数据的不一致状态。锁能够通过强制串行执行特定部分的代码来解决这个问题，从而防止干扰，前提是程序员已将相关操作移到临界区内。事务同步采用了相反的方法，它允许多个线程预测性地执行，但是一旦检测到竞争条件，事务内存就会检测潜在的数据不一致并中止预测执行。因为事务内存保留了宝贵的并行性，所以在某些情况下，事务内存在降低编程难度的同时，能带来更高的性能。

互斥似乎是保证更新安全的直接方法，但它具有一些不友好的属性，所以预测是值得考虑的方法。具体而言，互斥会不必要地强制串行执行。例如，使用锁将串行哈希表变为线程安全的。使用 OpenMP API 的方法如清单 6.8 所示。

清单 6.8 std::map 的线程安全的实现

```cpp
class lockedHash {
  std::unordered_map<uint32_t, uint32_t> theMap;
  omp_lock_t theLock;

public:
  lockedHash(omp_sync_hint_t hint) {
    omp_init_lock_with_hint(&theLock, hint);
  }
  void insert(uint32_t key, uint32_t value) {
    omp_set_lock(&theLock); // Claim the lock
    theMap.insert({key, value});
    omp_unset_lock(&theLock); // Release the lock
  }
  uint32_t lookup(uint32_t key) {
    omp_set_lock(&theLock); // Claim the lock
    auto result = theMap.find(key);
    omp_unset_lock(&theLock); // Release the lock
    return result == theMap.end() ? 0 : result->second;
  }
};
```

由于 OpenMP API 没有标准的读 / 写锁，所以我们必须使用简单的锁。如果该锁以正常的方式实现，那么它完全强制串行化访问。但是，如果该锁是以使用了硬件事务内存支持的预测锁的方式实现，那么它与细粒度读 / 写锁拥有相同的效果，但又无须拥有对 std::map 实现内部的访问权限。

6.8.1 事务语义

我们需要的事务语义包括：

❑ **隔离**——在事务提交之前，事务内部发生的存储不可见。

❑ **原子性**——当事务提交时，它的所有存储同时变为可见。

❑ **冲突检测**——冲突的内存操作会导致事务中止，此时事务内的任何操作的效果都将被丢弃并且永远不可见。

潜在的冲突包括（类似于我们在 3.1.3 节中讨论过的）：

❑ **读后写**——当事务线程先从某个位置读取，另一个线程再向该位置写入时，会发生读后写冲突。

❑ **写后读**——当事务线程先向某个位置写入，另一个线程再从该位置读取时，会发生写后读冲突。

❑ **写后写**——当事务线程先向某个位置写入，另一个线程又向同一位置写入时，会发生写后写冲突。

总之，我们可以使用包含事务读取位置的读集合，以及包含事务修改位置的写集合来完成要求。通过判断写集合是否与其他读集合或写集合重叠，以及确保在事务提交之前，执行的写操作对其他线程都不可见，这两种方法能用于检测竞争条件。

6.8.2 MESI 协议中的实现

我们无法详细了解不同架构如何实现事务内存，这里只能展示一种事务同步的可能方式，这也是一种比较通用的方法。该方法利用了现有的缓存一致性协议，并在缓存行级别实现了冲突检测。这意味着，如果两个不相关的变量分配到了相邻的内存位置，并最终进入相同缓存行，则可能会出现假冲突，但这是一种安全的失败，不会引发问题。

我们可以为每个缓存行中的缓存标签增加额外的一位来维护读集合和写集合，该新增位指示该行在事务内部被访问的信息。读集合是缓存中那些设置"事务访问"位的未修改的行，而写集合是所有设置该位的修改了的行。

通过拒绝从缓存外部窥视写集合中的任何缓存行来保证隔离性。通过同时清除所有事务访问位，与此同时拒绝所有来自外部的缓存操作来保证原子性。通过将所有被事务修改的缓存行标记为无效，并清除所有缓存行的事务访问位来实现中止操作。如此一来，当出现外部请求时，就可以通过检查与缓存行关联的事务访问位以及其他相关状态来检测冲突。如果出现对设置了事务访问位的缓存行的写请求，那么这是读后写冲突或写后写冲突，两者都会导致中止。如果出现对处于"事务已访问且已修改"状态的缓存行的读请求，则代表着写后读冲突，此时也应该中止事务。

重要的是，对于事务执行的线程而言，事务状态都是本地缓存的。无须更改外部的缓存协议，只修改本地缓存的行为。这样做是有益的，因为更改缓存协议是一件很难的事情。即使是管理人员也知道，缓存协议是很复杂的，更改它们是很危险的。然而，这意味着没有对事务的全局意识，因此并没有简单的方法来确保事务的完成并取得向前进度。例如，Intel 架构规范明确地指出："硬件不保证事务执行能成功提交"[68]。这意味着，任何事务锁必须具有使用了"真正的"锁的回退实现，并确保正确地转换使用真实锁时的状态与使用事务时的状态。

当然，还有其他可行的硬件扩展。之前的实现使用了与缓存行关联的位来存储读集合，因此在事务执行时，不允许从缓存中清除任何一行。可以使用额外的硬件资源，而非缓存，来保存读集合，这样可以解决读集合大小受限的问题。例如，可以用硬件实现布隆过滤器[14]，它能处理更大的读集合。虽然布隆过滤器不如为每个缓存行保存一位那么精确，但它的失败都是安全的。因为，当某个缓存行在集合中时，布隆过滤器绝不会认为该行不在集合中。但是，当某行不在集合中时，布隆过滤器可能会认为该行在集合中。这可能会导致不必要的事务中止，但不会破坏必需的语义。

6.8.3　事务指令

Intel 用于启用预测执行的指令与 Arm 制定的该类指令非常相似。两者都提供：

❑ **开启预测执行的方法**——x86_64 架构中的 xbegin，Arm 架构中的 tstart。

❑ **中止预测执行的方法**——x86_64 架构中的 xabort，Arm 架构中的 tcancel。

❑ **结束预测执行并使更改可见的方法** ——x86_64 架构中的 xend，Arm 架构中的 tcommit。

❑ **判断处理器是否在预测执行的方法** ——x86_64 架构中的 xtest，Arm 架构中的 ttest。

用于开始预测执行的指令非同寻常，因为在事务中止的情况下，它会执行两次。第一次执行完毕时，处理器开始预测执行；第二次执行完毕时，事务中止，机器恢复旧状态。这些指令在寄存器中设置了一个包含状态位的值，使代码检测是否为预测执行，或检测是否发生了事务中止，如果发生了，该值可报告中止原因。

重试代码可使用此信息来决定是否重试预测执行，或代码是否应依赖于底层的真正的锁并强制串行化执行（例如，如果失败的原因是执行了事务执行中不支持的某个指令，那么就不应该重试事务；而如果失败的原因是发生了冲突或中断，那么也许可以重试）。

6.8.4　事务锁

我们可以在现有锁的周围添加预测，来实现它们的简单预测版本。为此，我们需要在基础锁中添加一个方法：isLocked()，它告诉我们当前的锁是否已锁定。然后，可以创建一个如清单 6.9 所示的模板。为了避免清单太长，我们将代码的关键注释放在此处介绍：

❑ **问题 1**——在以预测的方式获取锁时，在检查了锁的申请状态后（第 8 行）到线程开始预测（第 13 行）之间存在一段时间空窗，在此期间，另一个线程可能会申请锁，所以必须在进入预测后检查锁是否仍未被申请。在预测区内检查锁还可以确保持有锁的缓存行处于事务的读集合中，因此，如果其他线程申请该锁，则事务将中止。

❑ **问题 2**——在第 21 行，线程在临界区内预测执行，因此库可以返回到用户代码，使用户代码执行需要有锁保护的代码。

❑ **问题 3**——到达 unlock() 函数后，必须判断是否在预测执行锁。通过检查是否"真正"获得了锁来做到这一点，在这种情况下，获取的将是底层非预测锁。如果获得了，则必须释放它；如果没有，则必须预测执行，以便提交在预测执行期间所做的所有更改。此时，硬件仍可能中止，在这种情况下，提交失败，执行从 architecturalSpeculationStart() 返回后将继续，丢弃预测执行所做的更改，恢复机器状态（除了该函数的结果）。

清单 6.9　预测锁的模板

```
1   template <class baseLockType>
2   class speculativeLock : public abstractLock {
3     baseLockType baseLock;
4
5   public:
6     // Empty constructor/destructors elided
7     void lock() {
8       while (baseLock.isLocked()) {
9         // Wait for the base lock to be unlocked.
10        architecturalYield();
11      }
12      // Try to speculate
13      if (architecturalSpeculationStart() == -1) {
14        // Executing speculatively.
15        // Issue 1
16        if (baseLock.isLocked()) {
17          // Executing this causes
18          // architecturalSpeculationStart()
19          // to return again!
20          architecturalAbortSpeculation(0);
21        }
22        // Issue 2
23        return;
24      } else {
25        // Aborted. Claim the real lock.
26        baseLock.lock();
27      }
28    }
29
30    void unlock() {
31      // Issue 3
32      if (baseLock.isLocked())
33        baseLock.unlock();
34      else
35        architecturalCommitSpeculation();
36    }
37  };
```

　　这段代码中的微妙之处在于，我们必须确保能从使用真正的锁的执行中恢复，并恢复预测。如果我们将排队锁作为回避，并允许多个线程加入队列，那么在争用激烈时，锁永远不会被释放。因此，没有线程可以开始预测。为了克服这个问题，我们规定，除非线程发现锁是空闲的，并且线程尝试过预测并已中止，否则线程不能尝试获取锁。这是可行的，但同时意味着，基本无法从排队锁中受益。问题在于，排队锁就是为了确保只有队列头部的线程才能在锁被释放时获得锁，但预测事务执行是为了让多个线程同时在临界区中执行。因此，需要唤醒多个线程，并允许它们预测性地进入临界区。如果我们深入锁实现的内部（而不是用预测来包装已有实现），我们就可以做更多的优化。

　　与之前所有示例一样，我们没有执行合理的回退，也没有根据预测失败的原因来做决策。在将此代码应用于实际的应用程序前，应改进这两个问题。

为了演示预测的潜在性能优势，我们用这些锁来实现对 std::unordered_map 的线程安全访问。在测试代码中，我们用 10 000 个随机项来填充 std::unordered_map<uint32_t,uint32_t>，然后在多个线程中执行并发查找和并发更新。当更新操作的占比达到 0%、1%、2% 和 5% 时，std::mutex 锁与用预测包装的 MCS 锁的对比结果如图 6.14 所示。如你所料，非预测的 std::mutex 锁的机器吞吐量为恒定值，增加线程只会导致等待。而即使更新操作的占比达到 5%，预测锁在单个插槽内依然拥有卓越的性能优势。当有两个插槽时，无论有多少更新操作，预测锁都比 std::mutex 锁差，因此，需要谨慎对待该问题。

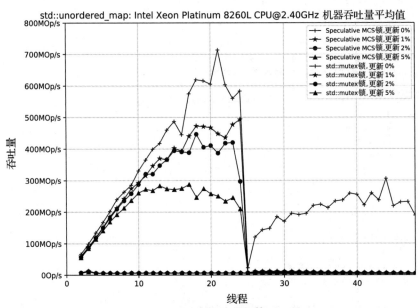

图 6.14　预测锁的机器整体吞吐量

有人可能会说，这对标准锁是不公平的，因为在此情况下应该使用 std::shared_mutex 读/写锁。然而，即使只是查找操作，std::unordered_map 也可能更改其内部数据结构，所以现在并不清楚用读写锁来包装 std::unordered_map 是否安全，除非有人研究了其实现细节。假设有一种实现使用了类似缓存的小型哈希表来保存最近访问过的项，以期它们很快会被再次访问。即使外部接口的查找方法有 const 限定符，该实现依然执行内部更新。实际上，C++ 标准之所以支持 mutable 类型限定符，就是为了使 const 方法中的代码易于更新类实例中的数据。

请注意，还存在其他的等效于 std::unordered_map 的数据结构的线程安全实现，例如 TBB 的 tbb::concurrent_unordered_map，并且很可能是对基准程序示例中特定问题的更好的解决方案。

6.8.5 互斥和预测的比较

互斥似乎是确保安全更新的显而易见的方法。然而，互斥具有某些不友好的特性，这就意味着，预测是值得考虑的方案。特别是，互斥总是强制进行不必要的串行化。

另外，如果在线程几乎要完成临界区执行时发生冲突，则预测执行就是在白费功夫。究竟算不算浪费取决于，在其他地方能否更有效地利用那些执行资源。如果我们使用的非预测锁没有合理的回退，那么线程还是会自旋以等待锁。

对于仅仅涉及几个缓存行的小型临界区而言，预测锁的另一个优势是，它不会对持有备份锁的缓存行进行写入。因此，该行不必变为独占状态并在机器周围复制。由于数据移动是性能的限制因素，即使没有争用，减少必须移动的行数也是有益的，因此预测标榜的那些价值（避免串行化）就不适用了。

6.9 其他串行操作

到目前为止，我们已经讨论了锁操作，以确保在特定代码区域内一次只能执行一个线程，我们还可以通过确保只执行一次特定动态代码区域来达到串行化，可以由指定线程（例如，主线程）执行，也可以由第一个到达给定代码区域的线程执行。

OpenMP API 提供了 master 和 single 构造来实现这一点（请注意，master 构造结尾处没有隐式同步障，而 single 构造有，因此只有 single 构造能使用 nowait 修饰符）。如 2.1.4 节所述，预计在 OpenMP 5.1 标准中引入的更通用的 masked 构造会替代 master 构造。masked 构造也不包含隐式同步障。

6.9.1 master 和 masked 构造

master 和 masked 构造的实现相当容易，只需检查执行中的线程是否有权进入保护区域。对 master 构造而言，omp_get_thread_num() 返回值为 0 的线程有权进入。GCC 编译器仅需将测试代码内联，然后进行如下转换：

```
#pragma omp master
{
  ... body ...
}
```

转换为

```
if (omp_get_thread_num() == 0) {
  ... body ...
}
```

并且不生成任何运行时调用（如 4.4.4 节所示）。LLVM 编译器确实会调用运行时并调

用 __kmpc_master() 函数，该函数最基本的实现方式为：

```
int32_t __kmpc_master(ident_t *, // where
                      int32_t)   // gtid
{
  return omp_get_thread_num() == 0;
}
```

LLVM 编译器还调用 __kmpc_end_master() 函数，该函数可以为空。虽然 GCC 实现可能运行得更快，但 LLVM 实现的优势在于，它能生成 OpenMP 性能跟踪工具需要的回调。这并不意味着 GCC 的实现是错误的，因为根据 OpenMP 规范，大多数的跟踪回调都是可选的。

由于 masked 构造（在撰写本书时）仅存在于 OpenMP 规范草案中，所以尚无编译器支持该构造，且尚无可用的运行时接口。然而，尽管编译器可能要生成用于评估 filter 子句中的额外表达式的代码（请参见 4.4.4 节），运行时实现（将 master 构造的运行时实现一般化）应该是容易的。

6.9.2 single 构造

single 构造的实现会稍微复杂一些，因为所有线程都在竞争执行单一区域的每个动态实例。OpenMP 规范明确指出，线程组中的所有线程必须执行每一个 single 域。因此像下面这样只有一半线程尝试执行 single 域的代码是非标准的，不需要正确执行：

```
if (omp_get_thread_num() & 1 == 0) {
#pragma omp single
  {
    ... body ...
  }
}
```

由此，该实现可以通过统计线程组中的每个线程遇到的 single 域的数量以及已启动的数量，来识别每个动态 single 域。这样一来，线程能判断它是否是第一个到达 single 域的线程，由此决定它是否应该执行该域。实现代码如清单 6.10 所示。

清单 6.10 single 构造（__kmpc_single）的实现

```
int32_t __kmpc_single(ident_t *,   // where
                      int32_t *) { // gtid
  auto myThread = lomp::Thread::getCurrentThread();
  auto myTeam = myThread->getTeam();
  auto mySingleCount = myThread->fetchAndIncrSingleCount();

  return  myTeam->tryIncrementNextSingle(mySingleCount);
}

// In the team, we have a single std::atomic<uint64_t>
```

```
auto tryIncrementNextSingle(uint64_t oldVal) {
  // test and test-and-set
  if (oldVal != NetxSingle.load(std::memory_order_acquire)) {
    return false;
  }
  return NextSingle.compare_exchange_strong(oldVal,
                                            oldVal+1);
}
```

可以看到，因为多个线程试图进入 single 构造，为了消除潜在竞争，所以需要（可以预料到的）原子操作。因为每个线程的计数器只对该线程可见，所以它不必是原子的。请注意，因为我们不希望计数器溢出，所以使用了 64 位计数器（在这种情况下，这意味着在全局计数器更新时，线程要等待很长时间，然后全局计数器回绕，超过等待线程的值）。对于 32 位计数器，如果它每纳秒递增一次，则 4.3 s 后就肯定会发生溢出。然而，对于 64 位计数器，要经过 584 年才会溢出，我们也就不用担心这种事情了（但我们的假设可能就是错误的）。

LLVM 编译器会在需要同步障时显式调用同步障函数，所以不需要在 __kmpc_end_single() 函数中进行特定操作。

6.10 原子操作

如你所见，想要实现能一直正常工作的锁是一件极其复杂的事，以至于 Linus Torvalds 明确警告不要这样做。然而，在有些小的操作可以直接由单个硬件指令实现，或可以用不需要锁的小型预测序列来实现，值得在我们的接口和实现中提供直接支持。这些操作包括简单的算术或逻辑运算（例如，+、-、&、|），以及取最大值和取最小值等。当然，它们都能用锁来实现，但如果我们直接使用硬件功能，则可以实现更高的性能和易用性。

OpenMP API 通过 atomic 指令提供此接口，C++ 通过某些 std::atomic 类型的方法提供此接口。

6.10.1 原子指令映射

在许多情况下，将源代码中的原子操作映射到所需指令序列的方式是显而易见的。例如，在 x86 上，对 8 位、16 位、32 位或 64 位整数的原子加法操作，能直接映射为带有 lock 前缀的 add 指令。

在没有对应的单个机器指令或机器架构使用的是 LL-SC 的其他情况下，这些操作也小到可以用短小的 CAS 序列来实现。

清单 6.11 展示了通用简单的 CAS 实现。当使用适用于 x86_64 的 clang 9.0.0 进行编译后，该实现将生成如清单 6.12 所示的汇编代码。

清单 6.11　使用比较并交换操作的浮点加法运算

```
static void atomicPlus(float *target, float operand) {
  std::atomic<uint32_t> *t = (std::atomic<uint32_t> *)target;
  typedef union {
    uint32_t uintValue;
    float typeValue;
  } sharedBits;
  sharedBits current;

  current.uintValue = *t;
  for (;;) {
    sharedBits next;
    next.typeValue = current.typeValue + operand;
    if (t->compare_exchange_weak(current.uintValue,
                                 next.uintValue))
      return;
  }
}
```

清单 6.12　由清单 6.11 的代码生成的汇编代码

```
atomicPlus(float*, float):   # @atomicPlus(float*, float)
        mov     eax, dword ptr [rdi]
.LBB0_1:                     # =>This Inner Loop Header: Depth=1
        movd    xmm1, eax
        addss   xmm1, xmm0
        movd    ecx, xmm1
        lock    cmpxchg dword ptr [rdi], ecx
        jne     .LBB0_1
        ret
```

然而，我们在此也要注意回退。在 CAS 实现中，我们可以保证整体的向前进度，因为要导致线程无法完成其预测部分，CAS 必须在它结束时失败，这只有在其他线程成功修改值时才会发生。因此，这个其他的线程正在取得进度。然而，每次线程尝试执行失败后，都可能导致相关缓存行移动，这会产生大量的一致性总线流量，（在讨论 TAS 锁时）我们说过这会影响性能。因此，我们使用"类 TTAS 锁"进行实验，在 CAS 操作前，进行简单测试，以测试 CAS 操作能否成功。这会减少原子测试并设置操作的执行次数，从而减少缓存行在机器周围迁移的次数。

这里的回退与我们理想情况下锁所需的回退有所不同，因为在这里不是为了等待某个值发生改变，而是为了找到该值没有发生改变的时间段。因此，我们无法使用锁的更深层次的回退方案，因为这里我们不能使用任何监视缓存行或等待内核事件的硬件指令。不过，可以在这里复用我们的简单指数回退类，因为它所做的只是提供随机的、指数增加的延迟。

图 6.15 展示了不同回退方案的效果。我们展示了在 Intel Xeon Platinum 8260L 和 Marvell ThunderX2 Arm 上，清单 6.12 中的简单 CAS 原子代码的机器整体吞吐量 ["float（无回退）"]。以及，同一份代码在相加操作与 CAS 操作之间加入额外的加载并比较操作后

的性能 [添加了 if(*t == current.uintValue) 的 " float（TTAS）"]。最后是带有指数
回退的版本 ["float（随机指数回退）"]。

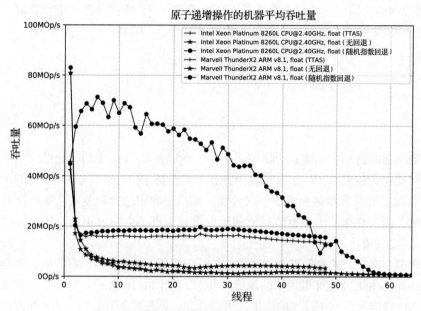

图 6.15　原子的 float32 加法的机器吞吐量

如你所见，在 Intel 机器上，TTAS 与 "无回退" 相比，性能提升了大约 3 倍，而指数
回退的性能比 TTAS 增加了一点。在 Arm 机器上，无回退和 TTAS 相比，性能差别不大，
而指数回退有巨大提升。虽然两台机器拥有不同的架构和内存模型，但指数回退在两台机
器上均取得最高的吞吐量。

6.10.2　最小值和最大值的原子实现

有一些原子操作，如取最小值和取最大值，显然可以使用 CAS 来实现，就像我们对其
他整数或浮点操作所做的那样。然而，基于 "在很多情况下更新操作都是多余的" 这一观
察结果，有一种很重要的能用于这些原子操作的优化方法。

假设要对序列（2，1，4，3）执行取最大值操作。我们在扫描该序列时，首先遇到 2；然
后将 2 与 1 比较，不需要更新；然后将 2 与 4 比较，需要更新；然后将 4 与 3 比较，不需
要更新。因此，此时只需要一次原子更新。如果使用上述的简单实现，将浮点加法操作替
换为取最大值操作，则需要执行三次原子操作。

对于这些操作，假设序列值的每种排列都是等概率的，我们能计算出对运行值进行修
改的预期平均次数（以及所需的原子操作次数）。显然，最坏的情况为，序列值已经是有序
的了。但在这种情况下，我们可以直接选取两侧的端点值，根本无须执行取最大值或取最
小值操作。

对于取最大值操作（取最小值操作也同理），首先考虑最后的那一次比较。只有当最后的这个数是整个序列的最大值时，才会更新运行值。如果序列长度为 N，则该值为序列最大值的概率为 $1/N$。因此，该元素造成了 $1/N$ 次转换。在处理完最后一个元素后，就可以运用相同的逻辑来处理剩下的 $N-1$ 个元素。将两者结合后，可得

$$T(N) = T(N-1) + \frac{1}{N}$$

展开形式为

$$T(N) = \sum_{i=2}^{N} \frac{1}{i}$$

因为我们将序列的第一个元素作为初始运行值，所以忽略了 $i=1$ 的起始情况。但是，如果将累加器初始化为最低值（对于取最大值操作）或最高值（对于取最小值操作），则应该考虑 $i=1$ 的情况，而且显然这会增加一次转换。如果序列中包含重复值，那么这只会减少所需更新次数，因为在第一个重复值后面的所有重复值都不会引发更新。因此，我们的公式对这些情况是悲观的。

在数学中，这个公式被称为调和级数[143]。虽然该级数的总和没有简明的闭合形式，但其很容易计算。由该公式可得预期的原子操作数，如图 6.16 所示。请注意，此图的 x 轴为对数尺度，所以能展示比例较大的结果。可以看到，即使我们在包含 1 000 000 个元素的序列上执行取最大值或取最小值操作，平均而言，从统计上预计将需要少于 14 个原子操作，而最朴素的实现则需要 999 999 个原子操作。这种优化显然很重要！

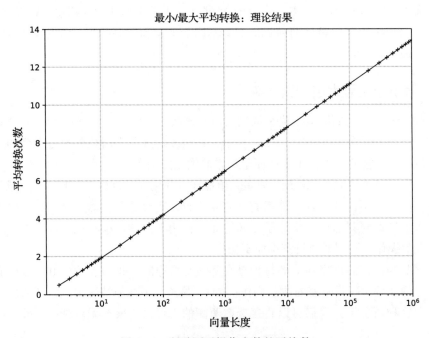

图 6.16　所需原子操作个数的平均数

6.11　总结

最后，我们总结一下观察结果。我们将它们分成两个主要主题：关于锁的结论和关于原子操作的结论。

6.11.1　锁总结

首先，Linus 是对的！我们最好直接使用已有的锁实现，将宝贵的时间花在其他地方。虽然在特定基准程序上，我们自己实现的锁偶尔能超越现成的锁，但在真实的、陌生的代码上，很难做到这一点。在你认为自己需要亲自实现锁来解决问题之前，你要确定你确实遇到了大问题。

因为简单的性能分析结果可能极具误导性，所以要谨慎使用！分析器可能看似合理地显示代码在锁函数上花费了大量时间，但其实这只是意味着应用程序代码在争用锁，而非锁实现有错误。锁本来的目的就是串行化，这自然会造成等待。

接下来要考虑的是预测 / 事务锁。对事务内存的硬件支持仍然是相对较新的技术，甚至有很多人还不知道该技术。因此，这是一项值得考虑的技术领域，在支持事务内存的硬件上，（至少）OpenMP API 和 Intel TBB 都对其有所支持，因此事务内存易于使用，并能带来巨大的性能提升。

6.11.2　原子操作总结

应该尽可能使用编译器原语，因为它们既能提供可移植性，又能在保持移植性的同时，直接访问相关机器指令。通常，编译器可以智能地选用正确的机器指令来实现原子操作，或让运行时系统来为原子操作实现合理的执行入口点。

应该使用回退或 TTAS 锁。如果你不得不自己用 CAS 指令来编写原子操作，那么你还需要正确地实现回退策略。而且，如果编译器没有提供合理的回退策略，那么还要麻烦编译器开发人员在他们的实现中支持回退。

应该尽可能减少原子指令的数量。该建议不仅适用于 TTAS 锁，更适用于原子地计算最大值或最小值的情况。但两种情况的核心原则是相同的：虽然这些指令功能强大，但成本高昂，并且会对其他计算产生影响，所以仅应在绝对必要的情况下使用它们。总体而言，这与并行性以及当机器大小及线程数或核心数增加时会阻碍程序性能的串行化有关。

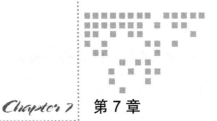

同步障和归约

同步障是并行编程模型中的常用特性,其可以帮助理解并行代码的行为。同步障也是 OpenMP 编程模型中常用的基本特性之一,并且许多 OpenMP 构造含有隐式同步障,例如: OpenMP for、single 构造以及其他工作共享构造。如果用户不希望引入隐式同步障,则必须使用 nowait 子句来显式删除这些隐式同步障。程序员也可以显式插入同步障以确保同步。

然而,同步障性能开销很大,并且具有令人不快的特性。正如我们将看到的,可以降低同步障性能开销,但是同步障的语义要求线程等待,因为同步障的整个要点是确保在所有线程都已经执行完成同步障之前的代码且到达同步障后,这些线程才能执行同步障之后的代码。这意味着同步障必然会放大负载不平衡。我们可以在图 7.1 中看到这种效果。

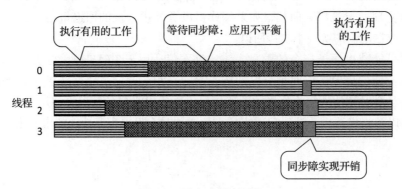

图 7.1　同步障的不平衡

由于线程 1 在其他三个线程之后到达同步障,因此每个线程都必须等待,由此浪费的 CPU 时间是线程 2 最后到达所导致的延迟的三倍。当然,随着线程的增加,这个倍增系数会随着线程数的增加而增加。通过对数缩放等同步障的优化实现方法，可以减少在同步障代码中花费的时间并提供更好的可扩展性。但是无论这些优化实现能减少多少开销，图 7.1 的例子仍表明同步障在本质上不是可扩展的编程模型。

正如我们在讨论锁时所观察到的，应用程序性能可扩展性的基本问题不是我们对锁或同步障的实现很差，而是这些原语的语义在本质上是不可扩展的。但是，由于我们无法从现有的编程模型中消除它们，因此必须尽最大努力将它们实现好，并希望 20 世纪 70 年代的技术，如 CSP 的 [57] 频道通信，能够回归。这不一定是一个完全不切实际的希望，因为受 CSP 启发的通道特性已经重新出现在 Go[49] 和 Rust[134] 编程语言中。现在，回到本章的内容同步障。

7.1　同步障基本原理

同步障必然是全局操作，因为每个线程状态的信息必须传递到其他每个线程。不同的同步障有不同的方式来传递信息。例如：

❑ **多对多**（All-to-All）——每个线程向其他每个线程发送一条消息，并从其他每个线程接收一条消息。

❑ **集中式或两段式**——信息由一个线程（"根"线程）收集，该线程发现所有线程都已到达，然后将该信息广播回给它们。这可以通过多种方式实现。例如，树形同步障就必然是这样的，通过一个计数器，线程检测该计数器来判断自己是最后到达的，然后进行广播，这也是两段式同步障。如果所有线程轮询一个计数器，则不属于两段式类型。

❑ **树形**——线程将信息按树形路径进行传递（按照预先确定的固定树形路径，或者按照随线程到达同步障的时间而创建的动态树形路径）。有一个线程最终知道所有其他线程都已到达同步障，然后将"我们都在这里"的信息广播给所有线程。请注意，广播操作不要求使用与签入阶段相同的树形路径或其他特定树形路径。

❑ **更复杂的对数模式**——在这些模式中，没有中心，因此签入阶段与签出阶段没有分离。相反，通信拓扑可确保在一定数量的通信轮次之后，信息已从所有线程传递到所有其他线程。（此类型包括超立方同步障和传播型同步障。）

除了同步障的复杂度，即对于 N 个线程在关键路径上的操作数规模是否为 $\mathcal{O}(N^2)$，$\mathcal{O}(N)$，或 $\mathcal{O}(\log N)$（"大 $\mathcal{O}$" 表示法 [76]），基于硬件属性的优化很重要。例如，需要插槽间、跨 NUMA 域的通信可能比保持本地化通信更昂贵；类似地，在等待另一个线程之前只执行单个存储操作的算法可能比同时执行多个存储操作的算法性能更差，或者不强制争用单个缓存行的算法可能会优于有强制争用的算法。

为了发挥作用，同步障还必须强制执行完整的内存排序，以确保在同步障完成之前任何线程中的所有写操作都是全局可见的，并且任何线程中的读操作都不会出现在同步障之前。这是必需的，因为同步障的目标是确保每个线程看到相同的、一致的内存状态，反映同步障之前完成的所有计算。在分两个阶段实施的同步障中，签入和签出是分开的，签入应该是释放操作，而签出应该具有相应的获取操作。

7.2　同步障性能测量

为了测量同步障实现的真正开销，我们不能简单地查看执行多个背靠背的同步障所需的时间，因为：

1. 这不能反映在实际代码中的使用情况。

2. 这仅测量了只有少量抖动时的性能。

3. 这还包括作为同步障实现成本的一部分可能存在的任何抖动。但是，这个时间不应该计入同步障实现，因为实现通常无法对此做任何事情。

有两种合理的方法可以衡量同步障实现的性能：

1. **后进后出**（Last In, Last Out，LILO）——这反映了同步障在任何线程上引入的最坏延迟。

2. **后进均出**（Last In, Mean Out，LIMO）——这反映了同步障代码本身使用的 CPU 时间资源（同步障消耗的总 CPU 时间是 LIMO 时间乘以参与同步障的线程数）。

虽然我们已经说过抖动不是同步障的问题，但如果同步障本身通过在其他线程之后很长时间释放一个线程来引入抖动，那么这显然是不正确的。因为如果同步障之后的工作在另一个同步障处结束，那么当线程进入下一个同步障时，这种抖动就会显示为资源浪费。

图 7.2 展示了涉及四个线程的两种可能的同步障计时。在第一种情况下，LILO 时间是 4，而 LIMO 时间是 2，所以这个同步障本身消耗了 8 个 CPU 时间单位。在第二种情况下，LILO 和 LIMO 时间都是 3（因此同步障消耗了 12 个 CPU 时间单位）。然而，尽管第二个同步障具有更高的 LIMO 时间，会消耗更多的 CPU 时间，但它不会引入抖动。

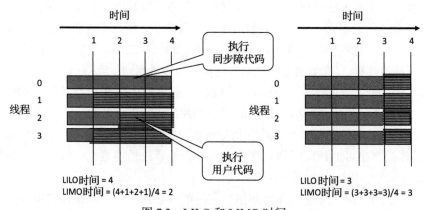

图 7.2　LILO 和 LIMO 时间

例如，假设这个同步障之后每个线程会执行 4 个工作单元然后遇到另一个同步障，查看一下使用这两种不同类型同步障属性后的整体执行时间。对于第一种同步障类型（LIMO = 2，LILO = 4），执行将在 4 + 4 = 8 个时间单位后进入第二个同步障；而对于第二种类型（LIMO = 3，LILO = 3），执行将在 3 + 4 = 7 之后到达那里。因此，总执行时间由 LILO 时间决定，第二种同步障提供更好的性能。虽然第二种同步障的 LIMO 时间更差，但实现的性能会更好。实际上，同步障所使用的总资源是 $N_{\text{Threads}} \cdot T_{\text{LILO}}$，这就是我们想要减少的。因此，我们在比较同步障实现时使用 LILO 时间。

与以往一样，对于性能实际上无关紧要的情况，优化我们的任何代码是没有意义的。如果同步障的 LILO 时间小于 10 μs，那么在处理同步障之间运行时间大于 1 ms 的应用程序时，同步障开销变得可以忽略不计，因为那时同步障开销小于执行时间的 1%，甚至将同步障 LILO 时间减半也仅能将整体应用程序性能提高 0.5%。这可能在正常的运行变化范围内，因此实际上无法测量。当同步障的性能很重要时，也是其数据可能保留在缓存中的时候，我们不需要对所有同步障数据被存到内存的情况进行优化。实际上，我们是说同步障被很少使用时会很慢，但是由于很少使用，其不会对整体性能产生太大影响，因此不值得优化。

在两段式同步障中，我们可以进一步将 LILO 时间分成两个部分，即"后进根出"（Last In, Root Out，LIRO）时间和"根进后出"（Root In, Last Out，RILO）时间。LILO 时间是 LIRO 和 RILO 时间的总和。由于这种集中式同步障可以使用许多不同的组件进行签入和签出，这使得分析性能更容易，因为我们可以单独分析每个组件。

7.2.1 同步障微基准程序

我们使用微基准程序显式测量参与同步障的所有线程的进入、根和退出时间，然后计算性能指标。为此，我们显然需要一个高分辨率时钟，因为我们测量的是亚微秒级的时间。幸运的是，Arm 和 x86_64 处理器都提供高分辨率计时器，可以直接从用户空间访问，计时器是单调的，并且具有恒定的滴答时间。然而，我们必须注意的另一个方面是，尽管 Linux 内核尝试同步所有时钟，但它可能不会完全成功。

因此，如果我们试图测量不同处理器核心事件之间的时间，我们需要考虑这一点，否则可能会得到负的时间。在我们需要这样测量时，我们运行代码来计算不同（逻辑）处理器核心之间的时钟偏移。当然，这意味着我们所有的测量都必须使用与特定逻辑处理器核心绑定的线程进行（否则，如果软件线程在逻辑 CPU 之间移动，时间测量可能会使用错误的时钟偏移）。在 5.2.2 节中，我们展示了如何实现将线程绑定到核心。测量 LILO 和 LIMO 同步障时间的代码如清单 7.1 所示。

清单 7.1 同步障计时代码

```
static void timeFullBarrier(int numThreads,
                lomp::Barrier::barrierFactory factory,
                lomp::statistic * LILO,
```

```
                         lomp::statistic * LIMO,
                         int64_t const * offsets) {
  auto B = factory(numThreads);

  // This has false sharing, but it's not in the timed code.
  uint64_t entryTime[MAX_THREADS];
  uint64_t exitTime[MAX_THREADS];

#pragma omp parallel num_threads(numThreads)
  {
    // Execute an empty parallel region to make sure that
    // OpenMP has initialized
  }

#pragma omp parallel num_threads(numThreads)
  {
    auto me = omp_get_thread_num();
    lomp::randomDelay delayer(1023); // 1023*100ns = ~100us
    auto myEntry = &entryTime[me];
    auto myExit = &exitTime[me];
    auto myOffset = offsets[me];

    for (int i = 0; i < NUM_REPEATS; i++) {
      // Jitter which thread arrives last
      delayer.sleep();

      // Measure the times
      auto myEntryTime = lomp::tsc_tick_count::now();
      B->fullBarrier(me);
      auto myExitTime = lomp::tsc_tick_count::now();

    // to be continued
    // continued

      // Store them
      *myEntry = myEntryTime.getValue() + myOffset;
      *myExit = myExitTime.getValue() + myOffset;

      // Ensure that all of the exit times have been
      // filled in!
      B->fullBarrier(me);

      // Now compute the statistics in thread zero.
      if (me == 0) {
        uint64_t li = entryTime[0];
        uint64_t lo = exitTime[0];
        uint64_t sumO = 0;

        for (int i = 1; i < numThreads; i++) {
          li = std::max(li, entryTime[i]);
          lo = std::max(lo, exitTime[i]);
          sumO += exitTime[i];
        }
```

```
        LILO->addSample(lo - li);
        LIMO->addSample((sumO / numThreads) - li);
    }

    // Barrier again so that there's no bias towards
    // thread zero arriving last because it was doing the
    // computation
    B->fullBarrier(me);
    }
}

delete B;
}
```

本书示例运行时的 `lomp::tsc_tick_count::now()` 函数读取高分辨率时钟并返回一个 64 位值。变量 `myOffset` 保存我们在某个线程和线程 0 之间测量的时钟偏移，因此我们将所有时间移动到线程 0 的时间线中。`delayer` 引入了最高达到 100 μs 的随机延迟，以确保不同的线程能最后到达。我们需要统计 LILO 和 LIMO，并计算输入样本的最小值、最大值、平均值和标准差。

7.2.2 同步障性能模型

正如我们一直看到的那样，我们的代码执行的最耗时的操作是缓存之间的数据传输。由于同步障就是在线程之间移动信息，因此可以通过分析关键（LILO）路径上的数据移动来对同步障性能进行建模，从而估计同步障的基本性能。

7.3 同步障组件

由于同步障在线程之间进行通信，因此我们需要考虑如何有效地实现这种通信。抽象地说，所有的同步障都是由一些基本组件构成的，这些组件本身可以以不同的方式实现，每一种都会有不同的性能。不同的同步障在不同的拓扑中通信，决定同步障类型的是通信的拓扑，而不是用于实现它的组件的细节。在这里，我们考虑其中一些组件的可能实现，其中许多已经很熟悉了，例如，如何更好地等待。

7.3.1 计数器和标志

实现同步障的一种直接的方法是使用某种集中式状态，在这种状态下，我们跟踪是否所有线程都已到达。然后，当线程均已到达，其中一个线程负责通知所有线程并再次唤醒它们。我们将此状态称为计数器，因为它所要检查的是所有线程都已到达，不过，正如我们将看到的，我们可以按需要的形式实现它，而无须实际计数。

除了在完全集中式同步障中使用外，我们在签入树中也需要相同的操作。在树的每个层级，我们都必须检查是否所有子线程都已到达。

可以使用原子操作实现计数器，其中每个线程在到达时递增已到达的线程数，最后到达的线程注意到它是最后一个到达的线程，或者特定的管理器线程轮询计数器以检测是否所有线程都已到达。在动态情况下，最后到达的线程将继续执行，不需要执行原子操作，而只需检查计数是否比预期的总数少 1，因为该线程不需要将计数器加 1 的消息告知其他线程。这可以让我们避免在关键 LILO 路径上进行昂贵的原子操作。

然而，在很小的规模上，也就是线程数较少时，"计数器"也可以实现为一组标志，其中每个线程设置其标志，而管理器轮询直到所有标志都设置完毕。通过使用 union 数据类型来实现，如下所示：

```
typedef union {
  std::atomic<uint64_t> allFlags;
  std::atomic<uint8_t> flags[8];
} byteWord;
```

管理器线程可以通过 1 次比较操作同时检查 8 个工作线程的状态。

在缓存行大小是 64 字节的机器上，最多 64 个线程可以共享一个缓存行，代价是管理器线程必须进行多达 8 次比较。如果我们有可用的宽向量指令，则可以进一步减少操作的数量。在任何情况下，比较操作的成本很可能小于从最后一个线程移动并更新缓存行的成本。如果我们在树形同步障中使用计数器，且树中的每个非叶节点至多有几个子树扇入，则上述标志位计数器可能是一个不错的选择，因为大多数情况下树扇入数量为 8 或更少。在我们不进行广播的情况下，仍然可以使用这种方法，但稍微复杂一些。在这种情况下，每个线程都需要有一个预先计算的掩码，该掩码包括所有其他线程，但不包括其自身。然后将掩码与标志位计数器进行比较以检查所有其他线程是否已到达。

由于我们关心 LIRO 时间，因此我们感兴趣的是最后一个工作线程到达与中心管理器线程知道其到达之间的时间。对于原子计数器，有两种情况需要考虑：管理器线程最后到达，或其他线程最后到达。如果管理器线程最后到达，则相关缓存行将在另一个地方（最后增加计数器的线程）处于修改状态，因此我们可以预期，该时间将是管理器执行单个原子操作并查看结果所需的时间。但是，我们可以对此进行改进，并通过使用"测试及测试并设置"的方法来避免关键路径中的原子操作。与执行原子操作然后检查计数器值不同，线程可以在递增计数器之前检查计数器的当前值是否为 $N_{\text{Threads}}-1$，从而无须执行原子递增就可以检测到它是最后到达的。

如果非根线程最后到达，当然，更可能假设最后到达的线程是随机的，那么该时间就是根线程看到原子操作完成所需的传输时间。

对于标志计数器，这两种情况是相似的：要么根线程最后到达，要么某个其他线程最后到达。

我们可以相对容易地测量预期时间，因为其是半往返时间，可以使用一次写操作或原子操作来测量。图 7.3 展示了这两种情况在我们的 Arm 机器上的时间,因为我们考虑了每个可能的最后到达的线程的位置。在这里,我们可以看到,正如所预想的那样,插槽间通信比插槽内通信慢,并且写操作比原子操作稍快(其他 63 个位置的算术平均值分别为 241 ns 与 263 ns)。$T_{HalfRoundtrip}$ 时间代表了我们可以用来估计同步障性能的基本时间。图中数据表明其在一个插槽内约为 100 ns,在两个插槽之间约为 380 ns,或者,如果我们在两者上的通讯量相同,则可以使用它们的平均值 240 ns。

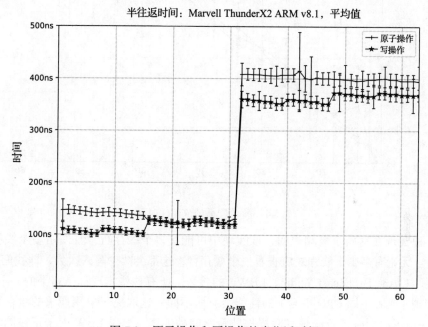

图 7.3　原子操作和写操作的半往返时间

7.3.2　广播

在任何集中式同步障中,其中一个线程最终知道同步障进入阶段已完成,然后必须将该信息传递给所有其他线程,以便它们可以离开同步障。这是一次广播操作。实现广播的一种明显的方法是,让中心线程将一个值存储在一个变量中,然后所有其他线程轮询该值,等待其更改。

我们可以通过查看使用这种简单广播的集中式同步障的 RILO 时间,在同步障的上下文中直接测量广播操作的性能。该数据如图 7.4 所示。我们可以看到,这个时间优于简单的可见性测量提供的时间(如图 3.18 所示),并且可以看出由同步障签入侧引起的缓存状态对同步障性能有影响。但是,对于 64 个线程的广播操作,RILO 时间仍在 1.8 μs 和 2.0 μs 之间。

在另一种极端情况下,每个线程都有自己的标志,并且释放线程分别为每个线程执行写操作。

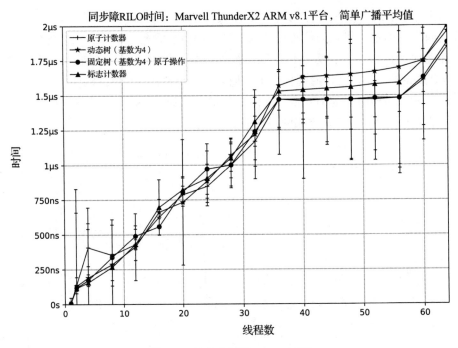

图 7.4 简单广播的 RILO 时间

有一种实现在这两个极端之间，该实现中可能有多个缓存行，且使用多个线程轮询每个缓存行。无论有多少个线程对应查看一个缓存行，这都会减少写入次数，即我们称为"行广播宽度"（Line Broadcast Width，LBW）的参数。所有这些实现都是扁平的，不涉及树，但每个实现（或者不同 CPU 平台）的性能会有所不同，这取决于争用严重的缓存行的更新成本和 CPU 可以同时进行的独立写操作数量之间的平衡。如果 LBW 大于正在同步的线程数，则会退化为简单广播操作。极端情况下 LBW 是 1，此时每个线程轮询自己的缓存行，同时根线程必须为每个线程执行一次写操作。

通过使用更小的行广播宽度，我们希望实现更快的广播，因为尽管必须执行更多的写操作，但写操作和最终线程看到它之间的延迟会减少。图 7.5 展示了其工作原理。

在图 7.6 中，我们绘制了不同广播宽度的 RILO 时间。正如预期的那样，LBW 为 64 时的结果与简单广播相似，虽然两者代码不同，但同样都是每个线程轮询同一个缓存行，这才是最重要的。我们还可以看到，中间情况的平衡在不同线程规模上发生了改变。这并不奇怪，因为其因素之一是根核心一次可以执行的写操作的数量，这受到微架构设计的限制。由于所需写操作的数量即

$$\frac{N_{\text{Threads}}}{\text{LBW}}$$

随着线程数量的增加而增加，如果所需要的写操作不超过硬件限制并导致硬件在等待写缓冲区中的空间时暂停线程，则我们必须增加 LBW。

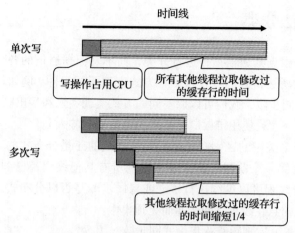

图 7.5　使用重叠写操作优化广播时间

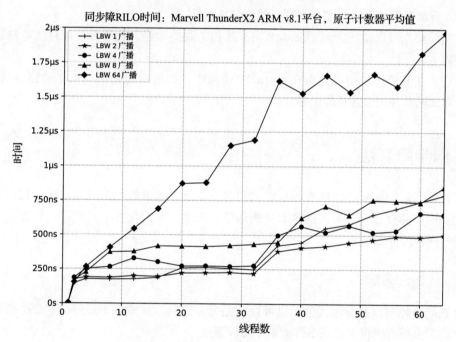

图 7.6　不同广播宽度的 RILO 时间

这里最重要的结论是，我们已经将双插槽 64 核心 Arm 机器中的广播时间从单缓存行简单广播所需的 1.6 μs（最佳情况）减少到约 500 ns。

除了这种单一线程执行所有写操作的简单实现之外，还可以使用树，在树中可以潜在地实现更多的写操作，因为可以有多个线程来生成它们。同样，可以选择让多个线程轮询同一个缓存行（重用 LBW 广播代码），因此我们可以拥有一个扇出大于每一层所需存储操作数量的树。

7.4　同步障算法分类

同步障算法最好根据其通信拓扑进行分类，而不是根据通信的各个组件的实现细节进行分类，因为如上文所述，我们可以以多种方式实现不同组件（例如计数器或广播操作）。类似地，对于集中式同步障，我们可以以不同的方式实现签入和签出阶段（例如，使用带简单广播签出的树形签入，或使用带树广播签出的计数器型签入）。

同步障算法之间最关键的区别在于它们是集中式的还是分布式的。换句话说，同步障是否有两个阶段。在第一个阶段，某个线程发现所有其他线程都已到达；在第二个阶段，该线程通知所有其他线程可以继续执行了。或者同步障是否以分布式方式运行，其中所有线程的行为相同并且信息在线程之间传递而无须集中？

一般来说，OpenMP 实现更喜欢集中式同步障，因为：

1. parallel 构造所隐含的 fork/join 操作实际上是集中式同步障，其中 fork 操作是签出，而并行域最后的 join 是集中式同步障的签入操作。

2. 归约操作可以指定为与 OpenMP 同步障相关联的操作，这些操作最自然地映射到树形同步障上。

然而，在其他环境中，甚至在 OpenMP 代码中，如果需要无归约操作的完整同步障，那么分布式同步障的性能可能会更好。

7.5　同步障算法

在讨论了影响同步障性能的基本因素和同步障基本机制的行为之后，现在我们转向实际实现。同步障存在许多实现选择和算法选项。因此，我们选择了一些我们认为常用且有代表性的同步障算法。

7.5.1　计数同步障

计数同步障可以是分布式的，也可以不是分布式的，这取决于最终的"每个线程都已到达"状态由所有线程测试还是仅由单个线程测试。

去中心化的分布式版本（其中所有线程都观察状态）值得重点讨论，因为它体现了我们必须用分布式同步障克服的一般问题，并启发我们总结出可以用于其他同步障的通用模式。

我们的第一个也是最简单的实现方式类似于清单 7.2 中所示的原子计数器。然后，同步障将由每个调用 checkIn() 和 wait() 的线程组成。如果只使用一次同步障，这种方式将非常有效。然而，我们通常希望能够多次使用同步障，所以必须重置同步障或想出一些其他方法来进行重用。

清单 7.2　使用原子计数器的同步障的代码

```
class AtomicCounterBarrier {
  CACHE_ALIGNED std::atomic<uint32_t> present;
  uint32_t num;

public:
  AtomicCounterBarrier() {
    init(0);
  }

  AtomicCounterBarrier(int count) {
    init(count);
  }

  void init(int count) {
    num = count;
    present = 0;
  }

  void reset() {
    present.store(0, std::memory_order_release);
  }

  void checkIn(int) {
    ++present;
  }
  void wait() {
    while (present.load(std::memory_order_acquire) != num)
      Target::Yield();
  }
};
```

　　一种可能的方法是在第一个同步障中向上计数，然后在第二个同步障中向下计数，在第三个同步障中再向上计数，以此类推。因此，我们为每个线程添加已执行同步障数量的计数，并根据该计数的低位选择同步障内计数操作方向。显然，可以使用一个被切换的值而不是一个计数器。但是这并不能解决问题，因为存在线程间竞争的情况，如表 7.1 所示。最终我们的两个线程都在等待另一个线程，因此不能向前执行。

表 7.1　有竞争的同步障执行过程

线程 0	线程 1
进入同步障，递增计数器（现值为 1）	
	进入同步障时增加计数器（现值为 2）
可见计数器值 2；离开同步障 进入下一个同步障，递减计数器（现值为 1）	
	等待计数器值等于 2
等待计数器值等于 0	

解决这个问题的一种方法是设置两个独立的计数器并在它们之间交替使用，这样我们就可以避免一个线程离开一个同步障，然后在所有线程都离开这个同步障之前进入下一个同步障之间的竞争。然后，我们可以重置未使用的计数器并始终沿一个方向计数，或者跟踪每个计数器的值，以便我们对一个计数器进行计数，然后下次使用它时，进行反向计数。这种方法通常被称为感应反转。因为我们已经在概念上添加了每个线程的计数，所以这只是向同步障添加了一个额外的字段，代码如清单 7.3 所示。

清单 7.3　原子上下计数同步障代码

```
class AtomicUpDownBarrier : public Barrier,
    public alignedAllocators<CACHELINE_SIZE> {
  enum { MAX_THREADS = 64 };
  AtomicUpDownCounter counters[2];
  AlignedUint32 barrierCounts[MAX_THREADS];
public:
  AtomicUpDownBarrier(int NumThreads) {
    for (int i=0; i<NumThreads; i++)
      barrierCounts[i].Value = 0;
    counters[0].init(NumThreads);
    counters[1].init(NumThreads);
  }
  void fullBarrier(int me) {
    auto myCount = barrierCounts[me].Value++;
    auto countIdx= myCount & 1;
    auto activeCounter = &counters[countIdx];
    auto countUp = (myCount & 2) == 0;
    if (countUp) {
      activeCounter->increment();
      activeCounter->waitAll();
    }
    else {
      activeCounter->decrement();
      activeCounter->waitNone();
    }
  }
  // ... uninteresting code elided ...
};
```

由于每个线程都在轮询同一个位置，我们预计该同步障的时间是处于高度共享状态的远程缓存行上原子指令的时间（我们的 Arm 机器插槽间原子指令时间大约为 190 ns）加上简单广播时间（在 64 核心上约为 2 μs）。实际性能如图 7.7 所示，这表明我们对平均值的估计过于乐观，因为我们在 64 核心上的测量值为 8.5 μs。然而，在该规模上的最佳测量时间是 2.9 μs，与我们的估值接近。

使用两组状态（这里是两个计数器）并在它们之间交替，是所有去中心化同步障的通用模式。第二种方法是通过切换状态的使用方向（体现在这里的 countUp 变量中）来避免重置状态，这种方法通常也很有用。当然，也可以不这样做，而是显式地重置非活动状态。但是这会导致一些集中化，因为只有一个线程需要执行此操作，需要对此线程进行特定的测试，使其行为与所有其他线程不同，并且可能会在 LILO 时间中引入更多的抖动。

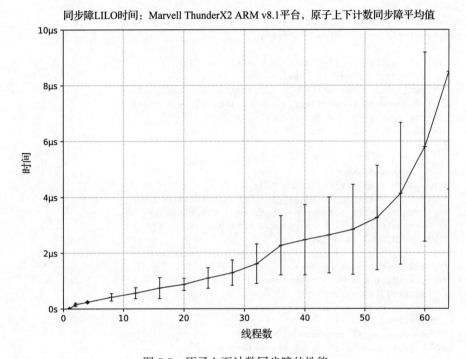

图 7.7　原子上下计数同步障的性能

在集中式同步障中，只要线程广播使用与签入不同的数据，就无须这样做来避免竞争。其中某一个线程知道每个线程都已签入，因此其可以在释放任何线程之前重置签入状态。因为该线程知道所有其他线程都在等待释放，所以它们都无法到达下一个同步障，并且因为其他线程都已经完成了这个线程的签入状态，所以重置签入状态是安全的。然而，使用交替数据集的方法仍然是有用的，因为在有多个共享缓存行的同步障中，交替数据集允许多个线程进行重置操作，从而减少关键路径时间。类似地，上下计数技巧也很有用，因为其避免了完全重置状态，而代价则是引入分支（分支预测可能错误）。

7.5.2　多对多同步障

最简单的分布式同步障是一个简单的多对多同步障，其中每个线程向其他每个线程发送一条消息，然后等待，直到收到其他每个线程的消息。

这样的实现相对简单，如清单 7.4 所示。虽然这很简单，但关键路径（LILO）时间是单个线程执行 N_{Threads} 个存储操作并使它们都变得可见的时间，即 $N_{\text{Threads}} \cdot T_{\text{HalfRoundtrip}}$。

清单 7.4　多对多同步障代码

```
class AllToAllAtomicBarrier : public Barrier,
```

```
    public alignedAllocators<CACHELINE_SIZE> {
  enum { MAX_THREADS = 64 };
  uint32_t NumThreads;
  AlignedAtomicUint32 flags[2][MAX_THREADS];
  AlignedUint32 sequence[MAX_THREADS];
public:
  AllToAllAtomicBarrier(int NThr) : NumThreads(NThr) {
    for (uint32_t i = 0; i < NumThreads; i++) {
      flags[0][i].value.store(0, std::memory_order_relaxed);
      // No need to clean flags[1] here; they'll be cleared
      // by each thread when it checks in.
      sequence[i].value = 0;
    }
  }
  void fullBarrier(int me) {
    auto odd = sequence[me].value & 1;
    // If I am checking in to barrier n, no one can be
    // checking in to barrier n+1 yet, so I can clean it
    // here before telling everyone I have arrived.
    flags[!odd][me].value.store(0,
                                std::memory_order_relaxed);
    // Tell everyone we're here.
    for (uint32_t i = 0; i < NumThreads; i++)
      flags[odd][i].value++;
    // Use the other set of flags next time.
    sequence[me].value++;
    // and wait until everyone else is here
    while (flags[odd][me].value != NumThreads) {
      Target::Yield();
    }
    return 0;
  }
};
```

正如我们在 7.3.1 节中看到的，我们的 Arm 机器在一个插槽内的 $T_{\text{HalfRoundtrip}}$ 约为 100 ns，两个插槽之间的 $T_{\text{HalfRoundtrip}}$ 约为 380 ns。当我们在每个核心上都有一个线程时，一半的流量在插槽内，一半在插槽间，因此使用 240 ns 的平均时间是合理的。我们预计这个同步障的 LILO 时间为 63 乘以 240 ns，即在 64 个线程时约为 15.4 μs。图 7.8 展示了在 Marvell Arm 机器上测量的性能，在 64 个线程上实现了 14.9 μs 的 LILO 时间，可见我们的估计与测量的性能非常接近。

由于我们已经知道使用原子操作上下计数实现的同步障比这种实现快得多，因此不会进一步考虑使用该实现。

7.5.3 蝶形 / 超立方体同步障

超立方体同步障是一个分布式的对数同步障。在每个阶段，线程向超立方体在该维度中的邻居发送消息并也从其邻居接收消息，如图 7.9 所示。但是，简单的超立方体不适用于线程数为非 2 的次幂的情况。考虑仅使用三个线程这种最简单的情况，此时通信模式如

表 7.2 所示（如果我们忽略不存在的线程 3，其通信显示在"[]"中，因为它们没有发生）。
你可以看到线程 1 可以在第一轮之后离开同步障，而无须具备线程 2 的任何知识。

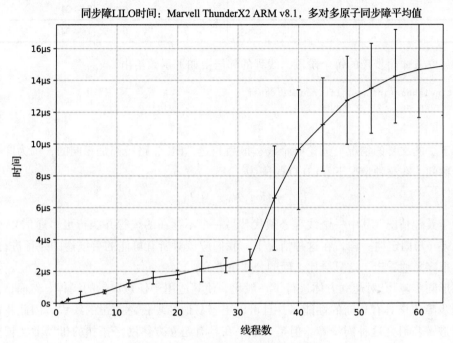

图 7.8 多对多原子操作同步障的性能

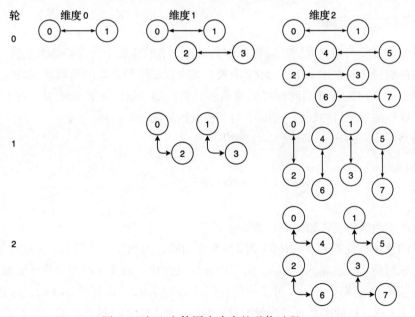

图 7.9 超立方体同步障中的通信过程

表 7.2　不完整超立方体同步障通信示例

阶段	通信
1	0<->1, [2<->3]
2	0<->2, [1<->3]

在超立方体同步障的每个阶段，线程的邻居由如下函数给出

```
int neighbor(int me, int round) const {
  return me ^ (1 << round);
}
```

对于 2 的次幂的情况，无论哪个线程最后到达，LILO 路径都是相同的，因为同步障是完全对称的。在这种情况下，LILO 时间为

$$T_{\text{LILO}} = \left(\log_2 N_{\text{Threads}}\right) \cdot T_{\text{HalfRoundtrip}}$$

对于其他情况（其中一个线程必须代替另一个不存在的线程并执行更多通信），性能会比这更差（与固定树一样，在这种情况下，我们应该对所有可能的后抵达的线程进行平均，但可以很容易地看出，这只会比上面的公式更差）。

蝶形同步障[17] 对超立方体进行了一般化，使其适用于任意数量的线程。然而，由于传播型同步障应该具有相同的性能，并且可以更容易地处理任意数量的线程，因此我们不会在这里进一步研究这种同步障。但是，如果在具有超立方体网络拓扑的机器上实现 MPI[90] 同步障，这可能就是理想的同步障类型。

7.5.4　传播型同步障

传播型同步障与超立方同步障非常相似。在本书的实现中，它们都派生自同一个基类，它们之间的唯一区别在于 neighbor() 函数，其决定了线程之间的通信模式。与超立方体同步障不同，每个阶段传播型同步障的通信不是自反的（如果 A 发送给 B，则 B 发送给 A），而是一个线程的发送目的线程（通常）与其接收的源线程不一样。

传播型同步障的 neighbor() 函数如下所示：

```
int neighbor(int me, int round) const {
  return (me + (1 << round)) % NumThreads;
}
```

由此产生的通信模式如图 7.10 所示。

这里的预期性能与超立方体同步障的性能相同，因此我们预测 LILO 时间是 64 核心情况下半往返时间 $T_{\text{HalfRoundtrip}}$ 的 6 倍。由于没有尝试优化以减少插槽间通信（很难看出如何使用这种通信模式做到这一点），可以使用我们对 $T_{\text{HalfRoundtrip}}$ 的估计值 240 ns，这意味着 LILO 时间约为 1.4 μs。这确实是我们测量的最短时间，平均时间（这是我们为所有其他同步障所

展示的）约为 1.9 μs，如图 7.11 所示。我们还可以看到，当通信仅限于单个插槽内时，性能要好得多，当单个插槽内有 32 个 CPU 核心时时间约为 600 ns。

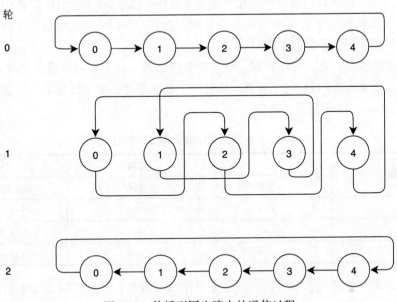

图 7.10 传播型同步障中的通信过程

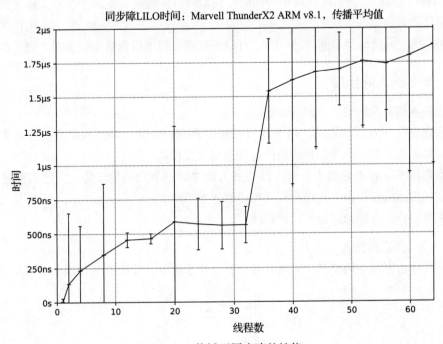

图 7.11 传播型同步障的性能

改进传播型同步障

传播型同步障的问题之一是每个核心一次只能运行一个存储操作，因此我们可以看到完整的写入延迟。如果我们可以流水化更多的写操作（就像我们在 LBW 广播中通过写入多个目标缓存行所做的那样），就有可能提高性能。为此，我们必须考虑信息在传播型同步障中的传播，以便了解它是如何工作的。

表 7.3 展示了这一点。可以看到，在 n 个阶段之后，一个线程知道它之前 2^n 内的所有线程（以循环取模运算的方式）。或者，从另一个角度来看，关于线程 T 的信息已经传播到 $[T, (T+2^n) \bmod N_{\text{Threads}}]$ 中的所有线程。

表 7.3 传播型同步障的知识传播过程

阶段	线程 n		
	发送	接收	知识传播范围
1	$n+1$	$n-1$	$n-1$
2	$n+2$	$n-2$	$n-3, n-2, n-1$
3	$n+4$	$n-4$	$n-7 \dots n-1$

因此，如果一个线程在每个阶段与多个其他线程通信，我们可以压缩多个传播型同步障阶段。例如，在阶段 1 中，它不仅发送到线程 $(T+1) \bmod N_{\text{Threads}}$，还发送到 $(T+2) \bmod N_{\text{Threads}}$。现在所需的阶段数可以减半。同样，我们可以发送到其他四个线程，从而进一步降低传播阶段数。

这被称为 "n 路传播型同步障"[58]，可以通过减少传播阶段数来提高同步障的性能。

7.5.5 树形签入同步障

实现签入树有两种略有不同的方法：

1. **固定树**——在固定树中，每个线程在树中都有一个预先确定的位置，并负责等待其子线程，然后将所有子线程都到达的消息传递到父线程。

2. **动态树**——在动态树中，所有线程进入树中叶子节点的同步障，当它们到达时，每个节点最后到达的线程向上传递所有线程都到达的消息。

现在我们将更详细地讨论它们的特性。

7.5.5.1 固定树签入

由于线程占据树中的节点，因此具有分支比或基数 R、深度 D 的树最多可以处理

$$N_{\text{Threads}} = \sum_{i=0}^{D} R^i$$

个入口。

由于每个线程在同步障中都有固定的位置，因此当实现要确保特定线程是树的根时，

此同步障很方便。这在实现 OpenMP API 时特别有用，因为我们希望使用同步障签入作为并行域末尾的连接操作，并让派生并行域的串行线程离开以执行下一个串行域。OpenMP 语义要求这始终是同一个线程，因为线程标识是用户可见的，并且用户可以访问 TLS 变量（如 5.3.5 节所示）。

尽管这些 OpenMP 限制似乎没有必要，但从性能的角度来看，它们是有意义的。由于当线程绑定时，这些限制可以确保串行代码始终在同一插槽位置执行，因此串行代码 NUMA 域和缓存局部性得以保留。

考虑到固定树的 LIRO 路径，它的长度取决于树中最后到达的线程的位置。如果最后一个进入者是根，那么所需的数据传输是单个 $T_{\text{Readmodified}}$。对于非叶子、非根线程，时间将为 $T_{\text{Readmodified}} + \text{Depth(Thread)} \cdot T_{\text{HalfRoundtrip}}$，而对于叶子，时间是 $\text{Depth(Thread)} \cdot T_{\text{HalfRoundtrip}}$，因为叶子在存储自己的状态之前不需要检查任何其他线程的状态。

7.5.5.2　动态树签入

动态树将所有线程作为叶子。到达的线程检查它在叶子上的所有兄弟线程是否都已到达。如果没有，那么该线程标注自身为已到达状态，以便稍后到达的线程可以看到它，然后该线程离开签入阶段并等待被唤醒。如果它是最后到达的，则向上移动一层，并检查它是否是最后到达的，以此类推，直到最后到达的线程会看到其路径上每一层级的计数器都在等待它的到达，并且它将在树的顶部离开。

因为动态树没有将线程绑定到树中的内部节点，所以具有分支比 R、深度 D 的动态树最多可以处理

$$N_{\text{Threads}} = R^D$$

个线程。这意味着动态树通常比固定树更深一层，如表 7.4 所示。

表 7.4　固定和动态二叉树：最大入口数和深度

树深度	容量	
	固定二叉树	动态二叉树
1	3	2
2	7	4
3	15	8
4	31	16

然而，动态树的优点是 LIRO 路径不需要存储操作；在每一层上，最后到达的线程只需读取计数器来检查该层级上所有其他线程是否到达。最后到达的线程，显然知道自己已经到达，且不需要通知其他线程。这意味着虽然需要更多操作，但这些操作开销更低，因此动态树可能会优于固定树。当树已满，或者没有线程通过并跳过第一轮时，时间将为 $T = D \cdot T_{\text{ReadModified}}$。当有线程在第一轮通过时，平均操作次数会更少，因为这样的线程只需要执行 $D-1$ 次读操作即可到达树的根。

图 7.12 展示了如果每个线程最后到达的概率相等，则固定树和动态树所需的预期平均通信次数。你可以看到，给定基数的动态树总是需要更多的通信——例如，在 32 个线程时，基数 2 的固定树需要约 3.2 次通信，而动态树需要 5 次。我们还可以看到更高基数的树需要更少的通信。

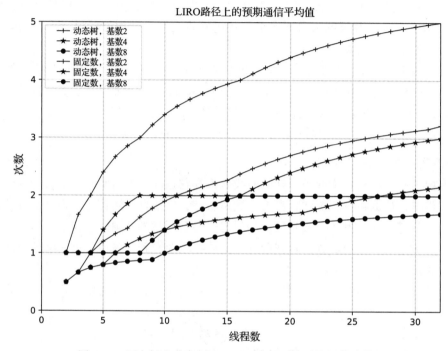

图 7.12　固定树和动态树在 LIRO 路径上的平均通信次数

在图 7.13 中，我们展示了 10 个线程到基数为 4 的树的可能的固定和动态树映射。在这里，线程是循环分布的，就像 OpenMP schedule(static,1) 循环中的迭代一样。如果线程是紧密绑定的且连续枚举到插槽内的处理器核心上，就像 schedule(static) 的绑定那样，那么性能可能会更好，因为它需要更少的插槽间通信（我们正在测量的动态树没有这种优化）。

上述树实现的 LIRO 性能如图 7.14 所示，我们在与简单广播结合使用时对其进行测量。可以看到，无论树分支因子如何，动态树都比固定树快，并且随着基数增加，树通常性能更好。所有这些测量的几何平均性能（在线程数 1，2，4，8，12，…，64 处的）对于基数为 16 的动态树约是 160 ns，对于基数为 16 的固定树约是 320 ns。在 64 核心时，动态树的 LIRO 时间为 270 ns，而固定树的 LIRO 时间为 520 ns。不过请记住，这只是同步障的签入阶段，我们最好的（LBW4）广播同步障在这个规模上需要 510 ns。

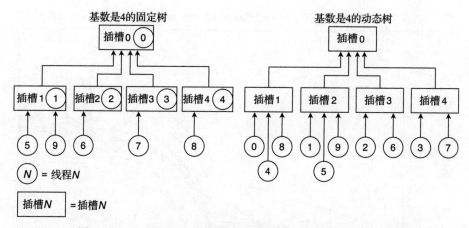

图 7.13　10 个线程时基数是 4 的固定树和动态树的可能设计

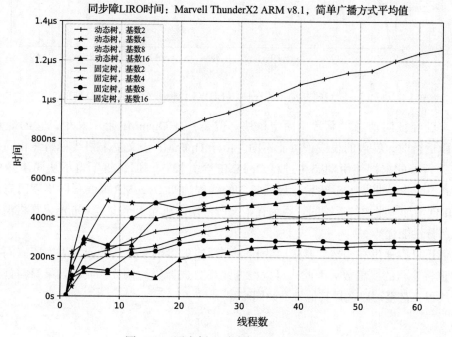

图 7.14　固定树和动态树的 LIRO 时间

最后，我们可以使用相同的 LBW4 广播方案比较两种树形同步障的性能，结果如图 7.15 所示。

在这个规模上，大基数树形同步障优于我们迄今为止考虑的其他类型同步障，其在双插槽、64 核心 CPU 机器中使用 64 个线程实现了小于 1 μs 的 LILO 时间。

7.5.5.3　树签入相关结论

最终，我们应该使用哪一种树？

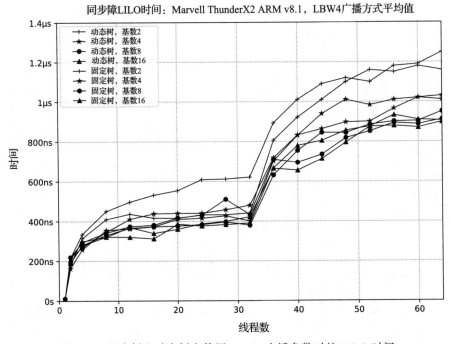

图 7.15　固定树和动态树在使用 LBW4 广播参数时的 LILO 时间

上文已经证明动态树通常比固定树快。但是，在 OpenMP 上下文中，它的缺点是每次同步障运行时，签入的根线程可能不同。由于 OpenMP 语义要求根线程始终相同，如果我们在并行域的末端使用动态树进行 OpenMP 合并操作，那么将不得不从同步障中移除 OpenMP 根线程（线程 0），然后让最后签入的线程通知 OpenMP 根线程同步障已完成。这将使 LIRO 增加一半的往返时间。因为在本文所使用的机器上至少是 100 ns，这将消除动态树的大部分性能优势。

我们还可以通过在构造同步障时为树选择适当的参数来提高性能，因为所有同步障都需要知道将参与的线程数。因此，可以根据线程数选择树的基数，或者如果只需处理 2 个或 4 个线程，甚至可以选择其他种类的同步障。

7.6　归约

科学计算中的经典模式之一是归约，即来自许多计算的值组合成一个值。例如，在质点网格（Particle-In-Cell, PIC）代码中，当检查行星在每个时间步的引力运动时，必须计算每个行星上的引力，这是由其他每个行星（以及太阳）产生的引力的总和。类似地，在分子动力学（Molecular-Dynamics, MD）代码中，原子上的总力是它与其他原子的所有相互作用的总和，或者在蒙特卡罗优化问题中，人们可能需要一组不同样本运行结果的最小值或最大值。在所有这些情况下，代码都将许多值归约为一个值。虽然计算的通常是一个标量值，但我们也已经看到归约结果是向量的情况（行星或原子上的力是一组其他单独力向量的合力），但无论被组合项的维度是什么，在所有这些情况下，我们都会取许多值并将其归约为单个值。

在标量代码中，这样的归约很简单，可以编写如下代码（对于 double 类型元素向量的简单标量和）：

```
double sum(int count, double const * vec) {
  double total = 0.0;
  for (int i=0; i<count; i++)
    total += vec[i];
  return total;
}
```

在引入并行解决方案之前，我们还必须考虑代码的精度要求是什么，因为任何并行解决方案都将以与串行代码中实现的顺序不同的顺序来积累值，并且在许多情况下，该顺序可能因运行而异。

这并不是一个小差异（你可以阅读" What Every Computer Scientist Should Know about Floating-Point Arithmetic" [47]），请考虑一个简单的浮点实现示例，它以 10 为基数，具有三个有效数字。现在，考虑对包含数字（0.49, 0.49, 100）的向量求和的结果。如表 7.5 所示，根据加法的顺序，我们可能得到结果是 100 或 101。问题在于，由于我们只有三个有效数字，100 + 0.49 向下舍入到 100。显然，在这个系统中，我们可以在左边有任意多的 0.49 值，如果我们从右边开始加法，结果看起来仍然是 100。

表 7.5　从左或者右边开始累加

步	从左边开始累加		从右边开始累加	
	被加数	当前和	被加数	当前和
0	0.49	0.49	100	100
1	0.49	0.98	0.49	100
2	100	101	0.49	100

当然，这个问题的规模并不像典型的 IEEE754 算术 [60] 那样严重，但同样的效果仍然是存在的，因此，如果与串行结果进行按位比较的验收测试，那么任何并行归约都可能被证明是无法使用的。关于如何克服这个问题有一个活跃的研究领域（例如，" Numerical Reproducibility for the Parallel Reduction on Multi-and Many-Core Architectures" [23] 和" Fast, Good, and Repeatable: Summations, Vectorization, and Reproducibility" [96]）。

假设结果的差异是可以接受的，我们可以尝试并行实现。但是，这必然比简单地在循环中添加 #pragma omp parallel for 要复杂得多，因为变量 total 在每个线程上都会被更新，这显然会在该变量上引入可怕的竞争条件。

有多种可能的解决方案，如下所示：

❑ **使用原子操作**——我们可以通过使用原子操作来保护对 total 的更新。然而，我们知道，高度竞争的原子指令通常是比较慢的。假设是归约操作足够简单，可以实现为原子，但一般情况下这种假设是难以满足的（如力的向量和）。

❑ **使用临界区**——虽然此方法允许将任意代码用于归约，但仍是串行执行的，因此不太可能实现良好的性能，这意味着，除了累加器变量之外，还需要包含锁的缓存行。

❑ **使用每个线程的累加器**——每个线程累加部分结果，最后我们将结果组合成一个单一的最终值。

由于带有最终跨线程聚合的每个线程内部累加可以保持一定程度的并行性，因此我们将更详细地研究这种方法。

一种简单的实现方法（如果你没有费心阅读 OpenMP 规范，因此没有意识到 OpenMP API 具有内置的归约支持）可能类似于清单 7.5 中的代码。此代码应该可以工作，但存在严重的性能问题：

1. **伪共享**——totals 数组没有以任何方式填充。因此，在具有 64 字节缓存行的机器上，将有 8 线程竞争更新每个缓存行，因为数组的 8 个值将位于每个缓存行中。这种额外的缓存到缓存的移动成本很高。

2. **串行最终累加**——最终累加仍然是串行的，因此可能成为性能瓶颈。

清单 7.5 归约导致伪共享和串行化

```
double sum(int count, double * vec) {
  int nThreads = omp_get_max_threads();
  double totals[nThreads];
  for (int i=0; i<nThreads; i++) {
    totals[i] = 0;
  }
#pragma omp parallel
  {
    int me = omp_get_thread_num();
#pragma omp for
    for (int i=0; i<count; i++)
      totals[me] += vec[i];
  }
  double total = 0.0;
  for (int i=0; i<nThreads; i++)
    total += totals[i];
  return total;
}
```

虽然我们刚刚说过，在每个线程内值的串行归约是一个潜在的瓶颈，但也是一个潜在优势，因为这意味着至少部分归约具有固定的操作顺序，因此具有确定性和可重现性（当然，如果循环是用动态调度运行的，则总体归约仍然是不确定的，因为每个线程执行的操作不会有运行间的可重现性，这只会在使用相同数量的线程时提供可重现性，但这可能仍然是一个优势）。

我们可以通过编写更简洁、更常用的 OpenMP 代码来消除伪共享，如清单 7.6 所示。

清单 7.6　使用 OpenMP 归约来避免伪共享

```
double sum(int count, double * vec) {
  double total = 0.0;
#pragma omp parallel
  {
    double myTotal = 0.0;
#pragma omp for nowait
    for (int i = 0; i < count; i++)
      myTotal += vec[i];
#pragma omp atomic
    total += myTotal;
  }
  return total;
}
```

我们在每个线程的栈上的自然作用域内创建了每个线程的累加器，因此它们不会受到伪共享的影响。通过在 for 指令上使用 nowait，我们允许每个线程在完成其数组块的工作后立即离开循环。最后，我们使用原子操作来确保对真正累加器的更新是线程安全的（如果更新过程更复杂，那么我们就必须使用临界区而不是原子操作）。最后累积的开销将是 N_{Threads} 个原子指令。几乎可以肯定，每个原子操作都有关联的缓存未命中。

该代码看起来更简单，因为它避免了 OpenMP 运行时库对 omp_get_num_threads() 和 omp_get_thread_num() 的调用。这通常是有利的，因为与所有线程的代码看起来都相同的程序相比，我们必须了解线程标识和正在执行哪个线程的代码通常更难理解和调试。

当然，尽管这段代码现在让每个线程执行自己的最终归约部分，但这段代码仍然有些串行部分，因为它必须使用原子操作（或临界区）来避免竞争条件。如果循环（在本例中，是静态调度的）中存在负载不平衡，那么该代码至少会利用不平衡时间来执行归约，而不是浪费时间在同步障处等待，然后串行执行最终的归约。

另外，这里的串行归约仅限于线程数量，正如我们所看到的，串行归约可以提供更多的确定性（即使它不能重现串行结果），这可能是一个有价值的特性。如果你想要实现这种方法，那么你仍然应该确保没有伪共享，方法是为每个线程的部分结果分配整个缓存行，或者更简单的是，让每个线程累加到一个线程局部变量（就像我们在后面的代码中所做的那样），然后仅在循环结束时将该结果复制到共享数组。

所有这些归约中的一个潜在问题是，我们需要在每个线程中建立被归约实体的副本。如果该实体是一个标量或一个小向量，那就没问题。但是，如果它是一个较大的向量，那么它所需要的内存可能比我们在每个线程的栈中可用的内存还要多。在这种情况下，可能需要重新使用原子指令或锁来保护在数组中执行归约的临界区。如果锁是必需的（因为归约操作不支持作为原子原语），那么可能需要使用锁数组和从数组索引到锁的哈希（或者，在有硬件支持的机器上，使用推测锁）来保持并行性。根据定义，由于此时有较大的数组，因此我们要保证数据访问均匀分布在数组上，以减少访问冲突。

虽然我们已经展示了如何在 OpenMP 线程环境中在实现用户级的归约操作，但请记住，你不需要这样做，因为 OpenMP 语言已经支持归约，包括那些以向量作为归约目标的情况，以及归约操作是用户定义的情况。因此，如果你需要减少 OpenMP 应用程序代码，请使用这些接口，不要编写自己的代码。请记住："最好的代码，是我不必亲自编写的代码。"

由于除非需要结果，否则代码不会执行归约，因此通常会有一个与归约相关的同步障，以确保在任何线程尝试使用结果之前已计算出结果。这使我们考虑是否可以利用同步障的结构来实现对每个线程累加器值的有效并行归约。

附带归约

将归约转化为同步障的一个明显方法是将与我们前面的示例非常相似的代码移动到同步障实现。然后，当线程准备签入同步障时，还会在真正进入同步障之前将其部分结果累加到全局累加器中。与我们的代码一样，这需要通过原子操作或通过获取和释放锁来创建临界区以完成此操作。

另一种可能是利用同步障签入过程的拓扑结构来消除对原子操作的需要。这在使用树签入同步障时最容易做到。然后，可以通过在固定树中拥有该槽位的线程或在动态树中该层级的当前优胜者线程，去执行树中的每个槽位的归约操作，即将其放入本地累加器。这将减少一个归约操作（因为我们不是从一个已归零的累加器开始，而是从一个已经包含单个线程累积值的累加器开始），更重要的是，这消除了对任何原子操作的需要，因为同步障的逻辑确保没有其他线程可以同时更新相关累加器，并允许同时执行多个归约操作。

在去中心化同步障上附带归约要困难得多，因为更通用的通信模式意味着没有明显的方法来选择哪个线程应该执行特定的归约操作，或确保计算和存储最终结果的线程能够在其他线程离开同步障之前完成该操作。这是树形同步障在 OpenMP 实现中流行的另一个原因。无论使用哪种类型的树（固定的或动态的），都可以实现树的归约以确保它具有确定性。

7.7 其他优化

有许多我们尚未实现的潜在同步障优化（例如 n 路传播同步障或分层同步障）。其中一些在 "Effective Barrier Synchronization on Intel Xeon Phi Coprocessor"[111] 中进行了讨论。

分层同步障

正如我们不断强调的那样，为了在这些通信密集型操作中实现高性能，我们必须最小化线程间通信或重叠通讯，并尽可能避免更大开销的通信。这就得出了一个明显的结论，即我们可以通过使用分层同步障来提高同步障性能，其中我们对硬件层次结构中不同级别的线程使用不同的同步障实现。因此，我们可以为共享相同物理核心（以及所有级别缓存）的线程实现一个简单的计数同步障，然后让一个线程（最后到达的线程或固定根线程）参与更高级别插槽内同步障，然后再使用另一个同步障，每个插槽只参与一个线程。在 AMD 机器上，四核组共享一个 L3 缓存，将叶子同步障提升到四核级别（8 个硬件线程）可能是有意义的。

这种方法允许我们在硬件层次结构的每个级别上选择同步障，以适应该级别上的实体数量和通信成本。由于固定树同步障已经是层次化的，因此可以根据线程与硬件资源的绑定方式来选择如何将线程映射到树中，从而获得分层同步障的一些好处。因此，可以将树的根节点的直系后代放在不同的插槽中，每个插槽都有自己的线程子树，可以最小化跨插槽通信。这可能需要针对树的不同层级处理不同的扇入和扇出值。

当然，如果我们在线程与硬件位置没有紧密绑定的环境中工作，那么这些优化不太可能起作用，因为操作系统可能会将线程重新调度到机器中远离运行时所设定的位置。因此，分层同步障更适合单用户 HPC 应用程序，不适合共享且有噪声的机器，或者是某些虚拟机环境，因为即使与虚拟硬件紧密绑定也不能确保与底层物理核心绑定。

7.8　总结

表 7.6 总结了同步障的特性，而图 7.16 展示了我们的树形同步障相对于 LLVM OpenMP 运行时的性能。你可以看到我们的同步障更快（64 线程时需要约 900 ns，而 LLVM 实现在相同规模下需要约 2.7 μs）。然而，这可能是一个不公平且无效的比较，因为 LLVM 实现处理任务和归约，而这里测量的同步障没有。

表 7.6　同步障的特性总结

同步障	方式	LILO 路径扩展	$T_{\text{LILO}}(64)$
多对多	分布式	线性	14.9 μs
原子计数	分布式	线性	8.5 μs
传播型	分布式	$\log_2 N_{\text{Threads}}$	1.9 μs
固定树	集中式	$(\log_R N_{\text{Threads}}) + 广播$	900 ns
动态树	集中式	$(\log_R N_{\text{Threads}}) + 广播$	905 ns

让我们重申一下，同步障是有害的，会带来很多麻烦。尽管我们在这里所做的所有工作都是为了很好地实现同步障，但从性能的角度来看，它们仍然存在问题。在理想情况下，应该使用不需要同步障的编程模型。

要考虑通信模式，因为沿着 LILO 路径的通信模式给出了同步障性能的上限。因此，在实现新的同步障之前考虑这一点是明智之举。

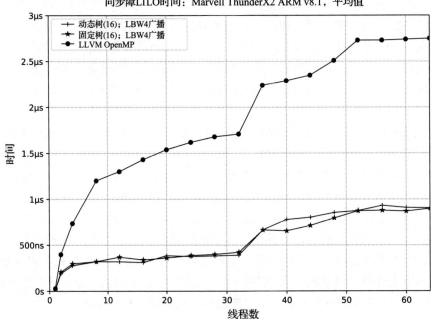

图 7.16　同步障（包括 LLVM OpenMP 同步障）LILO 时间

　　另外，还要考虑扩大线程数时发生的情况。哪种同步障性能最好取决于机器的属性和所涉及的线程数。因此，很可能不存在适用于所有线程数的最佳同步障。由于同步障在被创建时必须知道将在其上运行的线程数，因此此时的代码可以选择适当的实现。

第 8 章 *Chapter 8*

调度并行循环

OpenMP API 显式支持并行循环构造，并详细描述了将循环迭代分配到可用线程的方式。其他并行系统采取了不同方法，例如，基于任务的系统（如 TBB[108]）不将循环迭代调度视为特殊操作，而是利用某种巧妙的方法来创建包含迭代的任务，然后以调度其他任务的方式来调度这些任务。

在本章中，我们将考虑调度循环的问题，这些循环具有明确的迭代次数，可以在进入循环时计算出来。这种循环通常在固定空间（例如，数组索引）上迭代，而不是迭代不定长列表，或有可能随时停止的迭代查找操作。为确保迭代次数固定，禁止提前退出循环（无论是使用 break、return、goto，还是使用其他技巧，例如 longjmp() 或 throw）。

8.1 调度目标

将工作调度到线程上的目标是在最短时间内执行所有工作。乍一看，这件事似乎很简单（虽然常见的数学问题都是 NP 难的[142]），但其中存在很多复杂问题：

1. **机器状态**——如你所见，数据在处理器缓存中的位置会显著影响代码性能。因此，在一组迭代对一组共同数据进行操作时，如果将该组迭代调度到与共享着缓存的硬件线程绑定的线程上，那么迭代显然会运行得更快，因为能重复使用缓存中的数据，而不必反复移动它们。然而，我们通常没有由特定循环迭代访问的数据的信息，所以无法依靠此信息做出调度选择。它反而会造成负载不平衡，因为用户可能希望花费相同的时间来执行迭代，而不是执行不同的迭代。

2. **干扰**——除了迭代间数据亲和性带来的缓存效应外，外部干扰也会影响迭代执行时间。例如，可能发生的中断会使设备驱动程序执行一段时间，进而从执行迭代的线程中窃取硬件线程；在其他硬件线程中执行的代码可能很"嘈杂"，它会产生抖动并搅乱共享缓存；降低时钟频率的处理器指令也是一种外部干扰。至少对执行调度的运行时库而言，这些都是不可预知的影响。

3. **不完整信息**——在大多数情况下，在进行调度时，我们不知道正在调度的任务需要执行多久。即使每个工作块具有相同的预期执行时间，但由于干扰或机器状态亲和性等问题，在运行时，该执行时间并不一定相同。因此，我们要处理不完整信息的"在线"版调度问题[3]。

4. **调度开销**——在等待调度器找到最佳调度方案的时间，以及有效执行用户代码的时间，两者之间总是存在一个平衡。极端情况是构造一个根本不需要运行用户任务，就能完美预测其完成时间的绝对精准的调度器！通常情况下，使用简单的低开销方案能取得更高的总体吞吐量，即使这些调度方案在数学上是次优的。

8.2　调度效率的理论极限

在思考不同循环调度方案的复杂性之前，有必要思考一下可预计的最大理论效率。不带 nowait 子句的 OpenMP 循环的结尾处有同步障。在所有线程执行完毕前，没有线程能离开循环，因此循环之后的所有代码能依赖于之前已执行完所有迭代的循环，这样程序员能更容易地推敲代码。然而，与所有同步障一样，它将带来更多因负载失衡而造成的资源损失。

因此，我们考虑的是试图在 $N_{Threads}$ 个线程上执行 n 个工作块时能实现的最高效率，其中每个工作块都有相同的执行时间，并且结尾处都有同步障。

该问题显然与集装优化问题密切相关。我们尝试用 $N_{Threads}$ 个线程打包 n 个工作块，以最小化线程在同步障处等待的时间。显然，最佳解决方案是尽可能地为每个线程提供相同的工作量。然而，如果 n 不能被 $N_{Threads}$ 整除，就将剩下 $n \bmod N_{Threads}$ 个工作块。

图 8.1 展示了将 7 个执行时间相同的工作打包到 3 个线程上的最有效的方式。7 个灰色方块表示有效的工作，两个白色方块表示线程无工作可做（但它们必须等待其他线程完成）时浪费的时间。因此，这仅使用了可用的 9 个工作单元中的 7 个，并行效率为 7/9 = 77.8%。

显然，任何在线程执行的块的数量相差一块以上的打包方式 [例如，（1, 2, 4 ）分布] 都会效率较低。这样的并行效率为 7/12 = 58.3%。

图 8.2 展示了在 10 个线程上执行工作时的效率。如你所料，它带有锯齿效果，因为每当工作块数是 10 的倍数时，效率就达到 100%。不过，你也能发现，如果块数不能整除线程数（因为我们无法选择与机器匹配

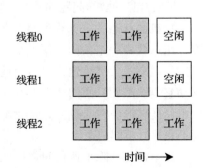

图 8.1　将 7 块工作打包到 3 个线程上

的问题大小，所以通常会不均衡），那么为了保证效率超过 90%，需要确保 $n>10 \cdot N_{\text{Threads}}$。

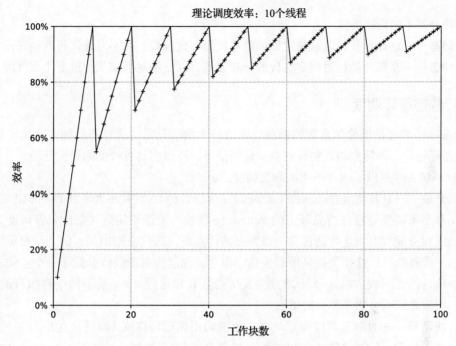

图 8.2　在 10 个线程上执行 n 个相等的块时的最大效率

一般地，可将效率表示为：

$$E = 1 - \frac{E_{\text{Threads}} - 1}{N_{\text{Threads}} \cdot \left[n / N_{\text{Threads}} \right]}$$

当存在大量线程时，我们可以将该公式简化并整理，所以为了保证效率 E，我们需要：

$$n > \frac{N_{\text{Threads}}}{1 - E}$$

显然，这也意味着，我们永远不能取得完美效率，因为当 $E \to 1$ 时，$n \to \infty$。

需要注意的是，这是一个基本的数学约束，与我们采用的特定调度方案无关。无论具体工作以何种方式分配给线程（这将受调度程序选择的影响），重要的是为每个线程分配的数量。在这些简化的假设下，没有调度器的性能可以超过此限制。

虽然这实际上是对应用程序代码的约束，即它必须创建足够的并行工作，但是了解这一点很有用，因为程序员总是乐于寻找（并行）运行时系统中的不足，而不是他们自己代码中的缺点，并且他们可能不知道，运行时其实只能利用由程序员代码描述的或由编译器发现的并行性。因此，包含 30 次迭代的并行循环能良好地在双核笔记本电脑上运行，而无法在 64 核服务器上良好地运行。

8.3　基本调度方法

有两种基本的调度方法：

1. **静态**——在循环开始时就确定如何将迭代分布到线程，而不考虑代码的动态行为。

2. **动态**——在循环执行时确定迭代的分布方式，以便能对当前执行进度作出反应。

8.3.1　静态循环调度

静态循环调度是最简单直接的调度，因为每个线程只需一次计算就能完全确定它应该执行的循环迭代，不需要与其他线程共享任何信息，所以它具有最低的调度开销。

OpenMP API 提供了两种不同的静态调度：

❑ **分块**——只需请求静态调度（schedule(static)），或者在大多数 OpenMP 实现中，甚至不需要处理并行循环上的 schedule 属性，就能调用分块调度。该调度为每个线程分配一大块连续迭代块。该调度的优点是，迭代空间中邻近的迭代很可能由同一线程执行，这样能提高缓存性能。由于该调度为每个线程分配了一个连续的迭代块，因此只在 $N_{Threads}-1$ 个地方会发生迭代 n 和迭代 $n+1$ 被不同线程执行的情况。线程之间不可能有更少的切换。

❑ **块循环**——为静态调度指定块大小就能调用块循环调度（即使块大小为 1，这看起来很反常，但在语法上能以此与分块调度区分），例如 schedule(static, 16)。该方法将迭代块循环地分配给线程。我们用 8.2 节中的示例来讲解块大小如何影响迭代分配到线程的方式。图 8.3 展示了对于相同测试示例，块大小分别为 1、2、3 时的块分布情况。可见，循环分布的局部性比分块分布的小。由于迭代块之间都有切换，所以在每次迭代之后，(static, 1) 分布会切换线程，这是切换次数最多的情况。

如果已知每次迭代的时间会持续增加或减少，则循环调度可能很有用。如下所示对数组三角形子集进行操作：

```
#pragma omp for
for (int i = 0; i < LIMIT; i++)
  for (int j = 0; j <= i; j++)
    /* ... do something taking constant time ... */
```

其中，简单的 schedule(static) 调度将把所有最短的迭代分配给第一个线程，而把所有最长的迭代分配到最后一个线程，因此非常不平衡。具体而言，如果我们在上面的示例中将 LIMIT 设置为 1000，并将工作分配到 32 个线程上，那么我们可以很容易地计算出 schedule(static) 循环的理论预期效率仅为 51%，而 schedule(static, 1) 循环的效率为 97%。当然，其他因素（特别是导致缓存行移动的伪共享）可能会影响效率，使循环分布的性能变差；然而，这确实表明，在我们知道迭代时间分布的情况下，如果存在可预测的不平衡并且相邻迭代之间不共享数据，静态调度仍然是有用的。

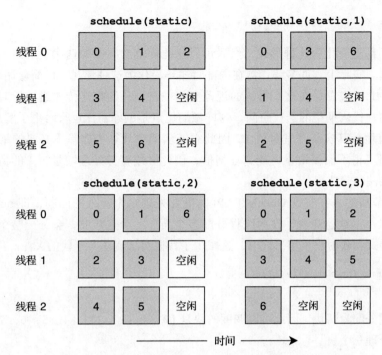

图 8.3 将 7 个相等的块静态分配到 3 个线程上的不同方案

8.3.2 动态循环调度

动态循环调度要求在线程之间维护和共享关于循环当前状态的信息，以便基于该信息做出决策。因此，在每次迭代之前，线程必须执行调度操作（通常是调用运行时库），以找到规范空间中要被执行的迭代。这自然就意味着动态调度比静态调度有更多的调度开销。然而，动态调度的优点是能对不平衡做出反应，无论它是算法上的不平衡，还是在具有大量抖动的嘈杂系统上运行的结果。在实践中，动态调度对此类不平衡做出调整而产生的优势通常能抵消额外成本。

然而，因为包含此共享状态的缓存行会移动，所以调度代码必须注意操作共享状态的方式，以确保正确性和性能。因此，各种动态调度在保持动态执行的同时，也在试图减少原子操作。

这种在进行调度时利用运行时状态的思想，可追溯到 20 世纪 80 年代（请参见文献 [50, 85, 120, 127, 128]）。

8.4 映射为规范形式

为简化讨论，我们将以如下所示的循环规范形式来描述循环调度决策：

```
for (i = 0; i < loopCount; i++)
```

任何循环都能简化为这种形式，然后可以从此规范空间中的迭代映射回用户代码期望看到的迭代值。实际上，许多编译器在内部将循环简化为这种形式，以简化循环优化过程。LLVM OpenMP 实现总是在这个密集的规范空间中将循环的描述传递给运行时，生成代码将其映射回用户代码期望的迭代空间。这样做的优点是编译器比运行时更了解用户的循环。例如，它知道增量其实就是常量值 1，因此它能从调度计算中删除不必要的乘法或除法运算，而运行时不得不假设增量可能为任何值，因此必须特殊处理增量为 1 的情况，或者执行不必要的乘法和除法。

如 8.3.1 节所述，在实现 OpenMP API 时需要处理一个额外的问题，即 schedule 子句允许指定块大小。这意味着，在为线程分配多个而非一个迭代时，会分配整个迭代块。当映射到规范形式和映射出规范形式时，这减少了我们对"真正"迭代的关注。例如：

```
#pragma omp for schedule(static,4)
for (i = 0; i < 10; i++)
```

这将迭代分配为四块，因此可以调度的块是 [0, 1, 2, 3]、[4, 5, 6, 7]、[8, 9]，我们只需要处理三个块。

OpenMP API 规范[100] 规定，如果循环迭代次数不是请求的块大小的整数倍，则应以单一小块的形式调度最后的剩余迭代，而非采用均分方法。当用户（或编译器）使用块大小来确保对齐，或确保以 SIMD 宽度划分迭代块时，这是有意义的。

本书的示例运行时使用 CanonicalLoop 类来表示循环，如清单 8.1 所示。通过如清单 8.2 所示的 init() 成员函数来初始化该数据结构，该函数将更一般的循环描述映射到规范空间中。在 8.8 节中，我们将解释该类使用 init() 函数，而非构造函数，来进行初始化的原因。

清单 8.1　CanonicalLoop 类

```
// Store information about iteration space in canonical loop
// form for (<loopVarType> j = 0; j < iterationCount; j++)
template <typename loopVarType>
class CanonicalLoop {
  typedef typename
    typeTraits_t<loopVarType>::unsigned_t unsignedType;
  loopVarType base;    /* Initial value */
  loopVarType incr;    /* Value of the loop increment */
  loopVarType end;     /* Initial value */
  loopVarType scale;   /* Scale factor */
  unsignedType count;  /* Number of iterations */
  ...
}
```

清单 8.2　初始化 CanonicalLoop

```
// Initial form is
```

```
//    when i > 0 : for (j = b; j <= e; j += i)
//    when i < 0 : for (j = b; j >= e; j += i)
// Where
//    b is the non-canonical base,
//    e is the non-canonical end,
//    i is the non-canonical increment.
void init (loopVarType b, loopVarType e,
            loopVarType i, uint32_t chunk) {
  base = b;
  end = e;
  incr = i;
  if (incr > 0)
    count = 1 + (end - base) / incr;
  else
    count = 1 + (base - end) / -incr;

  // Scale down by the chunk size.
  count = (count + chunk - 1) / chunk;
  scale = chunk * incr;
}
```

8.5　编译器循环转换

在第 4 章中，我们看到了编译器如何处理高级转换，以使代码能够并行执行并共享一些变量。在这里，我们将讨论一下循环是如何转换的，以便可以进行运行时调用，并确保正确执行工作共享循环。

这里的基本问题是，已编译的代码不了解运行环境。特别是，它不知道有多少线程将共享循环迭代、哪个线程正在执行，有时甚至不知道用户请求了哪种调度，因此，它需要在运行时进行计算。如果已知调度是静态的，则编译器能调用运行时库来找到所需的信息，然后在执行迭代之前，计算已编译代码中的迭代集合。

这正是 GCC 8.2 在此示例中所做的：

```
extern void f(int i);
void applyF(int *p) {
  #pragma omp for schedule(static,1) nowait
  for (int i=0; i<100; i++)
      f(p[i]);
}
```

它会为 Arm 处理器生成如下用于分块循环调度的代码：

```
applyF():
        stp     x29, x30, [sp, -32]!
        mov     x29, sp
        stp     x19, x20, [sp, 16]
        bl      omp_get_num_threads
```

```
        mov     w20, w0
        bl      omp_get_thread_num
        cmp     w0, 99
        bgt     .L1
        mov     w19, w0
.L3:
        mov     w0, w19
        add     w19, w19, w20
        bl      f(int)
        cmp     w19, 99
        ble     .L3
.L1:
        ldp     x19, x20, [sp, 16]
        ldp     x29, x30, [sp], 32
        ret
```

可见，编译器调用 omp_get_num_threads() 来确定将执行循环的线程数量，然后调用 omp_get_thread_num() 来确定线程索引，之后计算该线程应执行的迭代，最后执行为线程分配的迭代循环体（.L3 标签）。

如果使用 clang 编译器，编译器生成的代码将调用运行时库函数 __kmpc_for_static_init_4() 以执行计算。

请注意，如果你想研究（和比较）不同编译器为此类函数生成的代码，那你应该去看看 "Compiler Explorer" 网站 [45]。该网站允许你查看不同编译器生成的汇编代码，每行源代码生成的汇编代码都有不同背景颜色。你还能选择编译标志或编译器版本。你无须安装编译器，只需通过浏览器就能实现以上效果，你还能比较不同的目标架构。

对于动态调度，执行需要使用共享数据，编译器难以独自处理这个问题。因为函数可能会被递归调用，所以编译器不能使用静态分配。因此，自然应该以调用运行时库的形式来实现这些调度。如果我们在之前的示例中使用 schedule(dynamic)，那么我们就能看到这种情况。GCC 生成的相应代码如清单 8.3 所示。

清单 8.3　动态循环调度的 GCC 代码

```
applyF():
        stp     x29, x30, [sp, -48]!
        mov     x3, 1
        mov     x1, 100
        mov     x29, sp
        add     x5, sp, 40
        add     x4, sp, 32
        mov     x2, x3
        mov     x0, 0
        bl      GOMP_loop_dynamic_start
        tst     w0, 255
        beq     .L2
        stp     x19, x20, [sp, 16]
.L4:
        ldr     w19, [sp, 32]
        ldr     w20, [sp, 40]
```

```
        .L3:
                mov     w0, w19
                add     w19, w19, 1
                bl      f
                cmp     w20, w19
                bgt     .L3
                add     x1, sp, 40
                add     x0, sp, 32
                bl      GOMP_loop_dynamic_next
                tst     w0, 255
                bne     .L4
                ldp     x19, x20, [sp, 16]
        .L2:
                bl      GOMP_loop_end_nowait
                ldp     x29, x30, [sp], 48
                ret
```

清单 8.3 展示了初始化循环的调用（GOMP_loop_dynamic_start()），申请迭代的调用（GOMP_loop_dynamic_next()），以及，让运行时清除所有内部状态的调用（GOMP_loop_end_nowait()）。LLVM 编译器对函数 __kmpc_dispatch_init_4() 和 __kmpc_dispatch_next_4() 进行类似的调用，但不进行终止调用，因为运行时必须知道每个线程何时结束，就像在 LLVM 接口中一样，当没有剩余的迭代要执行时，它必须从下一块函数返回 false。因此，运行时能轻松地执行每个线程的清理代码。

第 4 章讨论了 SIMD 指令的生成，该指令让同时操作多个向量元素的单一指令执行向量循环的多次迭代。因为每次执行都处理了与 SIMD 指令通道数相等个数的元素，所以此方法降低了循环体代码的执行次数。这显然会影响运行时可调度的迭代个数，就如同我们之前讨论的分块。然而，一般而言，依然要为运行库描述粗粒度迭代空间，让编译器来处理各种复杂问题。

在生成 SIMD 循环时，编译器通常还必须处理对齐问题，以确保访问数据的方式符合指令集架构的要求。SIMD 寄存器宽度也可能无法整除分配给线程的块大小。在这种情况下，编译器将发出剩余循环来处理多余的循环迭代，还可能发出剥离循环来处理循环迭代空间开头的迭代以确保对齐，或将循环索引移动到第一个完整 SIMD 寄存器的开始处。

8.6　循环调度单调性

在本节中，我们将描述调度语义中用户可见的一面，即单调性和非单调性。从用户的角度来看，代码要么在循环上强制使用 ordered 子句来保证更严格的语义，要么执行顺序完全随机，所以处理用户代码时通常不关心单调性，它似乎是无关紧要的小问题。我们很难利用单调调度和非单调调度（只与线程局部排序有关，而非全局排序）之间的微妙区别。然而，因为毕竟两者存在区别，OpenMP 标准允许用户在需要时确保单调性，而且作为实现者，我们必须确保我们编写的代码满足语言的语义要求。

因为 ordered 循环很少见，而且它们的语义约束几乎保证了有限的可用并行性，所以我们不讨论 ordered 循环的实现。

最初的 OpenMP 规范借助一个实现示例来描述动态循环调度的语义，其中每个线程原子地向共享循环计数器索取一块循环迭代（在规范循环表示中，此为单一值）。当该计数器达到循环限制时，不再有可用迭代。这隐含了单调性属性，也就是说，每个线程只执行超出其已看到的那些迭代。如清单 8.4 所示的代码展示了用户检测此属性的方法，因此，用户可能会依赖这个属性。

清单 8.4　检测并行循环调度的非单调性的代码

```
#pragma omp parallel
{
  // Each thread remembers the last iteration it has
  // seen, ...
  int myLast = -1;
#pragma omp for schedule(dynamic)
  for (int i = 0; i < LIMIT; i++) {
    // checks whether the current iteration is below it, ...
    if (i < myLast)
      abort(-1);
    // and then remembers the new, highest, value.
    myLast = i;
  }
}
```

虽然一开始并不完全清楚 OpenMP 规范是否需要此属性，但在 5.0 及更高版本中，语义明确表明可以用非单调语义实现简单的 dynamic 调度（因此，OpenMP 实现能中止清单 8.4 中的示例代码）。该标准还引入了 monotonic 和 nonmonotonic 调度修饰符，以便用户可使用 schedule(monotonic: dynamic) 调度来请求所需的单调性。类似地，用户可使用 schedule(nonmonotonic: dynamic) 明确请求非单调调度。

虽然现在可将非单调性作为默认值，但实际上，因为将 schedule(dynamic) 变为 schedule(nonmonotonic: dynamic) 可能会破坏现有代码（如示例所示），并且编译器用户不希望编译器的升级破坏他们本可以运行的代码，即使代码不符合规范，所以 OpenMP 实现可能不会将其设为默认值。正如我们将看到的，schedule(nonmonotonic: dynamic) 通常比 schedule(monotonic: dynamic) 具有更低的调度开销，因此，如果你在编写 OpenMP 代码时需要使用动态调度，那么最好明确指明所需的单调性。请注意，本书附带的运行时将 schedule(dynamic) 实现为 schedule(nonmonotonic: dynamic)。在讨论性能时，我们将它们称为"单调"和"非单调"。

8.7　静态循环调度实现

在学习了循环调度的具体代码模式和性能后，现在我们来研究一下实际的实现方法。

我们从静态循环调度开始，因为它更简单，非常适合为动态循环调度做铺垫。

8.7.1 分块式循环调度

清单 8.5 展示了最小化各线程迭代次数不均衡问题的分块调度的实现，其中，我们使用指针 plower、pupper 和 pstride 将结果返回至编译代码。我们在规范迭代空间中操作，因此必须使用 getChunkLower() 和 getChunkUpper() 函数（这里并未展示）将其转换至编译代码所期望的迭代空间。

清单 8.5 实现分块静态调度的代码

```
auto myThread = Thread::getCurrentThread();
auto me = myThread->getLocalId();
auto numThreads = myThread->getTeam()->getCount();
auto wholeIters = count / numThreads;
auto leftover = count % numThreads;
// One contiguous chunk per thread balanced as well
// as possible.
loopVarType myBase;
loopVarType extras;

if (me < leftover) {
  // Hand out remainder iterations one to each thread to
  // maintain balance as best as we can.
  myBase = me * (wholeIters + 1);
  extras = 1;
}
else {
  myBase = me * wholeIters + leftover;
  extras = 0;
}
*plower = getChunkLower(myBase);
*pupper = getChunkUpper(myBase + wholeIters - 1)
          + extras * incr;
*pstride = count;
```

这些代码段都是截取自 CanonicalLoop 类的成员函数，我们在 8.4 节中学习过该类的定义和初始化。因此，count 表示要执行的迭代次数。

尽管 OpenMP 规范为了最小化不平衡问题而不要求分配"剩余"迭代，但大多数编译器（至少 GCC、LLVM 和 Intel 编译器）都使用这种实现，通过使用小规模测试代码来计算每个线程在不平衡的静态调度下所执行的迭代，我们可以看出这一点。

8.7.2 块循环式循环调度

将循环转换到 8.4 节所述的规范空间后，由 schedule(static, chunk_size) 支持的块循环调度比之前的平衡调度更容易实现。我们的实现如清单 8.6 所示。

清单 8.6　实现块循环静态调度的代码

```
// Allocate work block cyclically over the threads; this
// expression works when the schedule is visible to the
// compiler, but not for the same schedule when invoked
// (via schedule(runtime)) from the dynamic runtime
// scheduling interface. There, we have to return one chunk
// per call to the dispatch-next function...

auto myThread = Thread::getCurrentThread();
auto me = myThread->getLocalId();
*pstride = numThreads * scale;
*plower = base + me * scale;
*pupper = base + (me + 1) * scale - incr;
```

8.8　动态循环调度实现

由于动态循环需要共享的状态，运行时必须分配和释放状态对象，并确保每个线程都能找到与其正在执行的循环相关联的状态。由于 OpenMP API 允许 for 构造处的 nowait 子句移除循环结束时的隐式同步障，所以不同线程可能同时执行不同的循环实例。乍一看，这似乎没错，因为这是动态调度的循环，所以直到其中的所有迭代都启动以后，没有线程能离开它。然而，如果有一些迭代运行时间非常长，或者如果一直没调度某个线程，就可能有多个不同的循环同时执行。

下面的代码展示了这种极端情况。头脑清醒的人绝不应该如此编写代码。它表明，如果负载不平衡很严重，执行因此出现偏差，则线程可能会执行多个不同的循环实例：

```
#pragma omp parallel
{
  int me = omp_get_thread_num();

  for (int outer = 0; outer < 100; outer++) {
#pragma omp for schedule(dynamic) nowait
    for (int i = 0; i < 100; i++) {
      if (me == i) {
        sleep(1);
      }
      else {
        // Do something...
      }
    }
  }
}
```

本书的运行时使用的简单解决方案是，预先分配固定数量的循环描述符，每个描述符维护一个引用计数和一个序列号，将结构初始化的线程在循环描述符中存储其执行完的动态调度循环的计数。这就是我们不使用构造函数来初始化 CanonicalLoop 对象，而是在代码进入新的并行循环时，依赖 init() 函数来（重新）初始化循环状态的原因。

当线程到达动态调度的循环时，线程会查找将由循环使用的循环描述符，该循环描述符与该线程执行的动态调度循环计数相匹配，然后线程检查该描述符的状态，以检查：

1. **对该循环而言，描述符是否为已初始化的**——在此情况下，线程可使用描述符继续执行循环，因为之前已有其他线程到达，并已经完成了初始化。

2. **描述符是否为被释放的**——在此情况下，线程必须初始化描述符。

3. **描述符是否正在被初始化**——在此情况下，线程必须等待执行初始化的线程完成初始化。

4. **描述符是否依然在被其他循环使用**——在此情况下，线程必须等待其他循环释放描述符，然后将其初始化。

因为每个线程执行的动态调度循环的数量通常不会有太大差异（即线程保持合理的同步），所以我们分配了 16 个描述符，并通过简单的 Sequence % Max_Concurrent_Loops 计算来将循环序列号映射到描述符。当然，还可以使用更复杂的数据结构，但这种查找位于线程进入循环时必须经过的关键路径上，因此简单性和速度（或尽可能低的延迟）很重要。

以下所述的指导式和 monotonic: dynamic 调度都是"自调度"[128] 的示例，它表示一种基于一组规则和约束的局部决策的调度方案，每个工作线程使用相同规则，从循环迭代空间中计算其工作分配。

8.8.1　指导式调度

在 OpenMP 代码中，通过在工作分享循环上请求 schedule(guided) 或 schedule(guided, chunk_size) 来调用指导式调度。与其他 OpenMP 的调度定义一样，块大小具有减少调度程序能分配的工作块数量的效果（如 8.4 节的映射规范形式所示）。

指导式调度背后的思想是，在需要处理大量工作时，用较大的块来分发工作，而几乎没有工作时，则用较小的块来分发工作[102]。这减少了调度调用的次数，同时，我们希望取得合理的负载平衡并抗抖动。OpenMP 规范规定，每次给块分配的循环迭代次数为

$$n_{\text{assigned}} = \left\lceil F \cdot \frac{n_{\text{remaining}}}{N_{\text{Threads}}} \right\rceil$$

其中，N_{Threads} 是执行循环的线程数，$n_{\text{remainining}}$ 是未处理的循环迭代数，F（代表占比）是介于 0 和 1 之间的值，用于确定应立即分配的线程在可用迭代中的占比。许多实现设置 $F=1/2$。将其设置得较大会减少所需的原子指令数量，但代价是降低了在运行时调整适应的能力。

因为该调度减少了调用调度的次数，从而减少了对单一集中式迭代计数器的争用，所

以它比简单的 monotonic: dynamic 调度性能更好。当改变可调度工作块的数量时，我们可以很容易地计算所需原子操作的数量。图 8.4 展示了当 $F=1/2$ 时的结果。可见，如果有足够多的可调度工作块，则所需的原子操作数量会随着可调度工作组块数量的增加而对数地增加，因此明显小于单调调度所需的原子操作数量，单调调度要对每个块进行一次原子操作。

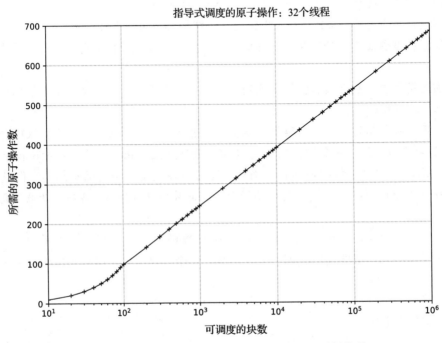

图 8.4　在 32 个线程上，指导式调度所需的原子操作数

然而，尽管指导式调度能降低调度开销，但与其他具有单调性的调度一样，它不能平衡最后的迭代占用最多时间的工作分布，因为单调性要求这些迭代在其他工作开始后才能执行。

清单 8.7 展示了指导式调度的实现。第 2 行代码读取了此时共享的 std::atomic nextIteration 值，然后从规范循环 cl 的计数中减去该值，以计算剩余块数。第 10 行到第 12 行代码计算了该线程应该索取的数量。第 17 行执行了 compare_exchange 原子操作，使其他线程得知该索取。如果另一个线程在该线程计算其份额时更新了共享的计数器（nextIteration），则 compare_exchange 操作将失败，必须重启该线程。如果 compare_exchange 成功，则该线程将结果映射回编译代码预期的迭代空间，并通过传入的指针参数将结果返回。

清单 8.7　实现 guided 动态调度的代码

```
1  for (;;) {
```

```
2    auto localNextIteration = nextIteration.load();
3    auto remaining = cl->getCount() - localNextIteration;
4    if (remaining == 0) {
5      return false;
6    }
7    // What is my share of the remaining iterations?
8    // Round up to ensure that the last iterations are
9    // consumed.
10   auto myShare = (remaining + threadCount - 1)
11                  / threadCount;
12   // Arbitrarily choose to take (rounded up) 1/2 of it.
13   auto delta = (myShare + 1) / 2;
14   // Execute the atomic CAS to update the shared state
15   // (or fail if another thread has updated while we
16   // were computing this thread's share).
17   if (nextIteration.compare_exchange_strong(
18                       localNextIteration,
19                       localNextIteration + delta)) {
20     auto lastIteration = localNextIteration + delta - 1;
21     *p_lb = cl->getChunkLower(localNextIteration);
22     *p_ub = cl->getChunkUpper(lastIteration);
23     *p_st = cl->getStride(localNextIteration,
24                           lastIteration);
25     if (p_last) {
26       *p_last = cl->isLastChunk(lastIteration);
27     }
28     return true;
29   }
30   // Compare exchange failed, should maybe perform
31   // better backoff.
32   Target::Yield();
33 }
```

8.8.2　monotonic: dynamic

单调动态调度必须递增地向线程分发迭代。最简单的实现方法是维护一个迭代计数器，当线程需要处理一个迭代时，会自动递增该计数器。该方法（以及其他依赖于单一集中式计数器的方法）的问题是，在每个核心的本地缓存之间移动包含计数器的缓存行的开销很大，并且使用此调度时，几乎每次迭代都会发生这种情况。

我们的测量结果表明，在 Arm 机器上，对同一管芯的其他核心的缓存中处于修改状态的缓存行进行原子递增操作大约需要 58 ns（与花费大约 2.7 ns 的常规加载操作相比），而跨插槽的原子操作大约需要 177 ns，而常规加载操作仅需大约 9.6 ns。因此，如果尝试调度耗时低于 1 μs 的循环迭代，那么最低开销（即使没有争用）也很显著。当存在争用时，原子操作的执行时间迅速增加，如图 8.5 所示。可见，在完全争用的情况下，当这台机器拥有 50 多个核心时，原子操作的时间超过 2 μs。这意味着，如果工作量 / 迭代少于这个数量，这个调度就不能很好地工作。

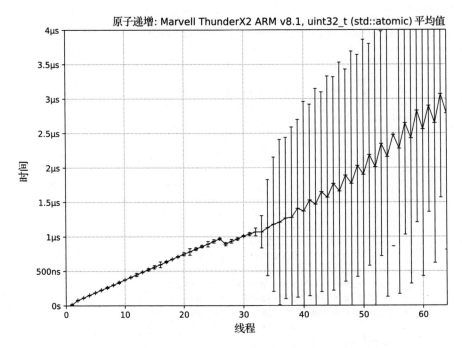

图 8.5　Arm 处理器上，原子递增争用的扩展情况

　　因为每个线程只是在规范迭代空间中递增单一全局计数器（请参见清单 8.8），所以 monotonic: dynamic 调度很容易实现。这与指导式调度非常相似，唯一的区别在于选择更改共享计数器的程度。其余代码都是将结果从规范迭代空间映射回来的标准代码（处理循环的基础和任意分块），这与指导式调度的代码完全相同。

清单 8.8　实现 monotonic:dynamic 调度的代码

```
for (;;) {
  auto localNI = nextIteration.load();
  if (UNLIKELY(localNI == cl->getCount())) {
    // No iterations remain.
    return false;
  }
  // Using compare_exchange rather than add avoids going
  // past the end, which could, potentially, be a problem
  // if iterating over the full range of the type.
  if (nextIteration.compare_exchange_strong(localNI,
                                            localNI + 1)) {
    *p_lb = cl->getChunkLower(localNI);
    *p_ub = cl->getChunkUpper(localNI);
    *p_st = cl->getStride(localNI, localNI);
    if (p_last)
      *p_last = cl->isLastChunk(localNI);
    return true;
```

```
    }
    // Compare exchange failed, should maybe perform
    // better backoff.
    Target::Yield();
}
```

8.8.3　nonmonotonic: dynamic

在 OpenMP 标准描述的各种调度中，非单调动态调度的语义需求最少，因此它拥有最多的可行实现方案。如果有人想为 OpenMP 运行时实现增加新的调度实现，那么此处就是增加新实现的好地方，除了要保证健全性（即，每个迭代必须精确地执行一次，并且只应执行循环中的迭代）外，几乎没有其他约束。

一个相对简单的实现方法是使用静态窃取。该方法基于在任务系统中使用的技术，如 Intel TBB[66, 151] 和文献 [16]，其中每个线程维护自己的任务池（请参见第 9 章）。然后，它会更新双端队列的某一端，而其他线程在窃取任务时会更新另一端。在循环调度时，线程一开始会从分块调度中收到迭代集合，即它将在 schedule(static) 循环中执行的迭代集合。然而，当线程执行完那些最初分配的迭代后，它会搜索尚未启动且由其他线程拥有的迭代，然后该线程会窃取一些并执行。由于迭代是连续的，因此它们可以用起始点和结尾点来表示，而不用处理任意任务时所需的双端队列。但我们确实想保持更新操作之间是分离的，方法是让持有工作的线程递增迭代起始值，而试图窃取工作的线程则递减迭代结尾点。

在此实现中，应该可以将线程执行已有工作时的通用路径上的所有原子操作移除。具体的实现方法留作练习。这里，我们只考虑最简单的实现，假设工作的所有者和窃取者都执行原子操作。虽然这是次优的，但该方法的性能仍然比单调调度的好得多，因为现在原子指令涉及 $N_{Threads}$ 个不同的缓存行，而非只有一个，而且许多迭代执行只需要对本地工作描述符进行原子操作，而该描述符可能还存在于其所有者的缓存中。

该实现的优点是，在工作负载平衡时，它与 schedule(static) 分块调度非常相似，也具有相同的引用局部性和亲和性优势，而当负载不平衡时，它比其他静态调度方案更能适应调整执行状态。然而，它与指导式调度和单调调度的区别在于，我们能通过指导式调度和单调调度计算出所需的原子操作数，而使用工作窃取时，我们无法计算。可能根本不需要原子操作（如果平衡的静态调度能正常工作），或者如果存在严重的不均衡，那么就需要很多原子操作。此实现的这种"即用即付"的方式是其优势之一。

此实现的完整代码多到无法展示，因此我们只展示代码的关键要素。清单 8.9 展示了代码处理本地工作时的情况。可见，在此实现中，仍然使用比较并交换操作来处理本地工作，因此其他正在窃取工作的线程可能会延迟该操作。试图窃取远程工作的代码如清单 8.10 所示。如代码注释所言，这实在是过于谨慎了！

清单 8.9   处理 nonmonotonic:dynamic 本地迭代的代码

```cpp
// For simplicity use compare_exchange here as well as in
// the steal operation.  This should not be *too* bad,
// since most of the time, stealing is not happening, and
// a thread is operating on local data.
template <typename UT>
    for (;;) {
      contiguousWork oldValues(this);
      auto oldBase = oldValues.base;
      auto oldEnd = oldValues.end;
      // Have we run out of local iterations?
      if (oldBase >= oldEnd) {
        return false;
    }
    auto newBase = oldBase + 1;
    contiguousWork newValues(newBase, oldEnd);
    // Did anything change while we were calculating our
    // parameters?
    if (atomicPair.compare_exchange_strong(oldValues.pair,
                                            newValues.pair)) {
      // Nothing changed; we succeeded in incrementing the
      // base without anything else changing around us.
      *basep = oldBase;
      return true;
    }
  }
}
```

清单 8.10   窃取 nonmonotonic:dynamic 调度迭代的代码

```cpp
template <typename UT>
bool contiguousWork<UT>::trySteal(UT * basep, UT * endp) {
  for (;;) {
    contiguousWork oldValues(this);
    auto oldEnd = oldValues.end;
    auto oldBase = oldValues.base;

    // We need this >= to handle the race resolution case
    // mentioned above, which can lead to (1,0)
    // (or equivalent) appearing...
    if (oldBase >= oldEnd)
      return false;

    // Try to steal half of the available work. By doing
    // that, we distribute stealable work across the
    // machine, reducing contention and meaning that
    // stealing threads need to look less far to find it.
    auto available = oldEnd - oldBase;

    // Round up so that we will steal the last available
    // iteration.
    auto newEnd = oldEnd - (available + 1) / 2;
```

```
contiguousWork newValues(oldBase, newEnd);

// Did anything change while we were calculating our
// parameters? This is slightly over cautious. If we are
// stealing iterations 1000:2000, it doesn't matter if
// the owner claims iteration zero, so we should be able
// to be smarter about this.
if (atomicPair.compare_exchange_strong(oldValues.pair,
                                       newValues.pair)) {
  // Nothing changed, so we succeeded in stealing.
  *basep = newEnd;
  *endp = oldEnd;
  return true;
  }
 }
}
```

为了确保说明的完整性，我们需要展示一个没有工作的线程如何寻找"受害"线程并窃取工作。对此有很多可行方案，具体的工作量决定了何种方案最有效。本书的运行时随机选择受害者，然后从那里向前搜索，跳过那些也在搜索的线程。另一种可行方案是，只是随机选择受害者，但不向前搜索，或者一开始就尝试从 NUMA 域中窃取工作。任务调度的那些经验也可应用于此（请参见 9.4.3 节）。

我们还必须判断何时没有需要调度的工作（即所有规范迭代都已开始执行）。一种方法是当所有线程都在搜索工作的时候，此时我们确信线程都没有本地工作了。然而，该方法判断的是迭代是否都已完成执行，而我们其实想判断的是迭代是否都已开始执行。我们需要更精细的判断方法，以便线程能离开循环并执行位于循环后的同步障处的任务，或者，如果循环有 nowait 子句，则线程继续执行循环后的代码。

为了判断所有规范迭代都已开始执行的时间，每个线程都维护并计数它已开始的迭代次数。该值仅由所属线程更新，因此不需要用原子加法指令。然后，当正在寻找工作的线程遍历潜在受害者时，它能算出已开始的迭代的总数。在遍历所有线程后，比较该总数与迭代总数。如果没有剩余的工作，该线程可以设置标志（以便其他线程能立即得知该情况），然后离开循环。

虽然在这里，扫描所有其他线程并找到没有可用的迭代似乎就足够了，但存在潜在的竞争条件，即窃取线程已从受害者线程中移除了迭代，但还没有使其再次变为可见，这意味着该方法可能不会奏效。

8.9　循环调度评估

为了评估不同的循环调度，我们使用三种不同的基准测试。

在每种情况下，内部循环都调用相同的对某个值进行不可优化的操作的函数，以消耗固定的常量时间：

```
static uint64_t loadFunction (uint64_t v) {
  for (int i = 0; i < 15; i++) {
    v = ((v + 4) * (v + 1)) / ((v + 2) * (v + 3));
  }
  return v;
}
```

在以下情况中，基准测试程序使用此函数来再现三种不同的算法行为：

❑ **方形**——此处，迭代方形数组，仅将外部循环并行化，并在每个单元格上执行少量工作。预计内部迭代具有相似的常量时间：

```
#pragma omp for schedule(...)
for (int i = 0; i < DIM; i++)
  for (int j = 0; j < DIM; j++)
    array[i][j] = loadFunction(array[i][j]);
```

❑ **递增**——此处，迭代方形数组中逐渐增加的三角形区域，再次将外部循环并行化：

```
#pragma omp for schedule(...)
for (int i = 0; i < DIM; i++)
  for (int j = 0; j <= i; j++)
    array[i][j] = loadFunction(array[i][j]);
```

这使得每一个外部迭代都比前一个消耗更多的时间。

❑ **随机**——此处，执行相同的内部计算，但内部迭代的执行次数随机（介于 1 和 15 之间），通过折叠两个外部循环并行执行每组内部迭代：

```
#pragma omp for schedule(...) collapse(2)
for (int i = 0; i < (DIM / 2); i++){
  for (int j = 0; j < (DIM / 2); j++) {
    int loops=int(array[i][j]) & 15;
    for (int k = 0; k <= loops; k++)
      array[i][j] = loadFunction(array[i][j]);
  }
}
```

在所有基准测试中，在每次执行计时循环之前，我们都重新初始化数组内容。

在 Arm 处理器上，计算 loadFunction() 需要大约 93 ns，当我们将 DIM 设置为 2500 时，迭代调度属性如表 8.1 所示。

表 8.1　调度实验的迭代时间

实验	迭代时间		
	最小值	平均值	最大值
方形	230 μs	230 μs	230 μs
递增	95 ns	115 μs	230 μs
随机	95 ns	700 ns	1.4 μs

我们展示了在 Arm 机器上使用由 clang 9.0.0 编译的代码以及相关的 LLVM OpenMP 运行时库的循环调度的性能，与本书附带的运行时库的性能相近。在所有情况下，线程亲和性都被强制保证，因此我们只使用了每个 Marvell 核心的四个 SMT 线程中的一个，并将线程强制绑定到特定的单一逻辑核心上。

对于每种情况，我们绘制了当核心数增加时，不同调度方案（但仍然是 OpenMP 代码）相比于最佳单线程情况的并行效率。请注意，y 轴的底部不是零，顶部也不是 100%，因此在比较不同的结果时，需要对此留意。

图 8.6 展示了"方形"的结果，在此情况下，每个工作块预计花费相同时间。然而，我们发现，动态调度（单调、非单调和指导式）都比静态调度性能更好。在单个插槽内可以达到大约 105% 的并行效率，这意味着代码取得了超线性加速比，因此并行运行时执行单个工作块的平均时间比在单个核心的运行时间短。这明显说明代码是缓存敏感的，并且有更多的可用缓存是有益的。当触及第二个插槽时（即多于 32 个核心），扩展性的下降也表明 NUMA 效应可能正在发挥作用。总之，尽管静态调度在单插槽内表现得不错，但动态调度表现得最好，而"static,1"表现得最差（再次表明缓存位置很重要）。

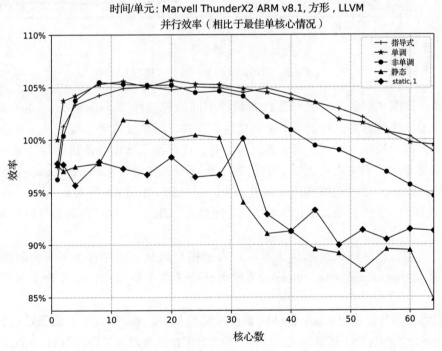

图 8.6 循环调度的并行效率（方形）

图 8.7 展示了"递增"的结果。动态调度的性能与之前情况的性能类似，也与"static,1"调度的性能相近。因为最大的工作块都将分配给相同核心，因此，如你所料，简单的静态调度的性能非常糟糕。

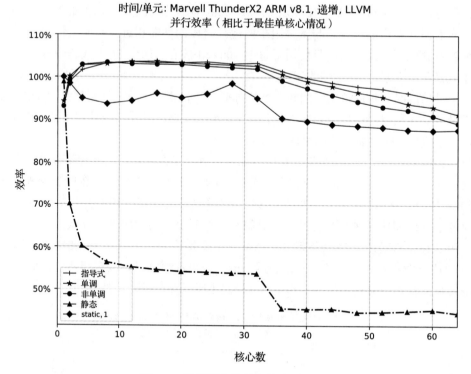

图 8.7　循环调度的并行效率（递增）

　　然而，如图 8.8 所示，"随机"具有截然不同的性能结果。monotonic:dynamic 调度表现得很差。这是因为，对于每个被调度的工作块，该调度方案需要在单个被争用的缓存行上进行原子操作。因此，当工作块较小时，这些原子操作会使机器吞吐量过载，因此性能非常差。我们来看一下在这台机器上执行一个完全争用的 std::atomic<unit32_t>::operator++(int)（后缀递增运算符）所需的时间（如图 8.5 所示），可见，在使用大约 16 个线程时，此操作的成本比平均迭代时间要大。因此，该调度不能很好地处理小的工作块。

　　如上所述，指导式调度减少了所需的原子操作数量，同时保留了一个争用点来避免此问题，而 nonmonotonic:dynamic 调度则移除了单个争用点，还减少了原子操作的数量。

　　我们当然不是第一个比较 OpenMP 调度实现的人，毫无疑问也不会是最后一个。我们引用的许多论文都包含了基准测试。还有一些公开的微基准测试套件，例如"EPCC 微基准测试套件"[18]。

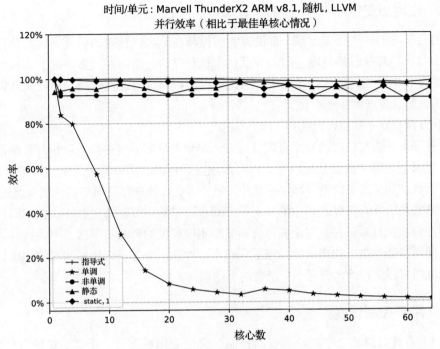

图 8.8　循环调度的并行效率（随机）

8.10　其他循环调度方案

除了我们已经讨论过的调度方案之外，OpenMP API 还有 schedule(auto) 调度，它允许编译器选择自己喜欢的调度方案。该方法还能附带添加其他调度方案，然而，某些编译器目前将其视为 schedule(static)。

OpenMP API 还支持 schedule(runtime)，它会使编译器生成类似于动态调度的代码（对每个迭代块调用运行时），但是要设置环境变量 OMP_SCHEDULE 或调用 omp_set_schedule() 函数来决定究竟使用哪一种调度。虽然这看起来是在代码中测试不同调度的简单方法，但对静态调度而言，这有点不公平。因为如果静态调度在编译时已知，则编译器可以为每个线程生成一个运行时调用来处理整个循环，而调用 schedule(runtime) 和 OMP_SCHEDULE="static" 时，对每个迭代块都必须调用一次运行时。因此，在这种情况下，静态调度的性能将比它们被编译器内联时的性能稍差（在基准测试中，为避免此情况，每个调度都有单独的函数）。

对 OpenMP API 进行评估并增加新调度的工作仍在进行中，请参阅文献 [22] 和文献 [73] 中的方案。

8.10.1 使用历史信息

我们已学习的这些调度方案，都没有利用循环在上次执行时的调度方式的信息。它们反而认为每次循环执行都是唯一的，并且是未执行过的。然而在通常情况下，执行中的工作分享循环将出现在其他外部循环中。因此可以记录测得的迭代时间，并在循环再次执行时，利用该信息改进调度。

但此方法存在一些潜在问题：

❑ **开销**——收集计时信息本身需要时间，记录信息需要内存。当运行时系统访问此信息时，必须为信息分配内存，这将增加缓存压力。必须努力消除这些额外的开销，而且，如果所有的循环都带有这些开销，那么仅改进部分循环的性能可能还不够。

❑ **非重复**——对于源代码中的特定循环而言，虽然它可能每次都在执行相同代码，但在每次执行时，它都完全有可能面临着不同程度的负载不平衡，因为执行迭代的时间很可能取决于数据。为了克服这一点，可以记录基于调用树回溯的性能，这样调度器可以更好地区分同一个函数的不同调用。

8.10.2 用户控制调度

另一个有趣的想法是将循环调度的控制权交给应用程序员，让他们提供自己的函数，将迭代分配给线程。这样他们能进"厨房"亲自准备"菜谱"，而非只从已备好的调度"菜单"里选择。

对大多数用户而言，这可能没什么用。然而，编写大量使用的库的人可能会对此感兴趣，因为直接编写大量底层库能带来足够的总体收益，而且他们已具有底层控制方面的专业知识。该方法还提供了优秀的研究环境，在这里能测试各种调度，如果它们确实能提高实际应用程序的性能，那么将来也有机会被纳入标准（或通过 schedule(auto)、schedule(runtime)、schedule(nonmonotonic:dynamic) 使用它们）。

OpenMP API 规范可能会添加一些功能，以便在未来版本中支持该方法 [72]。

8.11　总结

不要忽略循环调度可达到的理论极限。当可用并行性不足时，循环调度无法克服底层不平衡所造成的理论限制。因此，最好由应用程序员解决该问题，而非由运行时实现来解决。

即使是处理看起来非常平衡的工作，动态调度也能表现得很优秀。在现实世界中，中断或不同芯片的不同冷却速率引发的时钟速度差异等，都会导致失不平衡。静态调度无法对此做出反应，而动态调度可以，因此虽然这在抽象的理论世界中似乎不可能，但实际上动态调度能表现得更好。

　　因为静态调度能预先确定迭代到线程的映射，所以静态调度能提供亲和性。因此，静态调度的优点是，在每次执行循环时，迭代与线程的映射分布能保持不变。如果迭代代表的是数组索引，那么数据可以留存在处理器的缓存中，即使静态调度产生的负载不平衡比动态调度产生的多，静态调度依然执行得更快。nonmonotonic:dynamic 调度的工作窃取实现试图维护此属性，因为在成功窃取工作前，线程的工作都是由 schedule(static) 分配的。

　　其他参数会影响最佳并行循环调度方案。当线程执行迭代数组的并行循环时，循环调度会显著影响缓存缺失和伪共享的数量。本地亲和性映射也会产生影响。"static,1"调度会以 OpenMP 实现的枚举方式将迭代映射到连续线程上，但这些线程在物理上彼此靠近（因此可能在相同插槽中）还是彼此远离（可能在不同插槽中）取决于 OpenMP 线程枚举映射到底层硬件的方式，这是由亲和性设定控制的。

　　循环调度是一个复杂的主题。正如在前述的观点以及大量相关文献中所见，有多种可行实现方案，而对给定的代码而言，无法轻易判断出最佳实现方案。

　　最后，在你试图重新发明创造之前，要先了解其历史。正如另一篇文章中所提到的，"在实验室里呆几个月，通常不如在图书馆里待几个小时"[26]。在这里，花一些时间阅读关于调度的论文，能帮你节省大量用于重新发明某种具有众所周知的属性的调度方案的编程时间。这当然不是说你不应该在机器上使用应用程序代码来测量不同调度方案的性能，只是说，这个领域已经很成熟了，因此多了解一些历史至关重要。

任务并行模型的运行时支持

本章将描述任务模型的实现。正如第 4 章提到的，基于任务的并行编程模型会为每个生成的任务创建一个闭包（即数据加上指向代码的指针）。这些闭包被存储在任务池中，由系统中的线程执行。

我们首先来看任务池的实现。即使是对于最基本的基于任务的执行模型，这也是基础。然后，我们将讨论如何扩展这个基本实现，以提高性能和可扩展性。最后，我们将探讨实现如何处理调度约束，即如何实现正在执行的任务之间的任务同步。

我们应该担心的一个问题是，创建任务并在其他线程中执行它们，可能会增加解决初始问题所需的内存量。并行代码可能比串行代码需要更多的内存，这并不奇怪，因为每个线程都需要自己的栈，而且我们在前面已经介绍过，线程（和任务）通常需要自己的变量副本。因此，我们关注的是，在执行具有 $N_{Threads}$ 个线程的代码时所需的内存不应超过串行情况下所需内存的 $N_{Threads}$ 倍。论文 "Space-Efficient Scheduling of Multithreaded Computations" [15] 从理论上证明了 Cilk 使用的任务窃取实现可以满足这一要求。

9.1 任务描述符

正如我们在 4.2 节和 4.4.6 节中简要提到的，编译后的代码会使用运行时入口点将创建的任务移交给运行时系统，以便以后执行。我们需要设计对应的数据结构来存储任务，这样没有工作的线程就可以搜索该数据结构以找到要执行的任务。

在此之前，我们简要回顾一下什么是任务。正如我们在 4.2.1 节中看到的，任务由指向一段可执行代码的指针和指向任务执行所需数据的指针组成。任务描述符是用来存储这两个指针的数据结构。有关此结构的最基础版本，请参见清单 9.1。它只包含一个名为

Closure 的对象。在该对象中，类型为 ThunkPointer 的成员 routine 指向编译器外联的可执行代码（thunk 函数）。Closure 类中的成员 data 是指向任务执行所需要的数据的指针。

清单 9.1　最基本的任务描述符

```
typedef int32_t (*ThunkPointer)(int32_t, void *);

struct TaskDescriptor {
  struct Closure {
    void * data;
    ThunkPointer routine;
  };

  Closure closure;
};
```

你可能认为这个任务描述符过于简单，这是完全正确的想法。在本章中，我们将在任务描述符中添加更多的元素来实现不同任务特性。最后，任务描述符将是整个运行时的信息中心，可以在执行应用程序代码的整个生命周期中记录有关任务当前状态的所有信息。

9.2　任务池实现

任务池是用于存储所有已创建任务的中心容器，以便之后可以执行这些任务。不过，有一点需要注意：有些人将任务池称为任务队列。但是，"队列"这个术语隐含着特定的访问行为——通常是先进先出（First In First Out，FIFO），而任务池可以有不同的访问行为，这取决于运行时实现和为运行时系统选择的任务调度方法。虽然任务队列似乎是使用更广泛的术语，但我们将使用任务池术语，因为我们认为它是更准确的术语。

任务池的基本操作是用 put() 将任务添加到容器中，用 get() 检索要执行的任务。put() 由创建各自新子任务的父任务执行，而 get() 则由执行该任务的线程执行。put() 方法返回一个 bool 值，以指示任务存储在了任务池中（true）或者任务池已满而未能存储该任务描述符（false）。如果任务池为空，get() 方法返回 nullptr。表 9.1 总结了这些操作的函数原型及语义。

表 9.1　任务池的基本操作

操作	语义
bool put(TaskDescriptor * td)	由父任务调用，以将指向已创建任务的任务描述符的指针存储在任务池中。如果存储了任务描述符，则返回 true；否则，返回 false
TaskDescriptor * get()	由执行线程调用，从任务池中检索任务描述符的指针以执行。如果任务池为空，返回值可能为 nullptr

清单 9.2 展示了表 9.1 操作的接口的实现基础。这里，我们使用 C++ 的私有继承和

using 语句来导入实现。任务池的实际实现是通过模板参数 TaskPoolImpl 注入的，我们将在下面进行讨论。

清单 9.2 任务池类的接口

```
struct TaskPool : private TaskPoolImpl {
  using TaskPoolImpl::put;
  using TaskPoolImpl::get;
};
```

9.2.1 单任务池

任务池的第一个实现（也是最简单的）是一个由所有线程共享的单一集中式数据结构。当线程创建任务时，会将任务放入这个池中。当线程需要执行任务时，会在池中查找并从中删除任务。可以想象，我们可以通过多种方式实现集中式池。我们将提出两种实现策略，并探讨它们的优缺点。

9.2.1.1 LIFO 链表

我们将考虑的第一种数据结构是基于后进先出（Last In First Out，LIFO）链表的任务池，这是一种非侵入式链表实现 [24, 117]。清单 9.3 展示了任务池接口需要的 put() 和 get() 操作的实现。这个实现非常简单。

put() 方法接收指向任务描述符的指针作为参数，并分配一个新的链表节点来存储它。ListNode 类由一个用来存储该指针作为有效载荷的成员和一个指向链表中下一个 ListNode 对象的指针组成。新节点在临界区之外进行分配，因为这种分配可能开销很大，并且不应该在串行的关键路径上。然后申请锁，将当前 head 存储到新节点中，更新任务池中的 head 指针使其指向新插入的节点。最后，该方法返回 true 以表示插入成功。

get() 操作也很简单。如果设置了 head 节点，则池中至少有一个任务描述符。因此，该代码将相应的任务描述符取出，从链表中删除节点，并释放 ListNode 对象。然后，返回指向任务描述符的指针（如果任务池为空，则返回 nullptr）。

清单 9.3 LIFO 链表任务池实现

```
template<class Lock>
struct TaskPoolLinkedListLIFO {
  TaskPoolLinkedListLIFO() : head(nullptr) {}

  bool put(TaskDescriptor * task) {
    auto node = new ListNode{nullptr,task};
    {
      const std::lock_guard<Lock> guard(lock);
      node->next = head;
      head = node;
    }
    return true;
  }
```

```
    TaskDescriptor * get() {
      ListNode * node = nullptr;
      TaskDescriptor * task = nullptr;
      const std::lock_guard<Lock> guard(lock);
      if (head) {
        node = head; head = head->next;
      }
      if (node) {
        task = node->task;
        delete node;
      }
      return task;
    }

private:
  struct ListNode {
    ListNode * next;
    TaskDescriptor * task;
  };
  ListNode * head;
  Lock lock;
};
```

你可能已经注意到代码使用了 std::lock_guard 模板。任务池必须是一个共享的数据结构，因为其整体目标是成为多个线程可以提取工作的地方。因此，可能有多个线程创建任务，并试图同时在池中存储新的任务描述符，而其他多个线程可能正在请求执行任务。为了避免这些竞争条件，该实现使用一个 Lock 对象来防止 put() 和 get() 操作并发执行。为了灵活地实现锁，我们将锁类型作为模板参数传递，以便在模板实例化时可以轻松地更改它。当依赖于 lock_guard 对象时，锁会在 lock_guard 实例化时自动获取，在变量 guard 超出作用域时解锁。第 6 章讨论了互斥问题和锁的实现细节，如果你想重温这些细节，那么你可以参考那一章，尽管这些细节不是理解这里的问题的必要条件。

现在，我们可以在并行运行时的编译单元中，使用文件作用域变量实例化清单 9.2 中任务池接口的实现，如下所示：

```
typedef TaskPoolLinkedListLIFO<std::mutex> TaskPoolImpl;
struct TaskPool : private TaskPoolImpl {...};
TaskPool taskPool;
```

为了简单起见，我们使用 std::mutex 锁来实例化链表任务池模板。任何满足 C++ BasicLockable 要求的锁都可以与 std::lock_guard 类一起使用。第 6 章中描述的所有锁都满足该要求，因此其中的任何一个都可以使用。在本章的剩余部分中，我们将多次回顾任务池的锁，但下一步将实现在任务描述符中存储传递到运行时库的任务的代码。

9.2.1.2　存储任务

put() 和 get() 接口操作使任务创建和存储的代码相对简单（参见清单 9.4）。生成

的应用程序代码调用相应的运行时函数，即 TBB 中的 task_base::spawn() 和 LLVM 的
OpenMP 运行时中的 __kmpc_omp_task()（及其变体）。对于 TBB，编译器直接传递 C++ 函
数对象，而在实现 OpenMP API 时，编译器通常分别传递指向代码和数据的指针。C++ 方
法对运行时来说更简洁，但需要更多的编译器支持，因此早期的 OpenMP 实现者采用了更
易于实现的方案，该方案已成为应用程序二进制接口（Application Binary Interface，ABI）
的一部分，因此很难更改。如果现在从头开始实现 OpenMP API，几乎可以肯定编译器会生
成类似于使用 lambda 表达式的 C++ 函数对象实现所使用的代码。

清单 9.4　在任务池中创建和存储任务

```
using namespace lomp::Tasking;

TaskDescriptor::Closure *
__kmpc_omp_task_alloc(void *, int32_t, void *,
                      size_t sizeOfTaskClosure,
                      size_t sizeOfShareds,
                      ThunkPointer thunk) {
  auto task = AllocateTask(sizeOfTaskClosure, sizeOfShareds);
  InitializeTaskDescriptor(task, sizeOfTaskClosure,
                           sizeOfShareds, thunk);
  return TaskToClosure(task);
}

int32_t __kmpc_omp_task(void *, int32_t,
                        TaskDescriptor::Closure * closure) {
  auto task = ClosureToTask(closure);
  StoreTask(task);
  return 0;
}

bool StoreTask(TaskDescriptor * task) {
  return taskQueue.put(task);
}
```

由于这个过时的接口，我们需要通过 TaskToClosure() 将任务描述符显式转换为闭包
对象，然后通过 ClosureToTask() 再转换回来。正如我们在第 1 章中提到的，我们希望本
书示例代码的实现与 LLVM 和 Intel 编译器兼容。可惜的是，这些编译器不允许我们轻易地
扩展任务描述符来保存额外的信息。但是，实现者可以使用指针运算技巧，将附加状态放
在指向描述符的指针之前。为了保持兼容，即使再烦琐我们也必须重复同样的操作。

AllocateTask() 函数为任务描述符分配内存。然后，InitializeTaskDescriptor()
函数将所有字段初始化为各自的默认值，并确保任务描述符在添加到任务池之前处于一致
的状态，如清单 9.5 所示。

清单 9.5　分配和初始化任务描述符

```
TaskDescriptor * AllocateTask(size_t sizeOfTaskClosure,
                              size_t sizeOfShareds) {
```

```
    auto allocSize = ComputeAllocSize(sizeOfTaskClosure,
                                      sizeOfShareds);
    auto task =
    static_cast<TaskDescriptor *>(malloc(allocSize));
    return task;
}

void InitializeTaskDescriptor(TaskDescriptor * task,
                              size_t sizeOfTaskClosure,
                              size_t sizeOfShareds,
                              ThunkPointer task_entry) {
    if (sizeOfShareds > 0) {
        size_t offset = sizeof(task->metadata) +
                        sizeOfTaskClosure;
        task->closure.data = ((char *)task) + offset;
    }
    else
        task->closure.data = nullptr;
    task->closure.routine = task_entry;
}
```

__kmpc_omp_task() 入口点将传入的任务闭包转换为任务描述符，然后调用
StoreTask()，后者调用 put() 将任务描述符存储在任务池中。现在，我们忽略所有这些函
数的返回值，因为任务池的实现使用的是标准的内存分配器，它可以分配任意数量的内存
（我们假设内存不会被耗尽）。

9.2.1.3　执行任务

清单 9.6 描述了检索任务以执行的消费者线程的代码。ScheduleTask() 函数在线程空
闲时调用，因此需要获取任务来执行。该函数从任务池调用 get() 函数来获取任务描述符。
如果任务池为空，则此函数可能返回 nullptr，因此如果没有可用的任务，ScheduleTask()
函数将直接返回。如果 get() 返回了任务，则调用该任务。

清单 9.6　从任务池中检索并执行任务

```
bool ScheduleTask() {
    bool result = false;
    auto task = taskPool.get();

    if (task) {
        InvokeTask(task);
        result = true;
    }

    return result;
}

void InvokeTask(TaskDescriptor * task) {
    int32_t gtid = 0;

    task->closure.routine(gtid, &task->closure);
```

```
    FreeTask(task);
  }
```

此时的任务调用非常简单。InvokeTask() 函数的唯一操作是从任务描述符的闭包对象中通过 thunk 指针 routine 执行间接调用，并将数据指针作为参数传递给该间接函数调用。LLVM 和 Intel 编译器的特定调用规范要求传递完整的闭包对象，而 GCC 的实现期望用数据指针直接调用 thunk：

```
    task->closure.routine(task->closure.data);
```

在 thunk 调用返回到 InvokeTask() 后，任务已经完成执行，因此可以从系统中删除。这是通过调用 FreeTask() 来完成的。

清单 9.7 展示了如何执行任务的分配和释放。由于我们需要处理一些非常底层的内存布局，因此函数使用 malloc() 和 free()API 来进行底层内存管理。更复杂的实现将使用内存分配器，如 5.3 节所述。

清单 9.7　用于分配和释放任务描述符的函数

```
TaskDescriptor * AllocateTask(size_t sizeOfTaskClosure,
                              size_t sizeOfShareds) {
  size_t allocDiff =
      sizeof(TaskDescriptor) -
      sizeof(TaskDescriptor::Closure);
  size_t allocSize =
      std::max(sizeof(TaskDescriptor::Closure),
               sizeOfTaskClosure) +
      sizeOfShareds + allocDiff;
  TaskDescriptor * task =
      static_cast<TaskDescriptor *>(malloc(allocSize));
  return task;
}

void FreeTask(TaskDescriptor * task) {
  free(task);
}
```

AllocateTask() 函数给出了我们所提到的处理方式，目的是使这里提供的运行时实现与 LLVM 和 Intel 编译器兼容。生成的代码通过传递 sizeOfTaskClosure 参数来告诉分配函数任务闭包需要多少数据。sizeOfShareds 参数包含了为创建的任务存储额外数据所需的字节数（参见 4.4.6 节）。然后 AllocateTask() 函数计算必须分配的内存量，以满足已编译代码所请求的空间和运行时库数据所需的空间。

有一个主题我们需要在稍后讨论，那就是在哪里实际调用 ScheduleTask()。我们将首先改进任务池以确保拥有一个正确的、高性能的实现。然后，再尝试演示在何处放置 ScheduleTask() 调用，以确保实际执行创建的任务。

9.2.1.4 讨论

通过这个任务并行编程模块运行时的第一个实现，我们可以执行简单的任务程序。但是这个简单的实现是否合理，性能是否良好呢？事实上，我们还没有实现几个关键的任务特性（例如，同步机制）呢，另外这个实现也有一些严重的缺陷。

首先，运行时库需要执行许多内存分配，以跟踪任务及其描述符。回想一下清单 9.3 和清单 9.4，你会看到对于系统中的每个任务，必须分配和释放两个内存块：链表中的节点和任务描述符。虽然我们不能避免对任务描述符的内存分配，但在链表中存储描述符的内存分配似乎是可以避免的。当然，我们可以使用 5.3 节的方法来减少分配 / 释放延迟，因为我们知道 ListNode 对象都有相同的大小，因此可以很容易地成为专用内存池的一部分。我们还可以选择侵入式链表实现，用任务描述符来存储链表项之间的链接。

链表实现的另一个问题是内存使用效率低下。查看 ListNode 类，可以看到只有一半的内存用于实际的有效载荷——指向任务描述符的指针。用于连接链表中节点的 next 字段消耗了另一半内存。正如 5.3.1 节所讨论的，要尽可能有效和高效地使用内存，以减少并行运行时系统对内存子系统的影响，尤其是对缓存的影响，这一点非常重要。因此，我们需要找到一种更有效的数据结构。

这个实现还有另一个关键问题，这个问题与使任务池线程安全的 std::mutex 对象相关联。由于系统中可能会有许多并发的生产者以及任务的消费者，所有参与任务执行的线程都会竞争 std::mutex 对象。6.6.2 节介绍了锁的争用具有很大的开销，因此选择正确的实现对这个数据结构至关重要。更有问题的是，该任务池实现使得任务管理串行化，因为它为生产者和消费者锁定了整个池。这对于大量线程和短期运行的任务来说是有问题的。

接下来，我们尝试提出一个更好的任务池实现，这将略微提高效率。然后，我们将研究是否可以提高可扩展性并减少串行的需求。

9.2.2 多任务池

接下来，在实现高效任务池的过程中，我们将学习如何用基于数组的池替换链表。该数据结构将任务描述符的指针存储在一个类似数组的数据结构中，这样能够更好地利用内存，因为每个任务都不需要额外的数据。它只需要锁来保护任务池，同时需要一个计数器来跟踪存储的任务描述符。清单 9.8 给出了具体的实现。

清单 9.8 LIFO 任务池的数组实现

```cpp
template <class Lock, size_t maxSize>
struct TaskQueueArrayLIFO {
  TaskQueueArrayLIFO() : taskCount(0) {
    queue.fill(nullptr);
  }

  bool put(TaskDescriptor * task) {
    const std::lock_guard<Lock> guard(lock);
```

```
    if (taskCount >= maxSize) {
      return false;
    }
    queue[taskCount] = task;
    taskCount++;
    return true;
  }

  TaskDescriptor * get() {
    TaskDescriptor * task = nullptr;
    const std::lock_guard<Lock> guard(lock);
    if (taskCount > 0) {
      task = queue[taskCount - 1];
      queue[taskCount - 1] = nullptr;
      taskCount--;
    }
    return task;
  }

private:
  size_t taskCount;
  std::array<TaskDescriptor *, maxSize> queue;
  Lock lock;
};
```

我们选择使用 std::array 来存储指向任务描述符的指针。另一种选择是使用 std::vector 或常规的 C 风格数组。put() 和 get() 方法的实现相对简单，它们还是依靠锁来保证任务池线程安全，因而再次使用 std::lock_guard 来保护这些方法。

当将任务送入任务池时，代码首先检查任务池中是否有空闲位置。如果没有，则 put() 方法返回 false，以指示任务描述符没有成功存储在任务池中。这就把处理这种情况的责任交给了调用者，我们将在 9.2.2.1 节中看到它是如何处理的。该方法的其余部分用来存储任务描述符，通过递增计数器来记录任务数量，并返回 true 以告诉调用者任务描述符现在已成功存入池中。

要从任务池中检索任务描述符，get() 首先检查任务池是否为空，如果为空，则返回 nullptr。如果池中至少有一个任务描述符，则检索指向任务描述符的指针并递减计数器，然后返回指向描述符的指针。

9.2.2.1 处理满任务池

当任务池满时，清单 9.8 中的代码要求调用者处理这种情况。如果我们使用 std::vector，似乎可以避免这个问题，因为其存储容量会自动增长，可以为更多的任务描述符腾出空间。然而，这也不是一个理想的解决方案。

即使数据结构能自动扩容，我们也不希望它增长得太大。你可能还记得，并行运行时系统的内存消耗应该保持在较低的水平，以减少其对应用程序内存占用的影响。此外，每当数据结构扩容时，可能必须将以前分配的内存复制到新的、更大的内存区域。这是一个开销很大的操作，因此增加了运行时系统中任务管理的开销。你肯定不希望这样的事情发生在关键路径上。它还可能对缓存的内容产生重大影响，导致对应用程序有用的数据被替换，因此可能导致额外的缓存未命中。因此，std::vector 的大小应该是有界限的，以防止其扩展超过了定义好的极限。一旦我们执行该要求，就必须再次处理没有空间存储更多任务描述符的情况。

　　一种解决方案是，使用一连串的 std::array（或 std::vector）实例，然后通过链表连接这些实例，形成更大的虚拟结构。然而，这使得代码更加复杂，因为必须处理所产生的这种数据结构的多级性质。同时，这种方案并没有解决并行运行时系统内存占用不断增长的问题。

　　如果任务池溢出，运行时系统应该做什么？为了回答这个问题，我们可以回到大多数基于任务的编程模型的语义上。任务可以并发执行，但并非必须这样执行。这意味着，可以不存储任务描述符供以后执行，而是在任务池满时立即执行，这是完全合规的。清单 9.9 展示了添加这种溢出处理机制的 StoreTask() 函数的代码。该代码试图通过调用 put() 方法将任务描述符存储在池中。如果返回 false，则存储任务描述符的尝试失败，将调用 InvokeTask() 方法立即执行任务。

清单 9.9　在任务池中存储任务和处理溢出

```
bool StoreTask(TaskDescriptor * task) {
  bool result = true;

  if (!taskPool.put(task)) {
    InvokeTask(task);
    result = false;
  }

  return result;
}
```

　　运行时系统的调优参数之一是确定可以存储在任务池中的任务描述符的数量。因为生产者可以立即执行任务，所以池中任务描述符的数量可以非常少，而不会造成太大的影响。

9.2.2.2　实现多任务池

　　以基于数组的任务池为起点，我们可以将该实现从单任务池扩展到多任务池。现在，我们将为每个线程提供一个任务池。我们使用运行时系统已经维护的 Thread 对象作为存放每个线程数据的地方，而不是依赖于线程本地数据存储的语言特性，例如 C++ 中的 thread_local。清单 9.10 展示了添加的内容。

清单 9.10　使用每个线程的任务池扩展 Thread 类

```
// thread.h:
namespace Tasking {
struct TaskPool;
}
```

```
class Thread {
  // thread member variables...

  Tasking::TaskPool * taskPool;

public:
  // thread public interface...

  Tasking::TaskPool * getTaskPool() const {
    return taskPool;
  }
};

// thread.cc:
Thread::Thread(ThreadTeam * T, int L, int G, bool Master) {
  this->taskPool = lomp::Tasking::TaskPoolFactory();

  // remainder of the thread constructor...
}

// tasking.cc:
typedef TaskPoolArrayLIFO<std::mutex,
                          TASK_POOL_MAX_SZ> TaskPoolImpl;
struct TaskPool : private TaskPoolImpl {
  using TaskPoolImpl::put;
  using TaskPoolImpl::get;
  using TaskPoolImpl::steal;
};

TaskPool * TaskPoolFactory() {
  TaskPool * pool;
  pool = new TaskPool{};
  return pool;
}
```

首先要添加的是一个成员变量——用于保存指向任务池对象的指针，以及一个获取该指针的成员函数。在 Thread 对象构造函数中，代码调用 TaskPoolFactory() 方法来创建具有所需实现的任务池对象。这样，Thread 对象就不需要知道任务池的实际实现细节。

相比使用单个任务池，使用多个任务池来存储任务的主要区别在于，我们需要确定存储操作应该将任务放入哪个任务池实例。清单 9.11 给出了一种实现方法。当创建一个新任务并将其任务描述符传递给 StoreTask() 函数时，我们首先得到一个指向试图存储该任务的线程（当前执行线程）的指针。然后，StoreTask() 获取指向该线程任务池的指针，并使用该任务池存储任务描述符。如果由于池满而无法执行此操作，则任务会像之前一样立即执行。通过这种方式，当父任务创建子任务时，新创建的任务会存储在正在执行其父任务的线程的任务池中。

清单 9.11　使用多个任务池存储和检索任务

```
bool StoreTask(TaskDescriptor * task) {
  auto thread = Thread::getCurrentThread();
  auto taskPool = thread->getTaskPool();
  bool result = true;

  if (!taskPool->put(task)) {
    InvokeTask(task);
    result = false;
  }
  return result;
}

bool ScheduleTask() {
  auto thread = Thread::getCurrentThread();
  auto taskPool = thread->getTaskPool();
  bool result = false;

  TaskDescriptor * task = taskPool->get();
  if (task) {
    InvokeTask(task);
    result = true;
  }

  return result;
}
```

当线程想要调度一个任务执行时，会检索一个指向线程对象和任务池的指针（参见清单 9.11 中的 ScheduleTask()），然后尝试从池中检索任务描述符，并像之前一样调用任务。

你可能已经发现这个实现策略存在一些问题。由于线程只在自己的任务池中存储任务，然后只在其中检索任务，因此它永远不会看到其他线程创建的任务。这显然不是最理想的，因为处理完本地创建的任务并不能说明计算的全局状态，其他线程可能仍有许多任务需要执行。为了解决这个问题，我们需要添加任务窃取的功能。通过任务窃取，空闲线程可以访问另一个线程的任务池，并从该任务池窃取一组任务来执行。清单 9.10 为此引入了一个函数 steal()。

清单 9.12 展示了如何通过向清单 9.11 的 ScheduleTask() 函数添加一些额外的代码来使用这个函数。如果线程自己的任务池没有返回任何要执行的任务，则该线程向当前活动的并行域的线程组请求句柄。然后，它在 1 和组中线程数减 1（不能窃取自己）之间确定一个随机数，并使用这个数字选择一个随机的受害者（即被窃线程），尝试从中窃取任务。这要么成功，本地线程可以执行窃取的任务；要么因为受害者线程的任务池中也没有任何任务，所以 steal() 操作返回 nullptr。请注意，该代码只进行一次窃取尝试，但可以考虑添加一个循环，在放弃之前尝试多窃取几次。

清单 9.12　随机任务窃取

```
bool ScheduleTask() {
  auto thread = Thread::getCurrentThread();
  auto taskPool = thread->getTaskPool();
```

```
    auto task = taskPool->get();

    if (!task) {
      // No local task, try to steal.
      auto team = thread->getTeam();
      size_t me = thread->getLocalId();
      size_t teamSize = team->getCount();
      size_t rnd = GetRandomNumber(1, teamSize - 1);
      size_t victimID = (me + rnd) % teamSize;
      auto victimPool
              = team->getThread(victimID)->getTaskPool();

      task = victimPool->steal();
    }

    if (!task)
      return false;

    InvokeTask(task);
    return true;
  }
```

使用一个方法调度任务以在线程中执行（如 get()），使用另一个方法从受害者线程中窃取任务（如 steal()），这通常是一个很好的设计选择。当然，也可以只使用 get() 方法，通过调用它来实现任务窃取的目的，但这样任务池就失去了区分常规任务执行和任务窃取的能力。这种区分信息在选择要返回的任务时可能是有用的。

9.2.2.3　双端队列任务池

steal() 方法的具体实现如清单 9.13 所示。在该实现中，我们将 std::array 容器替换为 std::deque，以获得高效访问任务池两端的能力 [复杂度为 $O(1)$]。

清单 9.13　使用双端队列的任务池实现

```
template <class Lock, size_t maxSize>
struct TaskPoolDeque {
  bool put(TaskDescriptor * task) {
    const std::lock_guard<Lock> guard(lock);
    if (taskCount >= maxSize) return false;
    pool.push_back(task);
    taskCount++;
    return true;
  }

  TaskDescriptor * get() {
    TaskDescriptor * task = nullptr;
    const std::lock_guard<Lock> guard(lock);
    if (taskCount > 0) {
      task = pool.back();
      pool.pop_back();
      taskCount--;
    }
```

```
    return task;
  }

  TaskDescriptor * steal() {
    TaskDescriptor * task = nullptr;
    const std::lock_guard<Lock> guard(lock);
    if (taskCount > 0) {
      task = pool.front();
      pool.pop_front();
      taskCount--;
    }
    return task;
  }

private:
  Lock lock;
  size_t taskCount;
  std::deque<TaskDescriptor *> pool;
};
```

put() 方法使用 std::deque 的 push_back() 方法将任务插入任务池的尾部。我们仍然保留对存储在 deque 中的任务数量的显式计数，以便数据结构不会增长到超过最大的池规模，以避免过度内存分配。为了保护任务池不受竞争条件的影响，该方法再次使用 std::lock_guard 来确保互斥执行。

get() 的代码从任务池的尾部检索任务。我们现在必须使用 back() 来检索指向任务描述符的指针，并使用 pop_back() 来删除任务池中的最后一个元素。该方法中的其他所有内容都与之前基于数组的实现一样。

steal() 方法从任务池的"头部"获取任务。它调用 front() 从任务池中检索指向最旧任务描述符的指针，并调用 pop_front() 将其删除。这种实现意味着线程将执行最近创建的未完成任务，而窃取线程则窃取最旧的待处理任务。

虽然这里的实现使用了与每个任务池相关联的锁来维护线程的安全，但如果我们观察到更新任务池"尾部"的唯一线程是拥有该任务池的线程，那么我们的实现可以比 Cilk[80] 和 Intel TBB 的实现更"聪明"。因此，它只要小心地同步正在更新"头部"的窃取线程，就能够在不需要获取锁或使用原子指令的情况下进行更新。因为我们预计最常见的执行路径是线程生成任务，然后自己执行自己生成的任务（这等同于说任务窃取是很少发生的），所以使这种常见路径尽可能快是非常重要的，即使是以窃取路径的开销更大为代价。这是我们在第 6 章中提出的一般性观点的另一个例子，即我们应该"尽可能地减少原子指令的数量"。

9.3　任务同步

我们将要讨论的下一个主题是如何实现任务同步。通常，根据并行编程模型的功能和特性的丰富程度，有很多不同的实现风格，但它们有两个共同的主题：

❏ **等待任务子集的完成**——这里的目的是确保在继续执行当前任务之前，任务子集已经完成。例如，OpenMP 的 taskwait 构造和 TBB 的 `task::wait_for_all()` 方法用于等待直接子任务完成。OpenMP 的 taskgroup 构造和 TBB 的 `tbb::task_group` 类则扩大了作用域，用于等待所有后代任务（子任务、孙任务等）完成。

❏ **任务依赖**——这里的目标是控制任务调度程序启动任务的时间点，而不是挂起已经在运行的任务的执行。

我们将逐步提高运行时实现的复杂度来实现任务同步。你可能认为等待直接子任务是最简单的。可惜的是，情况并非如此。我们将从简单的问题开始讨论，即先讨论等待用 taskgroup 构造（或类似构造）作用域定义的任务子集的完成。在本节结束时，我们将讨论如何实现任务依赖。

9.3.1　等待任务子集完成

在等待任务子集完成（有时也称为任务同步障技术）时，我们需要知道已经创建了多少任务以及完成了多少任务。我们在 4.4.6 节中看到了 taskgroup 的代码模式。编译器在区域的开始和结束位置插入函数，以开始监控任务的创建，并等待该区域处于活动状态时生成的所有任务完成执行。在 LLVM OpenMP 运行时中，这对入口点是 `__kmpc_taskgroup()` 和 `__kmpc_end_taskgroup()`，其作用与 4.4.6 节中所述的 `__omp_enter_taskgroup()` 和 `__omp_leave_taskgroup()` 相同。

在等待的任务可以继续执行之前，我们如何才能准确地跟踪必须完成的任务数量？简单来说，任务可以处于以下三种状态之一（在更复杂的运行时实现中可能有更多的状态）：

❏ **等待**——在任务池中，等待执行。

❏ **执行**——正在执行，已不在任务池中。

❏ **完成**——该任务已完成执行。

显然，我们不能静态地确定可能创建的任务总数，因为这个问题与解决停机问题相同，解决停机问题已被证明是不可能的 [141]。

当被任务调用时，`__omp_leave_taskgroup()` 函数（或 LLVM 的 `__kmpc_end_taskgroup()` 函数）只需等待，直到要等待的任务子集的计数器为零。

让我们看看这是如何工作的。显然，只有执行任务才能创建更多的任务。因此，当这些正在执行的任务在某个可用线程上处于活动状态时，计数必须是非零的。如果它们已经创建了更多的任务，这些任务仍在任务池中等待执行，则可以通过递增计数器来注册任务，这样计数器将是非零的。在某个时刻，创建任务的浪潮将会消退（除非代码中有一个无尽的循环，但是我们也可以无休止地等待），只剩下正在执行的任务。由于之前的所有任务都已完成，因此计数将等于剩余正在执行的任务的数量。当它们也完成时，计数器计数最终将达到零，等待状态结束。

其中有两个小问题我们必须进行处理。第一，一些并行编程模型允许 taskgroup 构造进行嵌套（例如，OpenMP API 和 TBB），因此我们需要多个计数器以支持构造的嵌套。正确的处理方法类似于使用栈，其中最内层构造的计数器放在栈的顶部。第二，可以创建新任务，正在执行的任务则可以以任意顺序完成，当然也可以同时完成。因此，必须以原子方式访问计数器。

清单 9.14 定义了一个新的结构 Taskgroup，该结构通过指向外部（包含 taskgroup 域）的指针的链表来组织嵌套的 taskgroup 域的栈。该结构还包含 int 类型的 std::atomic 来维持活动任务（即在任务池中等待或在线程上执行的任务）的计数。我们可以确定 int 变量足以容纳所有任务，因为我们固定了每个线程任务池的大小，所以可以计算出在任何时候系统中可能存在的最大任务数，即 $N_{Threads} \cdot (\text{TaskpoolSize}+1)$（其中 +1 表示允许每个线程正在执行一个任务）。

清单 9.14　打开和关闭 taskgroup 域

```
struct Taskgroup {
  Taskgroup(Taskgroup * outer_) : outer(outer_),
                                  activeTasks(0) {}
  Taskgroup * outer;
  std::atomic<int> activeTasks;
};

int32_t __kmpc_taskgroup(ident_t *, int32_t) {
  lomp::Tasking::TaskgroupBegin();
  return 0;
}

int32_t __kmpc_end_taskgroup(ident_t *, int32_t) {
  lomp::Tasking::TaskgroupEnd();
  return 0;
}

void TaskgroupBegin() {
  auto thread = Thread::getCurrentThread();
  auto outer = thread->getCurrentTaskgroup();
  auto inner = new Taskgroup(outer);
  thread->setCurrentTaskgroup(inner);
}

void TaskgroupEnd() {
  auto thread = Thread::getCurrentThread();
  auto taskgroup = thread->getCurrentTaskgroup();

  while (taskgroup->activeTasks) {
    ScheduleTask();
  }

  auto outer = taskgroup->outer;
  thread->setCurrentTaskgroup(outer);
}
```

入口点 __kmpc_taskgroup() 和 __kmpc_end_taskgroup() 调用 taskgroup 机制的内部实现。TaskgroupBegin() 函数的作用是，检索指向执行线程的 Taskgroup 对象的指针。这个指针要么是 nullptr（表示当前没有活动的任务组），要么是相关的任务组，然后该任务组成为新创建任务组的封闭任务组。最后向线程注册新的任务组。

TaskgroupEnd() 函数通过检索指向外部 taskgroup 对象的指针并重置线程中指向该对象的指针，来解除这种堆叠。为此，它从线程中请求当前的任务组，并重置任务组指针。需要记住的是，其结果可能是 nullptr，表示当前任务组域已是最外层的任务组域。

TaskgroupEnd() 还包含一个 while 循环，只要当前 taskgroup 对象的原子计数器不为零，该循环就会继续迭代。这是类 taskgroup 构造实现的等待部分。当该函数等待所有活动任务完成时，会继续从任务池中调度任务来执行。需要注意的是，它执行的任务可能来自任务组，也可能并非来自任务组，具体取决于任务池中的任务。也可以使用 6.7 节中讨论的任何等待和回退技术来实现，但这意味着该线程将不会执行有用的用户代码。

虽然我们使用自旋等待循环（可能包含也可能不包含回退技术）来实现锁，但在这种情况下使用轮询循环可能不合适。一般来说，处于等待状态的线程等待任务组中所有任务完成的时间要比等待锁释放的时间长。一个特殊的例子是，等待状态下的任务只生成少数几个任务，然后等待它们完成。如果这些任务创建了整个后代任务树，那么可能有许多任务等待执行，因此轮询而不是执行这些任务将显著降低性能，因为轮询线程没有做任何有用的工作。然而，在正等待任务组完成的线程中执行其他任务将增加任务组的延迟，因为在线程响应唤醒调用之前将停止执行另一个任务。这种影响是否重要取决于代码中的关键路径。如果没有其他任务要执行，而正在等待的线程会创建更多的并行任务，那么资源损失将是巨大的（这与任何类似同步障的构造一样）。

下面，我们来讨论如何在执行任务池中的任务时保持活动任务的计数。首先，运行时需要知道任务是不是从任务组域的动态范围内创建的。因此，当我们创建任务并初始化其任务描述符时，还必须在任务描述符中存储指向当前活动任务组对象的指针。为了跟踪这一点，我们使用记录当前 Taskgroup 指针的附加元数据扩展了清单 9.1 中展示的任务描述符。清单 9.15 给出了任务描述符的新结构（也可以参考清单 9.16）。需要修改代码来初始化 InitializeTaskDescriptor() 函数中的任务组信息：

```
auto thread = Thread::getCurrentThread();
auto taskgroup = thread->getCurrentTaskgroup();
task->metadata.taskgroup = taskgroup;
```

清单 9.15　带有父子关系元数据的任务描述符

```
struct TaskDescriptor {
  enum struct Flags {
    Created = 0x0,
    Executing = 0x1,
    Completed = 0x2,
```

```
};

struct Metadata {
  Taskgroup * taskgroup;
  Flags flags;
  TaskDescriptor * parent;
  std::atomic<int> childTasks;
};

struct Closure {
  void * data;
  ThunkPointer routine;
};

Metadata metadata;
Closure closure;
};
```

将修改后的代码应用于清单 9.5 的 InitializeTaskDescriptor() 函数，每个任务现在都连接到创建它的任务组。我们还必须更新 StoreTask() 函数（见清单 9.11）和 InvokeTask() 函数（见清单 9.6）。当 StoreTask() 尝试将任务存储到任务池中时，必须递增计数器的值：

```
if (auto taskgroup = task->metadata.taskgroup; taskgroup) {
  ++taskgroup->activeTasks;
}
```

与之对应的是 InvokeTask() 函数，在它完成连接到 taskgroup 对象的任务时，计数器将递减：

```
if (auto taskgroup = task->metadata.taskgroup; taskgroup) {
  --taskgroup->activeTasks;
}
```

这两处修改足以跟踪已创建任务的数量与已完成任务的数量。注意，这里需要使用 if 语句，因为代码必须检查是否为当前任务设置了任务组。

9.3.2　等待直接子任务完成

对于 taskwait 构造或类似的构造，父任务必须确定其所有子任务已经完成执行，才能停止等待并继续执行。有人可能认为，为每个父任务创建一个任务组，然后重复使用 9.3.1 节的实现就足够了。可惜，这是行不通的，因为该实现会记录后代任务，所以不仅会等待子任务，还会等待孙任务，等等。

因此，我们需要提出一个不同的实现方案。当然，我们希望这个实现尽可能高效，这样等待其子任务的任务不会影响正在执行或等待子任务的其他任务。因此，我们必须在运行时系统的任务实现中添加一项功能，以跟踪有多少父任务的直接子任务仍在运行（在任务池中等待或正在执行）。

到目前为止，运行时系统尚未跟踪任务之间的关系。任务只是简单地被创建和执行，运行时系统不会注意哪个任务是另一个任务的子任务。然而，现在我们需要了解任务之间的这种父子关系。一旦在运行时系统中准备好了这些信息，子任务就会连接到其父任务，并间接连接到所有其他祖先任务，直到到达这个任务树的根。

为了跟踪这些信息，我们使用记录父子关系的附加元数据扩展了清单 9.1 中展示的任务描述符。清单 9.15 给出了任务描述符的新结构。

除了 taskgroup 成员变量之外，我们还用一个字段扩展了任务描述符的元数据，以存储一些执行标志，这些标志可以告诉运行时系统任务是仍在执行还是已完成执行（请参见清单 9.15）。在之后清理已完成的任务时，我们将需要此状态信息。元数据域的下一个成员是指向创建了该元数据所属子任务的父任务的 TaskDescriptor 对象的指针。最后，我们在元数据中添加一个原子计数器来跟踪父任务已创建的子任务数。运行时系统将在创建子任务时递增计数器，并在子任务完成执行时递减计数器。

代码因此变得稍微复杂一些（参见清单 9.16 和清单 9.17）。当创建新任务时，运行时现在必须初始化任务描述符的新元数据字段。任务的初始状态被确定为 Created，表示这是一个尚未被调度执行的新任务。子任务的数量为零，因为该任务尚未创建任何新的子任务。当然，这只能在任务开始在线程上执行时发生。最后，我们扩展了 Thread 对象来跟踪当前正在执行的任务，该任务自然是正在初始化的任务的父任务。

清单 9.16　任务的初始化和存储以支持 taskwait

```
void InitializeTaskDescriptor(TaskDescriptor * task,
                              size_t sizeOfTaskClosure,
                              size_t sizeOfShareds,
                              ThunkPointer task_entry) {
  auto thread = Thread::getCurrentThread();
  auto taskgroup = thread->getCurrentTaskgroup();

  if (sizeOfShareds > 0) {
    size_t offset = sizeof(task->metadata) +
                    sizeOfTaskClosure;
    task->closure.data = ((char *)task) + offset;
  }
  else
    task->closure.data = nullptr;
  task->closure.routine = task_entry;
  task->metadata.taskgroup = taskgroup;
  task->metadata.flags = TaskDescriptor::Flags::Created;
  task->metadata.childTasks.store(0);
  task->metadata.parent = thread->getCurrentTask();
}

bool StoreTask(TaskDescriptor * task) {
  auto thread = Thread::getCurrentThread();
  auto team = thread->getTeam();
  auto taskPool = thread->getTaskPool();
```

```
  bool result = true;

  if (task->metadata.parent)
    task->metadata.parent->metadata.childTasks++;
  else
    thread->childTasks++;
  if (!taskPool->put(task)) {
    InvokeTask(task);
    result = false;
  }
  return result;
}
```

清单 9.17　在维护子任务计数的同时执行任务

```
void InvokeTask(TaskDescriptor * task) {
  auto thread = Thread::getCurrentThread();
  auto team = thread->getTeam();
  int32_t gtid = 0;

  TaskDescriptor * previous = thread->getCurrentTask();
  thread->setCurrentTask(task);
  task->metadata.flags = TaskDescriptor::Flags::Executing;
  task->closure.routine(gtid, &task->closure);
  task->metadata.flags = TaskDescriptor::Flags::Completed;

  if (task->metadata.parent)
    task->metadata.parent->metadata.childTasks--;
  else
    thread->childTasks--;

  if (task->metadata.childTasks == 0)
    FreeTaskAndAncestors(task);

  thread->setCurrentTask(previous);
}

bool TaskWait() {
  auto thread = Thread::getCurrentThread();
  auto parent = thread->getCurrentTask();

  if (parent)
    while (parent->metadata.childTasks)
      ScheduleTask();
  else
    while (thread->childTasks)
      ScheduleTask();

  return true;
}
```

当新创建的任务到达 StoreTask() 函数时，该函数递增各自父任务的子计数器，以记录当前子任务的数量。在调用时（即从任务池中检索任务并将其移交给清单 9.17 中的 InvokeTask() 函数时），任务的状态被设置为 Executing。当 thunk 函数返回时，任务状态被设置为 Completed，以表示任务已完成其所有工作。最后，对于父任务，活动子任务数量减少了一个。

需要注意的是，由于 OpenMP 任务的特殊特性，OpenMP 线程执行包含并行域代码的隐式任务。如果这样的隐式任务创建了一个子任务，那么该子任务将有一个由 nullptr 表示的特殊父任务。在这种情况下，子计数器直接在 Thread 对象中进行维护。另一种设计方案是为这些隐式任务创建一个任务描述符，并避免对这个特殊的"根"父任务进行额外检查。

清单 9.17 还展示了 TaskWait() 函数的实现，该函数由为 taskwait 构造或隐式等待操作生成的代码调用，以将父任务与其子任务的完成进行同步。在检查了隐式任务之后，TaskWait() 函数进入一个 while 循环，该循环检查活动子任务的数量。只要至少有一个子任务仍处于活动状态，代码就会继续尝试查找更多的任务，以供等待的线程执行。

你可能已经注意到，清单 9.17 中的 InvokeTask() 函数不再调用 FreeTask() 来清理任务描述符，而是使用 FreeTaskAndAncestors()。这样做的原因是，需要获取指向父任务的指针并通过子计数器访问其元数据中的成员。

假设父线程正在执行 TaskWait() 等待。在这种情况下，子任务可以安全地递减子计数器，因为可以保证父任务描述符是有效的。拥有有效的任务描述符是在任务池中等待或正在执行的任务的不变属性之一。如果子任务完成执行，它会递减计数器，一旦计数器的值等于零，父任务将继续执行。

但是如果父任务因为只创建子任务但没有遇到 taskwait 构造，而不等待其子任务的完成，那该怎么办？在这种情况下，父任务可能会在调度器选择其子任务之前完成，因此其任务描述符将被释放，不再有效。此时子任务将有一个指向其父任务描述符的悬空指针。如果我们使用清单 9.6 中的简单 FreeTask() 函数调用，那么所有在父任务完成后执行的子任务将访问其父任务的已释放任务描述符的无效内存。由于父任务和子任务的执行可以任意交错，这构成了运行时系统中必须避免的竞争条件。有两种替代方案可以解决此问题。

第一种方案是，已完成任务的任务描述符不会立即被释放，而是存储在不再需要的任务描述符的垃圾列表中。例如，当这个垃圾列表（几乎）已满时，运行时系统会遍历该列表并检查任务描述符是否没有活动子任务。如果是，则释放任务描述符并从列表中删除。虽然这听起来似乎是个好主意，但如果多个线程试图将任务描述符放入列表中，那么单个垃圾列表也会成为另一个瓶颈。因此，我们必须维护多个列表，每个线程一个，从而减少插入操作的争用。

第二种方案是，当释放任务描述符时，运行时系统可以跟踪要释放的任务描述符的祖先。如清单 9.18 所示。如果当前任务的活动子任务数为零，并且该任务已完成执行，则可

以释放任务描述符。然而在此之前，代码会记住该任务的父任务。如果这是一个 nullptr，
则表示该函数已经到达了祖先任务图的根；如果函数遍历到仍在活动执行的父任务，则遍
历停止。否则，代码将获取子任务的当前计数，并重复相同的过程，再次尝试释放当前
（父）任务。为了避免双重释放，必须对代码进行保护，防止多个线程试图释放同一任务描
述符。

清单 9.18　遍历祖先任务并清理父任务

```
void FreeTaskAndAncestors(TaskDescriptor * task) {
  static std::mutex lock;
  std::lock_guard<std::mutex> guard(lock);
  size_t children = 0;

  children = task->metadata.childTasks;
  while (!children) {
    if (task->metadata.flags ==
                      TaskDescriptor::Flags::Completed) {
      TaskDescriptor * purge = task;
      task = task->metadata.parent;
      FreeTask(purge);
    }

    if (!task ||
        task->metadata.flags !=
                      TaskDescriptor::Flags::Completed)
      break;
    children = task->metadata.childTasks;
  }
}
```

9.3.3　任务依赖

对于任务依赖，运行时系统必须记录应用程序生成的所有任务的任务依赖关系图。对
于运行时系统来说，难点在于任务生成时并没有预先定义好它们的所有依赖关系，以至于
无法立即构建 TDG。相反，新任务是在其他任务已经开始执行之后创建的。因此，一个任
务可能有一个 depend 子句，它是一个依赖的来源（depend(out: ...) 或 depend(inout:
...)），而作为该依赖的汇点（depend(in: ...) 或 depend(inout: ...)）的任务可能还不
存在。

因此，在创建具有源依赖关系的任务时，可能没有依赖任务存在。实际上，根据
OpenMP 标准定义，引用不存在的源依赖的汇点依赖总是被满足的，那么如果这些依赖以
程序员所期望的方式工作，就不可能存在任何汇点依赖！

清单 9.19 说明了这一点。假设这些函数是从一个并行域内的单个线程调用的，broken_
delayed_tasks_with_deps() 函数将输出 "var is 24"，因为在 T2 创建时，var 没有源依
赖关系，因此假定对它的任何汇点依赖都是满足的。

清单 9.19　带有任务依赖关系的延迟任务创建

```c
#include <stdio.h>
#include <unistd.h>

void broken_delayed_tasks_with_deps() {
    int var = 24;
#pragma omp task depend(in:var)  // T2
    {
        printf("var is %d\n", var);
    }
    sleep(2);
#pragma omp task depend(out:var) // T1
    {
        var = 42;
    }
#pragma omp taskwait
}

void delayed_tasks_with_deps() {
    int var;
#pragma omp task depend(out:var) // T1
    {
        var = 42;
    }
    sleep(2);
#pragma omp task depend(in:var)  // T2
    {
        printf("var is %d\n", var);
    }
#pragma omp taskwait
}
```

　　第二个函数 delayed_tasks_with_deps() 表明运行时系统在创建任务时无法知道任务的汇点依赖关系。任务 T1 被创建，我们假设运行时系统将开始执行该任务，而父任务在 sleep() 调用中等待。当父任务从该调用返回时，它会创建任务 T2，该任务依赖于任务 T1。由于运行时只能在创建任务 T2 时才能知道此依赖关系的存在，因此必须动态构建 TDG。这也使得 TDG 可能永远不会包含所有任务依赖信息，因为当新的任务出现并添加到图中时，一些任务可能已经执行完毕，它们的依赖信息已经被清除。

　　因此，当创建、执行和释放任务时，运行时系统必须在依赖映射中记录任务依赖信息并对其进行跟踪。让我们从一个简单的例子开始，如清单 9.19 所示，它通过一个简单变量引入依赖关系。在创建 T1 时，运行时还不知道 T2 在未来的存在。然而有两种基本情况需要运行时进行处理。

　　第一种情况是 T1 仍在线程上执行，或者正在任务池中等待被选中执行。这意味着 T2 对 T1 的任务依赖尚未完成，因此运行时系统需要将 T2 保留在任务池中，直到 T1 完成执行。

第二种情况是 T1 已被调度执行并且已经完成执行。有人可能会认为，运行时需要记住这个任务已经在系统中，有依赖信息，并且已经完成了执行。然而事实并非如此！

原因如下。让我们考虑这样一个任务，它有像 T2 一样的依赖关系，但是没有 T1 的代码。在这种情况下，T2 可以立即开始执行，因为它的依赖是根据定义满足的。正如我们上文提到的，根据 OpenMP 规范，没有源任务的汇点依赖是自动满足的。因此一旦创建源依赖的任务完成，就不需要再保留有关该依赖的信息，因为该依赖已满足（任务已完成），并且运行时系统会将无法找到的任何源依赖视为已满足。

处理这种依赖的一种实现是在应用程序创建任务时记录 var 的地址（以标识内存位置）以及依赖类型。对于 T1，运行时系统将记录地址 &var 及其依赖类型 out。之后当创建任务 T2 时，运行时再次从 depend(in:var) 子句中获取地址（还是 &var）和依赖类型 in。

为了方便地记录地址信息和依赖信息，可以使用哈希映射数据结构，它将 depend 子句任务依赖信息中的地址映射到任务描述符列表。在创建任务时，运行时系统使用每个 depend 子句中每个列表项的地址作为哈希表的键。该键映射到的值是由依赖类型和与该依赖关联的任务描述符组成的键值对。

对于具有 out 或 inout 依赖类型的任务，运行时将在哈希映射中为该任务及其依赖创建相应记录。这些任务可以是依赖的源，因此可能会导致其他任务在任务池中或在执行时等待（这取决于具体所使用的任务同步技术）。与往常一样，任务描述符也被添加到任务池中，以便之后查找并执行任务。

当任务具有 in 或 inout 依赖类型时，它是依赖的潜在汇点。当运行时接收到任务时，会查找哈希映射中每个 depend 子句的每个列表项的地址。如果运行时找到任何新任务依赖的源任务，那么该任务具有未满足的依赖，因此可能还无法执行。之后该任务在依赖记录中被注册为汇点任务，以便运行时系统在相应的源任务完成执行时可以轻松地找到该任务。新创建的任务不会被添加到任务池中，因为它还不应该执行。如果在依赖记录中没有找到任何源，则所有新创建的任务的依赖都将得到满足，并且任务可以直接进入任务池中调度执行。

到目前为止，我们已经用一个简单的变量描述了任务依赖。当涉及数组时（如清单 2.14 所示），事情变得稍微复杂一些。根据 OpenMP 规范，如果在任务依赖中使用数组（或数组切片），则仅当数组切片在任务依赖的源和汇点中完全相同时，该依赖才匹配。对于其他编程模型，可能只需要数组或数组切片之间存在重叠就会检测到依赖。

根据并行编程模型定义的内容，依赖检查的实现变得更加复杂。对于不重叠的数组和数组切片，我们可以使用之前已经介绍过的简单地址匹配方案。由于依赖的源和汇点只有在源和汇点数组切片具有相同地址时才会匹配，因此运行时可以简单地使用切片中第一个数组元素的地址。如果切片不相交，则不需要匹配，因为它们的第一个元素将具有不同的地址。如果切片重叠但没有相同的地址，那么至少在 OpenMP 定义中，数组切片是不匹配的。

如果依赖匹配的判定条件是数组或切片的部分重叠，则数组切片的简单地址匹配将不起作用。相反，匹配必须确定数组切片是否重叠，并且必须对每个维度都这样做。为了提高效率，这需要类似 k-d 树 [12] 或其他数据结构，以便快速检查两个对象的多维空间关系。

最后一个主题是依赖映射的作用域以及如何清理它。依赖映射的作用域需要与任务依赖的作用域相匹配。

在 OpenMP 语义中，任务依赖只对同一个父任务的子任务有效。因此依赖映射可以存储在任务描述符中。在调用 FreeTaskAndAncestors()（如清单 9.18 所示）时，运行时可以在最后一个子任务完成后释放任务描述符的内存，从而可以释放映射使用的内存。如果任务依赖可以跨越并行域中的任何任务，则需要在并行域的组结构中维护任务依赖映射，因此需要是全局数据结构。幸运的是，运行时不必永远保留依赖映射。当并行域结束时，可以释放该数据结构。

9.4 任务调度

在本章中，我们已经做了一些决策来实现运行时，但从未真正深入了解过这些决策的深层原理，看看这些决策是否有替代方案。单一任务池总是一个糟糕的方案吗？为什么我们应该窃取一些较旧的任务，而不是较新的？为什么要立即执行不能存储在任务池中的任务，而不是将其存入其他线程的任务池？在这里，我们将更深入地探讨这些问题以及每个决策可能产生的影响。

9.4.1 任务调度点

我们首先来讨论何时可以做出任务调度决策。通常，程序中的这样一个点被称为任务调度点（Task Scheduling Point，TSP）。其位置取决于并行编程语言的语义，可以是隐式的（例如，当创建新任务时）或显式的（例如，OpenMP taskyield 构造）。我们无法在本书中涵盖所有可能的 TSP，因此请参阅 OpenMP 规范 [100] 或 TBB 手册 [151] 以获得更详尽的列表。但一些典型的 TSP 是：

❑ 当新任务创建时。
❑ 当任务完成执行时。
❑ 在如 taskfield 和 taskwait 这样的 OpenMP 构造中。
❑ 在隐式和显式线程同步障处。

在上述任何一点上，一个实现，即编译器和运行时，都可能决定调度不同的任务来执行。请特别注意"可能"一词！其实具体实现可以不必切换到不同的任务来执行，相反，它可以决定继续执行当前任务，甚至暂停任务的执行。实际上在本章前面，我们一直在利用任务创建是 TSP 这一事实，当任务池已满时，线程立即执行新创建的子任务。

从实现的角度来看，上述所有 TSP 都必须在编译器生成的代码和提供执行机制的底层并行运行时系统中具有对应关系。回顾第 4 章，你会看到编译器必须向运行时系统设置入口点，以分配和创建要执行的任务。在本章前面，我们描述了如何将生成的任务转换为任务描述符，以便可以将重要的执行元数据附加到上面。然后，将其存储在任务池中（或在任务池满时立即执行）。在上述每个调度点上，示例代码都在对手头的任务进行调度决策。

浏览本章的代码示例，你会发现在代码示例中可以做出（实际上已经做出）调度决策的地方如下：

- 清单 9.9 和清单 9.11——我们决定在任务池满时执行新创建的任务，因此我们不能存储任务描述符以供以后执行。
- 清单 9.14——在 taskgroup 构造的实现中，我们使用 ScheduleTask() 来选择要执行的任务，同时等待后代任务完成。
- 清单 9.17—— 当父任务等待 taskgroup 中所有任务的完成时，它还调用 ScheduleTask() 从任务池中选择一个任务执行。

在清单 9.6 和清单 9.11 中，ScheduleTask() 函数只调用任务池的 get() 方法，如果有返回的任务就执行。显然，对于所有情况，这可能不是最佳解决方案，实际上这似乎是一个武断的决策。你如果是这样想就对了！下面让我们更深入地研究一下任务调度的主题。

9.4.2　广度优先调度和深度优先调度

我们在本章中实现的策略称为广度优先（Breadth-First，BF）调度 [35]。如果按照我们提供的实现，会发生这样的情况：父任务创建了子任务并存储在任务池中，以便稍后执行，而父任务继续执行并（可能）创建更多任务。这个过程将一直持续到父任务完成执行，或者父任务执行到等待操作（taskwait 或 taskgroup），或者它尝试创建了任务却发现任务池已满（这时将执行新创建的任务）。

与广度优先调度相比，深度优先（Depth-First，DF）调度，也称为工作优先（Work-First，WF）调度，是指所创建任务在创建新任务时或在必须等待时进行挂起。通常，如果创建了子任务，则立即调度子任务执行，父任务在子任务之后执行，而父任务的其余部分则放在任务池中。

这些策略具有不同的特性，因此在应用程序代码中使用时将有不同的优点。深度优先调度模拟了函数调用的思想。如果不存在任务并行性，则任务执行将和串行版本的执行路径相同。如果串行版本针对时间或空间局部性进行了调优，那么任务也可能会保持局部性。相比之下，广度优先调度假设不存在这种局部性，并且任务是真正独立的工作单元。但 BF 会维护父任务的局部性属性，任务不会挂起，因此可能不会移动到不同的线程来执行。

根据编译器 - 运行时组合选择的两种实现调度策略的不同，编译器用于任务处理的代码生成模式可能需要进行一些更改。4.4.6 节的模式是针对 BF 调度方法的。编译器生成代码来创建子任务，并将其交给运行时系统执行。它不会生成代码来延迟父任务剩余部分（又称延续）的执行。相比之下，对于采用 DF 调度的运行时，编译器仍会外联子任务的代码域并为其执行提供数据环境。但是它也会创建代码来为父任务的剩余代码生成一个任务，这样在 TSP 之后，父任务的剩余代码可以被发送到任务池，并由运行时调度进行延迟执行。

DF 的一个问题是，它不能很好地与绑定任务融合。父任务被挂起，然后在子任务完成之后执行。如果父任务是一个绑定任务（OpenMP 任务的默认设置），那么父任务的剩余部分不能被其他线程选择执行。这意味着，当目前执行的线程正在处理子任务（可能还有其后代任务）时，其他线程无法执行父任务的剩余代码。这是一种简洁而又复杂的完全串行化并行程序的方式。

9.4.3　任务窃取

在 9.2.2.2 节中，我们已经简要介绍了任务窃取。清单 9.12 中的代码随机选择一个其他线程的任务池，并试图从该任务池中窃取一个任务来执行。当然，通过随机的方式从受害者线程那里窃取是一种选择，但这可能不是最佳的选择。在现实生活中，小偷宁愿选择一个钱包里装满钱的人作为主要受害者，而将随机寻找受害者的方式作为备用。除了选择受害者任务池之外，另一个问题是我们应该从受害者那里窃取哪些任务以及多少任务。这可以是任意数量，从单个任务到受害者任务池中的一小部分任务。

我们先讨论受害者的选择。如果考虑执行环境的系统架构（参见第 3 章），则我们会发现环境通常由组件的层次结构组成。我们前面已经介绍过，有一些逻辑核心运行在同一个物理核心上，因此共享部分缓存层次结构。处理器可以由几个形成处理器封装的管芯组成，并且处理器封装可以组织成具有本地连接内存的 NUMA 域。系统的这种结构会极大地影响性能，并行运行时系统在确定从哪里窃取任务时应考虑局部性。

这表明，我们应该尝试从靠近窃取者线程执行位置的线程窃取任务。假设子任务显示了父任务的一些局部性属性和工作集，则受害者线程与硬件结构的物理位置越接近越好。因此，运行时系统可能会尝试从与窃取者线程一样运行在相同物理核心但不同逻辑核心的线程中窃取任务。如果这个受害者线程的任务池中没有任务，那么窃取者线程将不得不在其他地方寻找可以窃取的任务。

图 9.1 展示了一个假设的执行平台，它有 16 个逻辑核心，分布在两个 NUMA 域中的 8 个物理核心上。这些核心被标记为"x/y"，其中 x 表示物理核心 y 上 SMT 核心的编号。相邻的两个 SMT 核心共享相同的 L1 和 L2 数据缓存，两个物理核心共享相同的 L3 数据缓存。这和在撰写本书时一些最著名的处理器的抽象结构类似（除了核心的总数）。

在图中，星号标记了正在执行窃取者线程的核心。在第一次尝试窃取任务时，窃取者会尝试从邻近的逻辑核心（在图 9.1 中标记为 ❶）上获取任务。如果没有任务可以从这个受害者线程的任务池中窃取，那么窃取算法将查看硬件结构的下一级，其中包含与窃取者线程运行在相同物理核心上的线程相关联的任务池，这些线程与窃取者线程共享 L3 缓存（❷）。如果这也失败了，那么算法就会在同一个 NUMA 域（❸）内寻找要窃取的任务。最后，该算法尝试从不同的 NUMA 域中选择任务（❹）。

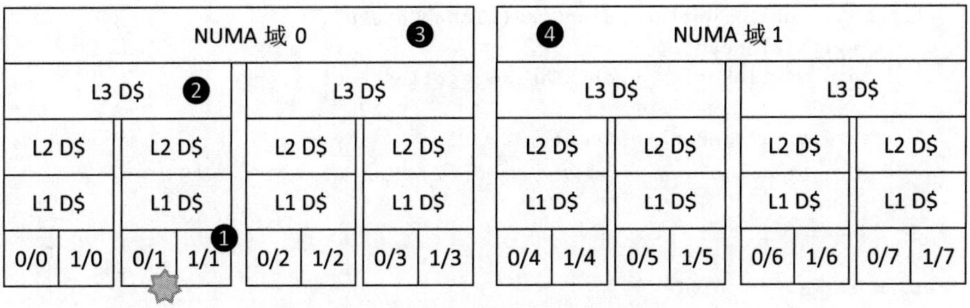

图 9.1　遵循硬件层次结构的任务窃取示例

　　是否需要这种细粒度的任务窃取方案取决于硬件的结构及其性能指标。然而,尝试遵循 NUMA 结构的任务窃取似乎是一个好主意,这样只要生成的任务也遵循这些局部性属性,处理器封装的本地内存的局部性就可以被利用。例如,我们实现了一种窃取算法,该算法在窃取任务时尝试保持 NUMA 局部性。

　　正如 5.2.1 节所介绍的,我们可以检测系统的硬件结构,并使用它来构建核心到 NUMA 域映射的数据库。清单 9.20 展示了任务窃取算法如何使用该数据库,尽可能地将窃取限制在本地 NUMA 域。其思想是应用两级窃取方法。

清单 9.20　NUMA 感知的任务窃取

```
struct NumaStealStask {
  TaskDescriptor * operator()() {
    auto thread = Thread::getCurrentThread();
    auto team = thread->getTeam();
    TaskDescriptor * task = nullptr;

    auto numberOfDomains = numa::GetNumberOfNumaDomains();
    auto myCore = numa::GetCoreForThread(thread);
    auto myDomain = numa::GetNumaDomain(myCore);

    for (auto domain = 0; domain < numberOfDomains && !task;
        ++domain) {
      auto victimDomain =
              (myDomain + domain) % numberOfDomains;
      auto coresDomain =
              numa::GetCoresForNumaDomain(victimDomain);
      auto numberOfCoresDomain = coresDomain.size();

      for (auto victimCore = 0;
          victimCore < numberOfCoresDomain && !task;
          ++victimCore) {
        auto globalCoreID = coresDomain.at(victimCore);

        if (myCore == globalCoreID) {
          continue;
        }

        auto victimThread =
```

```
                    numa::GetThreadForCore(globalCoreID);
          if (victimThread) {
            auto victimPool = victimThread->getTaskPool();

            task = victimPool->steal();
          }
        }
      }

      return task;
    }
  };
```

该算法从窃取者线程所在的本地 NUMA 域开始。在该域中，算法从第一个核心开始，如果这不是执行窃取者线程的核心，则它会尝试从中窃取任务。为此，它需要确定受害者线程的 Thread 对象，然后访问其任务池。这与清单 9.12 中的随机窃取算法之间的关键区别之一是该算法不直接确定受害者线程。相反，它会选择一个核心，然后尝试找到在这个核心上运行的线程。对于完全占用的机器，也就是每个核心上都有线程在执行，这没有太大的区别。但是，如果某些核心处于空闲状态，则算法必须跳过这些核心以找到当前 NUMA 域中最近的线程。

如果该算法在本地 NUMA 域中的任何任务池中都没有找到要窃取的任务，它就会在外层循环中切换到下一个 NUMA 域，然后再以循环的方式遍历该 NUMA 域。为了能够在没有任何特殊情况下使用简单的循环嵌套，我们在算法中应用了一个小技巧。虽然 myCore 是执行窃取者线程的全局核心 ID，但内部循环使用域本地寻址系统，该系统采用特定 NUMA 域的相对核心 ID。由于 NUMA 域不一定具有相同数量的核心，我们必须将域本地核心 ID 转换为全局核心 ID，以便查找在该核心上运行的线程。这是在窃取算法的最内层循环中完成的。

当通读清单 9.20 中的算法时，你可能会认为我们花费了大量精力来尝试从另一个线程找到任务进行窃取。你这么想是对的！然而，窃取者线程除了寻找任务来执行，本身就没有其他事情可做，否则只能处于空闲状态。因此，如果能够使被窃取的任务运行得更快，那么为尽可能保持局部性而花费更多的时间来寻找要窃取的任务是值得的。

在讨论了决定从哪里窃取任务之后，下面我们来讨论一下决定窃取哪些任务。到目前为止，我们采取的策略是从本地任务池的头部（即插入新创建的任务的地方）选择要执行的任务，而在尾部进行任务窃取。这意味着被窃取的任务是任务池中最旧的任务。我们也只从受害者线程那里窃取一个任务，并立即调度执行。

决定从受害者线程任务池中窃取最旧的任务，其背后的基本原理源于启发式方法，即较旧的任务可能比较新的任务创建更多的后代任务。典型的示例是任务并行递归方案（如清单 2.11 的斐波那契示例），在该方案中，更接近递归根的任务（即较旧的任务）将在递归中展开整个子树，而较新的任务将展开较小的子树。如果是结束递归的叶子任务，则甚至不会产生新任务。此外，由于在 OpenMP 模型中，任务依赖是正向依赖，因此池中较旧的任务很可能已准备好执行，并且不太可能被未满足的任务依赖阻塞执行。

最后，如果并行编程模型支持任务优先级（参见 9.6 节的实现说明），其实现可能需要窃取受害者线程任务池甚至所有可用任务池中具有最高优先级的任务。为了支持这些功能，我们需要对任务池的实现进行更改，并将任务池与调度算法进行更紧密的集成。

最后一个主题是决定窃取多少任务。由于我们的示例中运行时系统不支持任务依赖，我们可以从受害者线程中选择单个任务并执行。但是，锁定受害者任务池以进行任务窃取的成本很高，因为这涉及锁操作。因此，一次性窃取多个任务应该有助于分摊成本。一次尝试窃取的任务数量是一个调优参数，应根据机器特征进行调整。

9.5　任务调度约束

任务调度约束（Task Scheduling Constraint，TSC）是对并行编程模型的实现如何调度任务的语义限制。在本章的前面，我们看到有不同的基于任务的模型，可以定义不同的任务调度点。调度约束进一步限制了在 TSP 上可以做什么，并规定了可以调度哪些任务，如何调度这些任务，以及任务在挂起然后恢复时如何进行处理。

我们已经讨论了一些调度约束。例如，如果一个任务依赖于另一个任务，那么它只能在该依赖满足时开始执行。另一个例子是，当一个线程决定立即执行一个新任务时，当前活动的任务需要挂起，之后再恢复执行。在此过程中，TSC 可能要求由先前执行的线程来恢复挂起的任务，也可能允许其他线程继续执行该挂起的任务。在 OpenMP 标准中，任务被分别标记为 tied 或 untied。

9.5.1　栈调度

在本章中，我们调度任务的方式是通过调用 InvokeTask()（例如，清单 9.16），它接受任务描述符并调用其中的函数指针作为常规（间接）函数调用，该函数调用需要传入任务闭包的数据指针。它还进行了一些记录工作，但是本次讨论的重点是，任务执行是一个常规的函数调用。我们称之为栈调度（Stack Scheduling）。

当执行线程的调用栈上的活动任务到达一个 TSP，并且运行时决定选择另一个任务执行时，就会发生有趣的情况。使用栈调度，将调用 InvokeTask() 函数，并通过间接函数调用执行新调度的任务。因此，活动但现已挂起的任务的状态仍保留在栈上。

图 9.2 展示了这一点。在图中，栈是从上到下增长的。任务 A 是线程栈上当前活动的任务。栈从 ScheduleTask() 函数开始，该函数调用 InvokeTask() 来执行 A 的 thunk 函数。然后运行时选择任务 B 执行。任务 A 保留在栈上，任务 B 的 thunk 作为函数调用来执行。这两个任务现在都在栈上，但只有 B 正在执行代码。任务 A 必须在挂起状态中等待，直到 B 完成并将其调用帧从栈中删除。

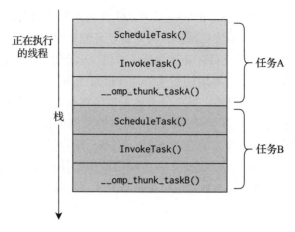

图 9.2 两个任务的栈调度，其中任务 A 被挂起

这样做的一个结果是，任务 A 会自动成为一个绑定任务（参见 2.2 节）。当挂起的任务恢复时，它与被执行线程挂起之前一样，位于同一栈上。因此，之前的线程将自动恢复该任务并继续执行它。这也是未绑定任务的一种有效实现，因为尽管未绑定任务可能在不同的线程上恢复执行，但并非必须如此。因此，在 OpenMP 语义中，将非绑定任务按照绑定任务来实现是可以接受的。既然如此，许多 OpenMP 实现选择这样做，并简单地忽略 task 指令中的 untied 子句。

9.5.2　循环调度

调度任务的另一种方法称为循环调度（Cyclic Scheduling）。

在循环调度中，执行任务的开始方式与栈调度相同。一旦线程空闲并进入运行时系统从任务池中选择任务，InvokeTask() 函数将调用所选任务的 thunk 函数。因此，thunk 的调用帧位于执行线程的栈上。

当到达任务调度点时，差异就会出现。挂起的任务将从线程栈中删除，而不是调用 InvokeTask() 来进入要调度的任务。为此，编译器生成一个延续，也就是在 TSP 处挂起的任务的代码位置和存活变量[7]。运行时系统现在有两个如何延迟任务的选项。使用任一选项，挂起的任务都会被放回任务池中，以便线程再次选择执行。

首先，它可以将任务的第一部分，也就是从开始（或前一个 TSP）到当前 TSP 的部分，标记为完成。然后从延续部分创建一个新的任务描述符，并将任务的剩余代码作为一个新的 thunk 函数。或者，如果编译器只生成了一个 thunk 函数，那么这个 thunk 就必须能分支到任务被挂起的代码位置，并从那里重新启动。

其次，运行时系统可以修改已挂起任务的现有任务描述符，并向其添加有关延续的信息。编译器必须通过它生成的代码来准备，以指示系统在给定的 TSP 处使用来自延续的数据恢复任务。由于每个任务的 thunk 函数中只能有有限数量的 TSP，因此可以用一个字段来扩展任务描述符，该字段存储要从中恢复任务的 TSP。例如，可以通过一个整数 ID 来扩展。值 0 将对应于 thunk 函数的开始，而值 1 将对应于任务的第一个任务调度点，以此类推。

循环调度是实现非绑定任务的自然选择。当挂起任务的任务描述符被放回任务池时，任何空闲线程都可以将其取出执行。这可能是挂起任务的线程，但也可能是从任务池中窃取挂起任务的任何其他线程。

这样做的缺点是，绑定任务需要一些额外的措施才能确保它们在挂起时在初始线程上恢复。当然，运行时系统可以对这些任务使用栈调度，而未绑定的任务使用循环调度。然而，这将使运行时和编译器变得复杂。通常的方法是将这类任务标记为受保护的，以防止窃取，这需要对任务描述符状态标志进行额外的更改。一旦被标记为绑定，任务就被放入线程自己的任务池中。任何窃取尝试都将失败，因此可以保证恢复的线程将是其初始执行的线程。

另一种选择是为每个线程使用单独的私有和公共任务池。当一个任务创建新的子任务时，运行时将它们的任务描述符放在创建线程的公共任务池中。当其他线程自己的任务池为空时，它们可以从这里窃取任务。如果一个线程挂起一个任务，它将任务描述符存储在私有任务池中，以避免其他线程窃取挂起的绑定任务。在寻找任务时，线程将首先从其私有池中选择，然后从其公共池中选择，最后才尝试从其他地方窃取任务。

9.6　其他任务主题

让我们以两个与任务相关的其他主题来结束本章：任务优先级和任务亲和性。

9.6.1　任务优先级

任务优先级（Task Priority）就是为任务分配执行的优先级，使任务池中优先级高的任务比优先级低的任务先执行。为此，OpenMP API 定义了 `priority` 子句[100]。该子句接受一个整数参数，用于描述此任务所需的优先级。根据语言规范的不同，此类任务优先级可以是提示，实现可以忽略这些提示；也可以是绑定规范，说明一个任务何时必须相对于其他任务先执行。

如果任务优先级是提示（如 OpenMP 规范中所示），那么一种可能的实现方式就是简单地忽略它们。这将不需要对运行时系统进行更改，但可能会让用户不满意，因为他们可能会花时间去考虑任务优先级并将其添加到代码中。如果完全忽略这项工作，则系统可能会报错。

一个较好的方法是使用多个任务优先级桶。例如，运行时系统可以实现三个桶：高优先级、低优先级和无优先级。对于每个桶，运行时系统将维护一个任务池，该任务池接收具有相应优先级的任务。当选择要执行的任务时，运行时系统将按优先级递减的顺序遍历任务池，以从具有任何可用任务的最高优先级池中选择一个任务并调度执行。

该解决方案试图在任务池中存储任务并随后将其删除所花费的时间与遵从请求的优先级（或至少接近该优先级）之间取得平衡，也可以直接忽略优先级。如果因为并行语言的语义，优先级无法被忽略，或者如果运行时希望支持尽可能高质量的实现，那么必须以更基本的方式更改运行时。

使用一个字段来扩展任务描述符以存储（相对）优先级。这是必要的，因为在循环调度中，高优先级任务需要在低优先级任务之前恢复执行。使用本章给出的任务池实现，运行时将搜索当前线程的任务池以找到最高优先级的任务。但是这种方法非常慢，因为一般情况下，运行时需要在任务调度器关键路径上遍历一半的任务池。

更好的方法是用一种按优先级排序的数据结构来代替任务池，这样最上面的任务总是优先级最高的任务，因此很容易从池中提取出来。这种优先级队列的例子有排序数组、二叉堆[24]和伸展树[119]。表9.2用"大 $\mathcal{O}$"表示法展示了访问上述数据结构所需的操作次数。

表 9.2　访问具有优先级的任务池的复杂度类别

数据结构	查找最大值	插入	删除最大值
未排序数组	$\mathcal{O}(n)$	$\mathcal{O}(1)$	$\mathcal{O}(n)$
排序数组	$\mathcal{O}(1)$	$\mathcal{O}(n)$	$\mathcal{O}(n)$
二叉堆	$\mathcal{O}(1)$	$\mathcal{O}(\log n)$	$\mathcal{O}(\log n)$
伸展树	$\mathcal{O}(1)$	$\mathcal{O}(\log n)$	$\mathcal{O}(\log n)$

未排序数组，这是我们在本章中一直使用的数据结构，平均需要 $\mathcal{O}(n)$ 次操作才能找到优先级最高的任务描述符。由于数组是未排序的，插入新的任务描述符很容易，它只是被追加到数组的末尾。但是，删除操作的开销很大，因为在删除任务描述符之后，需要对数组进行压缩，这意味着平均要移动 $\mathcal{O}(n)$ 个元素。排序数组很容易找到最大的项，但是插入和删除的开销保持不变。插入意味着找到正确的位置（平均需要 $\mathcal{O}(n)$ 次操作），而删除则需要压缩数组。

使用二叉堆或伸展树将有更好的访问行为。最大值很容易找到，因为它是树的根。插入新的任务描述符需要自顶向下通过向左或向右搜索来找到树中的正确位置。这平均需要 $\mathcal{O}(\log n)$ 步。当根被删除时，需要在树中向下查找，找到新的最大值并将其向上移动，这会将树中的其他节点也固定在正确的位置。

具有优先级的多任务池实现给运行时实现者带来了一个严重的问题。当一个线程想要从它自己的任务池中选择一个任务时，是否可以确定在其他线程的任务池中没有其他高优先级的任务需要它选择？答案是不能。如果优先级可以解释为一个提示，那么线程可以从自己的池中选择优先级最高的任务，并忽略任何其他线程。如果任务属性是强制性的，那么运行时除了搜索所有任务池以找到等待执行的优先级最高的任务外，没有其他选择。这种复杂性可能会使多任务池效率低下，因此单任务池将是更好的选择，尽管它有其他缺点。

实际上，强制任务优先级要求集中所有任务的状态信息，这与分布式任务池尽可能避免全局状态的目标相冲突，因为它是争用和性能差的根源。

9.6.2 任务亲和性

在本章中，我们已经了解到任务是动态调度的，因为它们可以被任何空闲线程选择执行。我们还展示了任务应该在其数据所在的位置执行。下面我们将讨论如何实现这一点。

NUMA 感知调度器尝试以使任务相对于 NUMA 域保持本地运行的方式调度任务。启发式算法通常假设，之前的任务已经使用到的数据，也将被其子任务所使用。我们在本章中展示的多任务池和调度实现就利用了这种方法。当线程创建子任务时，运行时将它们存储到线程的本地任务池中。在调度任务时，首先从本地任务池中获取任务。因此，在负载不平衡导致线程空闲并从其他地方窃取任务之前，它们将只执行自己创建的任务。我们在 9.4.3 节中看到，任务窃取可以是 NUMA 感知的，并尽可能将窃取限制到相同 NUMA 域。

但是如果一个任务的初始执行者是一个糟糕的选择呢？例如，假设一个任务正在处理驻留在一个 NUMA 域中的一块内存数据，但被其他线程选中以在另一个 NUMA 域上执行。通常，编译器或运行时系统很难弄清楚一段代码正在处理哪些数据。OpenMP API 通过提供 affinity 子句 [75, 100] 解决了这个问题，程序员可以将该子句添加到 task 构造中（参见清单 9.21）。它接受一个变量列表或数组（切片），编译器和运行时为其确定地址。然后，任务调度器可以以此作为提示，尝试执行接近这些数据的任务，这些数据即是用户在子句中所声明的任务将要访问的数据。

清单 9.21　显示 task 构造中 affinity 子句的 OpenMP 代码

```
#include <stdint.h>
#include <stdlib.h>

#define BLOCK_SIZE 32
void task_affinity(double * array, size_t size) {
  for (size_t i = 0; i < size; i += BLOCK_SIZE) {
#pragma omp task affinity(array[i])
    work_on_array(&array[i]);
  }
}
```

如果运行时想要调度一个任务在其处理过的数据附近运行（在同一个 NUMA 域中），就需要解决一些问题。首先，它必须了解系统的 NUMA 特性（参见 5.2.1 节），并且最好还能将线程固定在处理器上（参见 5.2.2 节）。其次，运行时需要找到由任务 affinity 子句给出的虚拟地址的物理页面所在的 NUMA 域。Linux 系统调用 move_pages()[132] 对此非常有用。虽然它主要用于在 NUMA 域之间移动页面，但它也可以查询进程的内存映射，并返回包含一组虚拟内存地址所对应的物理页面的 NUMA 域。

有了它，运行时就可以将 affinity 子句的虚拟内存地址转换为该地址对应物理页面的

NUMA 域。为此，地址必须向下舍入，以指向页面中的底部字节，进而与 move_pages()
一起使用：

```
int page_numa_domain = -1;
void * page_start_address =
  (void *) (((intptr_t) virtual_address) & ~(PAGE_SIZE - 1));
move_pages(0, 1, &page_start_address,
          NULL, &page_numa_domain, 0);
```

然后，move_pages() 系统调用通过参数 page_numa_domain 返回物理页面的（当前）
NUMA 域。

下一步是遍历任务队列，在返回的 NUMA 域中找到一个线程，然后将任务放入其任务
池中。需要注意的是，这将改变任务池的工作方式。到目前为止，只有任务池的所有者能
在其中存储任务。而现在，任何其他线程都可以这样做，这取决于所创建任务的 affinity
子句。这样可能会导致任务池的 put() 操作争用，这在以前的实现中是不存在的。而现在
需要保护此代码路径免受竞争条件的影响，这就要在我们原本希望能够快速执行的代码路
径上添加开销很大的原子指令或锁；或者，可以将该接收任务池添加到远程线程，以便在
不干扰远程线程的情况下将任务放入其中。

需要注意的是，move_pages() 是一个系统调用，需要花费较长时间执行，这增加了在
任务池中创建和存储任务的开销。因此，如果一个地址被转换，那么运行时系统应该记住
这个转换（例如，地址到它们各自的 NUMA 域的哈希映射），并尽可能地重复利用。还需要
注意的是，操作系统可能会选择移动页面，因此运行时系统要会处理过时的页面位置信息。
此外，运行时还需要有一种策略来选择何时清除已访问的内存页的缓存信息。幸运的是，
不正确的页面信息可能会影响程序的性能，但是不会影响程序的正确性。

另一种可能发生的情况是，同时存在多个 affinity 子句。我们无法阻止程序员有意
或无意地设置相互冲突的 affinity 请求。例如，程序员可以使用驻留在不同 NUMA 域
中的两个数组切片。在这种情况下，可能就没有明显的最优调度，因为用户要求了一些不
可能完成的事情。有很多策略可以尝试解决这个问题。例如，运行时可以查看是否大部分
affinity 子句都作用于一个特定的 NUMA 域，如果是的话，就选择这个 NUMA 域来执行
任务。

最后，运行时可能会决定让线程窃取计划在某个 NUMA 域中执行的任务，因此该任
务可能再次在其首选 NUMA 域之外执行。乍一看，仅保护这些任务不被窃取似乎是个好主
意。然而，亲和性设置可能会干扰负载平衡。在极端情况下，如果一个 NUMA 域中的所有
线程都已耗尽了任务，那么它们就应该从另一个 NUMA 域中查找任务。总的来说，执行一
个导致远程内存访问的任务，比不执行任何任务使线程空闲更好。因此，运行时需要在系
统中移动任务时表现出一定的灵活性，即使它们具有首选的亲和性设置。

9.7　总结

任务池的实现在一开始可能看起来很容易。总的来说，它只是一堆由应用程序创建的、正在等待执行的任务。然而，本章已经证明，一旦我们开始以任务池的可扩展性为目标，并且针对任务并行编程模型的高级特性增加实现的复杂性，这就会涉及很多的内容。

一个特别有趣的主题是，随着任务调度器实现的复杂性不断增加，一个简单的实现在互斥执行上花费的时间开销越来越大，因此，该实现的可扩展性就会成为问题。一个要点是，需要非常小心地将互斥限制在算法中真正需要它的部分，并尽快释放锁，但不要过早地冒竞争条件的风险。甚至在某些情况下，你必须释放锁，然后重新获取它。

你可能会问：那么无锁的数据结构呢？难道你不应该也提到这些吗？是的，我们可以（甚至应该）提到这些。但归根结底，这些数据结构并不是无锁的，因为它们根本不使用互斥；它们只是直接使用原子指令，而不是像我们在第 6 章中讨论的那样调用锁接口。这样的数据结构很难实现，并且不是所有的数据结构都可以只用基本的原子指令来实现。通常，当你寻找一种更好的实现，来尝试将锁的锁定和争用保持在最低限度时（例如使用多个任务池），有锁数据结构是一个合理的选择。关键是要尽可能将原子指令或锁移到关键路径之外。

第 10 章

总结和感想

我们希望你觉得本书既有趣又有用，并祝贺你阅读到这里（或直接跳过这里）。显然，将书中的所有信息分两页总结出来并不容易。但是，这里有一些值得记住的关键点，它们是我们提供的更详细信息的基础。

现代处理器很复杂！ 它们的性能可能不像你最初期望的那样，所以需要在优化之前适当地测量它们的底层性能。显然，这些具体的性能数据以及收集这些数据的机器可能不与你的代码直接相关，但我们的目的是将我们关于软件设计的讨论和真实机器性能关联起来，因为你的代码将在那里运行。我们使用的所有微基准程序以及用于从中生成图表的脚本都包含在 https://github.com/parallel-runtimes/lomp 的代码中。

数据移动至关重要！ 数据移动是一种昂贵的操作，因此，它所花费的时间不仅成为并行运行时系统的性能限制因素，也成为应用程序本身的性能限制因素。这对于我们必须在并行运行时中实现的许多底层操作来说尤其如此。

原子操作是必要的，但代价昂贵！ 这里的一条总结是，如果可以避免使用原子操作，那就不要使用（例如，在 Test 和 Test-and-Set 同步障或 max/min 归约中）。除了需要串行执行之外，它们也是机器内存子系统上的重量级操作，因此，要慎重考虑原子操作的使用，看看这些原子操作是否可以移出关键路径。

数学是无法被取代的！ 你可以使用数学方法来理解重要代码块的性能界限（如同步障），并预测性能的上下限。这将为你提供预期性能的估计范围。该范围可以清楚地帮助你决定是否进行优化，使你了解你的优化方案和一个好的甚至最佳优化方案的差距。

编写可移植的代码！ 我们已经详细说明了并行运行时库的代码需要考虑其所要运行的机器。然而，它仍然应该是尽可能可移植的。这是因为机器更新换代比较快，而且经验表明，代码通常比最初运行它的机器寿命更长（在某些情况下是几十年）。可移植性对于用户级代码也很重要。不要将代码和它目前正在运行的机器彻底绑定！所以，请不要因为你的笔记本电脑有四个逻辑 CPU 就在代码中使用 omp_set_num_threads(4)，或者对并行运行时系统的可扩展性做出其他限制性假设。如果你这样做，则表明你不希望其他人使用该代码，并且你会在更换机器之后将其弃用。

使用你代码的人是你的朋友！一定要记住，使用你代码的人是你的朋友，尤其是那些不断提交错误报告而令你厌烦的人。他们花时间帮助你改进代码，这一事实值得认可，因为他们本可以放弃你的代码而使用其他人的代码。

运行时的实现很难！即使你不打算编写自己的（并行）运行时，理解运行时设计者所必须处理的问题的复杂性对你应该有用。鼓励自己使用已有的运行时实现，而不是忽略掉并行系统提供给你的所需的操作（如归约、锁和原子操作）。

最好的代码是我不必亲自编写的代码！这不仅适用于我们已讨论过的并行组件，也适用于更高层次和其他领域。虽然开发自己的库可能很有学习意义，但找到一个经过良好测试和优化的库通常会更有效率。特别是在线性代数这样的传统领域，有一些已有的、经过良好测试的高性能库，这些库可以将系统的性能充分发挥出来。

最后，也是最重要的："生生不息，繁荣昌盛（Live long and prosper）"。

 附录

技术缩略语

缩略语	英文全称	中文说明
ABI	Application Binary Interface	应用程序二进制接口
ALU	Arithmetic Logic Unit	算术逻辑单元
API	Application Programming Interface	应用程序接口
ASIC	Application Specific Integrated Circuit	专用集成电路
AST	Abstract Syntax Tree	抽象语法树
AVX	Advanced Vector eXtensions	高级向量扩展
BF	Breadth First	广度优先
BSS	Block Started by Symbol	由符号开始的块
BTP	Branch Target Prediction	分支目标预测
CAS	Compare And Swap	比较并交换
CHA	Cache Home Agent	缓存归属代理
CISC	Complex Instruction Set Computer	复杂指令集计算机
CPI	Cycles Per Instruction	平均指令周期数
CPU	Central Processing Unit	中央处理器
CSP	Communicating Sequential Processes	通信顺序进程
DAG	Directed Acyclic Graph	有向无环图
DDR	Double Data Rate	双倍数据速率
DF	Depth First	深度优先
DMA	Direct Memory Access	直接存储器访问
FIFO	First In First Out	先进先出

（续）

缩略语	英文全称	中文说明
GOT	Global Offset Table	全局偏移表
GPU	Graphics Processing Unit	图形处理单元
HPC	High Performance Computing	高性能计算
HPF	High Performance Fortran	高性能 Fortran
ILP	Instruction-Level Parallelism	指令级并行
IP	Instruction Pointer	指令指针
IP	Internet Protocol	因特网协议
IPC	InterProcess Communication	进程间通信
IR	Intermediate Representation	中间表示
ISA	Instruction Set Architecture	指令集架构
JIT	Just-In-Time	即时
LBW	Line Broadcast Width	行广播宽度
LIFO	Last In First Out	后进先出
LILO	Last In Last Out	后进后出
LIMO	Last In Mean Out	后进均出
LIRO	Last In Root Out	后进根出
LL-SC	Load-Locked (or Load-Linked), Store-Conditional	链接加载和条件存储
LTO	Link-Time Optimization	链接时优化
MCS	Mellor-Crummey & Scott lock	Mellor-Crummey & Scott 锁
MD	Molecular Dynamics	分子动力学
MESI	Modified, Exclusive, Shared, Invalid	修改、独占、共享、无效
MOESI	Modified, Owned, Exclusive, Shared, Invalid	修改、拥有、独占、共享、无效
MPI	Message Passing Interface	消息传递接口
M×M	Matrix × Matrix	矩阵相乘
NUMA	Non-Uniform Memory Access	非统一内存访问
OOO	Out Of Order	乱序
OS	Operating System	操作系统
PC	Program Counter	程序计数器
PGAS	Partitioned Global Address Space	分区全局地址空间
PIC	Particle In Cell	质点网格
RAII	Resource Allocation Is Initialization	资源分配即初始化
RAW	Read After Write	写后读
RFO	Read For Ownership	所有权读
RILO	Root In Last Out	根进后出

（续）

缩略语	英文全称	中文说明
RISC	Reduced Instruction Set Computer	精简指令集计算机
ROB	ReOrder Buffer	重排序缓冲区
SaaS	Software as a Service	软件即服务
SDRAM	Synchronous Dynamic Random Access Memory	同步动态随机存储器
SESE	Single Entry, Single Exit	单入口单出口
SIMD	Single Instruction Multiple Data	单指令多数据
SMT	Simultaneous Multi-Threading	同步多线程
SNC	Sub-NUMA Clustering	子 NUMA 集
SVE	Scalable Vector Extension	可伸缩向量扩展
TBB	Threading Building Blocks	线程构建模块
TCP	Transmission Control Protocol	传输控制协议
TD	Tag Directory	标签目录
TDG	Task Dependence Graph	任务依赖图
TLS	Thread-Local Storage	线程本地存储
TSC	Task Scheduling Constraints	任务调度约束
TSP	Task Scheduling Point	任务调度点
UDP	User Datagram Protocol	用户数据报协议
UPC	Unified Parallel C	统一并行 C
VLIW	Very Long Instruction Word	超长指令字
WAR	Write After Read	读后写
WAW	Write After Write	写后写

参考文献

[1]   A group of C++ enthusiasts from around the world. CPP Reference. https://en.cppreference.com/w/, accessed June 29, 2020.

[2]   Alfred A. Aho, Monica S. Lam, Ravi Sethi, and Jeffrey D. Ullman. *Compilers. Principles, Techniques, and Tools*, 2th edition. Pearson, Boston, MA, USA, 2007. ISBN 978-1-29202-434-9.

[3]   Susanne Albers. Online Scheduling. In Yves Robert and Frédéric Vivien, editors, *Introduction to Scheduling*, CRC Computational Science Series, pages 51–77. CRC Press/Chapman and Hall/Taylor & Francis, 2009.

[4]   Frances E. Allen and John Cocke. A Catalogue of Optimizing Transformations. In *Design and Optimization of Compilers*, pages 1–30. Prentice-Hall, 1972. ISBN 978-0-13200-204-2.

[5]   AMD. AMD Epyc 7742. https://www.amd.com/en/products/cpu/amd-epyc-7742, accessed July 22, 2020.

[6]   Gene M. Amdahl. Validity of the Single Processor Approach to Achieving Large Scale Computing Capabilities. In *AFIPS Conference Proceedings*, pages 483–485. AFIPS Press, Atlantic City, NY, USA, April 1967.

[7]   Andrew W. Appel. *Modern Compiler Implementation in Java*, 2th edition. Cambridge University Press, Cambridge, UK, 2002. ISBN 978-0-52182-060-8.

[8]   Arm Limited. ACLE Q3 2019 Documentation, 2019. https://developer.arm.com/documentation/101028/0009/, accessed August 3, 2020.

[9]   ATLAS Project. Automatically Tuned Linear Algebra Software (ATLAS). http://math-atlas.sourceforge.net/, accessed August 3, 2020.

[10]   David F. Bacon, Susan L. Graham, and Oliver J. Sharp. Compiler Transformations for High-Performance Computing. Technical report, EECS Department, University of California, Berkeley, November 1993.

[11]   David H. Bailey. Twelve Ways to Fool the Masses When Giving Performance Results on Parallel Computers. *Supercomputing Review*, 4:54–55, August 1991.

[12]   Jon L. Bentley. Multidimensional Binary Search Trees Used for Associative Searching. *Communications of the ACM*, 18(9):509–517, September 1975.

[13]   Jeff Bezanson, Stefan Karpinski, Viral B. Shah, and Alan Edelman. Julia: A Fast Dynamic Language for Technical Computing. September 2012. arXiv preprint arXiv:1209.5145.

[14]   Burton H. Bloom. Space/Time Trade-offs in Hash Coding with Allowable Errors. *Communications of the ACM*, 13:422–426, July 1970.

[15] Robert D. Blumofe and Charles E. Leiserson. Space-Efficient Scheduling of Multithreaded Computations. *SIAM Journal on Computing*, 27:202–229, 1998.

[16] Robert D. Blumofe and Charles E. Leiserson. Scheduling Multithreaded Computations by Work Stealing. *Journal of the ACM*, 46(5):720–748, September 1999.

[17] Eugene D. Brooks. The Butterfly Barrier. *International Journal of Parallel Programming*, 15(4):295–307, August 1986.

[18] J. Marc Bull and Darragh O'Neill. A Microbenchmark Suite for OpenMP 2.0. *Computer Architecture News*, 29(5):41–48, December 2001.

[19] Arthur W. Burks, Herman H. Goldstine, and John von Neumann. Preliminary Discussion of the Logical Design of an Electronic Computing Instrument. Technical report, Institute for Advanced Study, Princeton, NJ, USA, 1946.

[20] David Callahan, John Cocke, and Ken Kennedy. Estimating Interlock and Improving Balance for Pipelined Architectures. *Journal of Parallel and Distributed Computing*, 5:334–358, August 1988.

[21] Barbara Chapman, Gabriele Jost, and Ruud van der Pas. *Using OpenMP: Portable Shared Memory Parallel Programming*. The MIT Press, Cambridge, MA, USA, 2007. ISBN 978-0-26253-302-7.

[22] Florina M. Ciorba, Christian Iwainsky, and Patrick Buder. OpenMP Loop Scheduling Revisited: Making a Case for More Schedules. In *Proceedings of the 2018 International Workshop on OpenMP: Evolving OpenMP for Evolving Architectures*, pages 186–200. Barcelona, Spain, September 2018.

[23] Sylvain Collange, David Defour, Stef Graillat, and Roman Iakymchuk. Numerical Reproducibility for the Parallel Reduction on Multi- and Many-Core Architectures. *Parallel Computing*, 49:83–97, November 2015.

[24] Thomas M. Cormen, Charles E. Leiserson, Ronald L. Rivest, and Clifford Stein. *Introduction to Algorithms*. MIT Press, Cambridge, MA, USA, 2009. ISBN 978-0-26203-384-8.

[25] Control Data Corporation. CDC 6600. https://en.wikipedia.org/wiki/CDC_6600, accessed June 29, 2020.

[26] Jean E. Crampon. Murphy, Parkinson, and Peter: Laws for librarians. *Library Journal*, 113(17):41, October 1988. Quotation from Frank Westheimer given in this article.

[27] Al Danial. cloc – Count Lines of Code, September 2019. Version 1.84. https://github.com/AlDanial/cloc, accessed September 1, 2020.

[28] Clang documentation team. ThreadSanitizer – Clang 12 documentation. https://clang.llvm.org/docs/ThreadSanitizer.html, accessed August 14, 2020.

[29] Jack J. Dongarra, Jeremy Du Croz, Sven Hammarling, and Iain S. Duff. A Set of Level 3 Basic Linear Algebra Subprograms. *ACM Transactions on Mathematical Software*, 16(1):1–17, March 1990.

[30] Jack J. Dongarra and Piotr Luszczek. TOP500. In *Encyclopedia of Parallel Computing*, pages 2055–2057. Springer US, Boston, MA, 2011. ISBN 978-0-38709-766-4.

[31] Jack J. Dongarra, Piotr Luszczek, and Antoine Petitet. The LINPACK Benchmark: Past, Present and Future. *Concurrency and Computation: Practice and Experience*, 15(9):803–820, July 2003.

[32] Johannes Dörfert and Hal Finkel. Compiler Optimizations for OpenMP. In *Proceedings of the 2018 International Workshop on OpenMP: Evolving OpenMP for Evolving Architectures*, pages 113–127. Barcelona, Spain, September 2018.

[33] Travis Downs. Performance Matters: A Concurrency Cost Hierarchy. https://travisdowns.github.io/blog/2020/07/06/concurrency-costs.html, accessed July 7, 2020.

[34] Ulrich Drepper and Ingo Molnar. The Native POSIX Thread Library for Linux. Technical report, Redhat, February 2003.

[35] Alejandro Duran, Julita Corbalán, and Eduard Ayguadé. Evaluation of OpenMP Task Scheduling Strategies. In *Proceedings of the 2008 International Workshop on OpenMP: OpenMP in a New Era of Parallelism*, pages 100–110. West Lafayette, IN, USA, May 2008.

[36] Jason Evans. A Scalable Concurrent `malloc(3)` Implementation for FreeBSD. In *Proceedings of BSDCan*. Ottawa, ON, Canada, May 2006.

[37] Taís Ferreira, Rivalino Matias Jr, Autran Macedo, and Lucio Araujo. An Experimental Study on Memory Allocators in Multicore and Multithreaded Applications. In *Proceedings of the 12th International Conference on Parallel and Distributed Computing, Applications and Technologies*, pages 92–98. Gwangju, Korea, October 2011.

[38] Hal Finkel, Johannes Doerfert, Xinmin Tian, and George Stelle. A Parallel IR in Real Life: Optimizing OpenMP, April 2018. http://llvm.org/devmtg/2018-04/talks.html#Talk_1, accessed February 29, 2020.

[39] Michael J. Flynn. Some Computer Organizations and Their Effectiveness. *IEEE Transactions on Computers*, C-21(9):948–960, 1972.

[40] Free Software Foundation, Inc. GCC, the GNU Compiler Collection. https://gcc.gnu.org/, accessed February 29, 2020.

[41] Free Software Foundation, Inc. GNU libgomp. https://gcc.gnu.org/onlinedocs/libgomp/, accessed August 30, 2020.

[42] Free Software Foundation, Inc. Using the GNU Compiler Collection (GCC) – Nested Functions. https://gcc.gnu.org/onlinedocs/gcc/Nested-Functions.html, accessed August 30, 2020.

[43] Sanjay Ghemawat and Paul Menage. TCMalloc: Thread-Caching Malloc, November 2005. http://goog-perftools.sourceforge.net/doc/tcmalloc.html, accessed August 18, 2020.

[44] glibc Project. Malloc Internals. https://sourceware.org/glibc/wiki/MallocInternals, accessed August 14, 2020.

[45] Matt Godbolt. Compiler Explorer. https://www.godbolt.org, accessed September 1, 2020.

[46] Michael D. Godfrey and David F. Hendry. The Computer as von Neumann Planned It. *IEEE Annals of the History of Computing*, 15(1):11–21, 1993.

[47] David Goldberg. What Every Computer Scientist Should Know about Floating-Point Arithmetic. *ACM Computing Survey*, 23(1):5–48, March 1991. ISSN 0360-0300.

[48] Gene L. Golub and Charles F. Van Loan. *Matrix Computations*, 4th edition. Johns Hopkins, Baltimore, MD, USA, 2013. ISBN 978-1-42140-794-4.

[49] Google LLC. Go Language, May 2020. Available online at https://golang.org.

[50] Ronald L. Graham. Bounds for Certain Multiprocessing Anomalies. *Bell System Technical Journal*, 45(9):1563–1581, November 1966.

[51] Tobias Grosser, Armin Groesslinger, and Christian Lengauer. POLLY – Performing Polyhedral Optimizations on a Low-level Intermediate Representation. *Parallel Processing Letters*, 22(4), December 2012.

[52] Dick Grune, Kees van Reeuwijk, Henri E. Bal, Gabriel J. H. Jacobs, and Koen Langendoen. *Modern Compiler Design*, 2th edition. Springer, New York, NY, USA, 2012. ISBN 978-1-46144-698-9.

[53] John L. Gustafson. Reevaluating Amdahl's Law. *Communications of the ACM*, 31(5):532–533, May 1988.

[54] Tim Harris, Adrián Cristal, Osman S. Unsal, Eduard Ayguade, Fabrizio Gagliardi, Burton Smith, and Mateo Valero. Transactional Memory: An Overview. *IEEE Micro*, 27(3):8–29, May–June 2007.

[55] John L. Hennessy, Norman Jouppi, Steven Przybylski, Christopher Rowen, Thomas Gross, Forest Baskett, and John Gill. MIPS: A Microprocessor Architecture. In *Proceedings of the 15th Annual Workshop on Microprogramming*, pages 17–22. Palo Alto, CA, USA, December 1982.

[56] John L. Hennessy and David A. Patterson. *Computer Architecture: A Quantitative Approach*, 6th edition. Morgan Kaufmann, Boston, MA, USA, 2017. ISBN 978-0-12811-905-1.

[57] Charles A. R. Hoare. Communicating Sequential Processes. *Communications of the ACM*, 21(8):666–677, Aug 1978. ISSN 0001-0782.

[58] Torsten Hoefler, Torsten Mehlan, Frank Mietke, and Wolfgang Rehm. Fast Barrier Synchronization for InfiniBand/spl trade/. In *Proceedings 20th IEEE International Parallel and Distributed Processing Symposium*. Rhodes Island, Greece, April 2006.

[59] IEEE. *Threads Extension for Portable Operating Systems (Draft 6)*, February 1992. Document P1003.4a/D6.

[60] IEEE. 754-2019 – IEEE Standard For Floating-Point Arithmetic, 2019. IEC-60559:2020.

[61] Intel Corporation. Compilers from Intel. https://software.intel.com/content/www/us/en/develop/tools/compilers.html, accessed September 1, 2020.

[62] Intel Corporation. Intel Inspector Home Page. https://software.intel.com/content/www/us/en/develop/tools/inspector.html, accessed August 14, 2020.

[63] Intel Corporation. Intel Math Kernel Library. https://software.intel.com/content/www/us/en/develop/tools/math-kernel-library.html, accessed August 3, 2020.

[64] Intel Corporation. Intel Memory Latency Checker v3.8. https://software.intel.com/content/www/us/en/develop/articles/intelr-memory-latency-checker.html, accessed September 1, 2020.

[65] Intel Corporation. Intel Xeon Platinum 8260L Processor. https://ark.intel.com/content/www/us/en/ark/products/192476/intel-xeon-platinum-8260l-processor-35-75m-cache-2-40-ghz.html, accessed August 6, 2020.

[66] Intel Corporation. oneTBB. https://github.com/oneapi-src/oneTBB/tree/tbb_2019, accessed September 1, 2020.

[67] Intel Corporation. *i860* Microprocessor Family Programmer's Reference Manual*. 1991. ISBN 978-1-55512-165-5.

[68] Intel Corporation. *Intel 64 and IA-32 Architectures Software Developer's Manual*. 2020. Document ID 325462-072US.

[69] Christian Jacobi, Timothy Slegel, and Dan Greiner. Transactional Memory Architecture and Implementation for IBM System Z. In *Proceedings of the 2012 45th Annual IEEE/ACM International Symposium on Microarchitecture*, pages 25–36. Vancouver, BC, Canada, 2012.

[70] Teresa Johnson, Mehdi Amini, and Xinliang David Li. ThinLTO: Scalable and Incremental LTO. In *Proceedings of the 2017 International Symposium on Code Generation and Optimization*, pages 111–121. Austin, TX, USA, February 2017.

[71] Nicolai M. Josuttis. *C++17 – The Complete Guide*. NicoJosuttis, Braunschweig, Germany, 2019. ISBN 978-3-96730-017-8.

[72] Vivek Kale, Christian Iwainsky, Michael Klemm, Jonas H. Müller Kordörfer, and Florina M. Ciorba. Towards A Standard Interface for User-Defined Scheduling in OpenMP. In *Proceedings of the 2019 International Workshop on OpenMP: Conquering the Full Hardware Spectrum*. Auckland, New Zealand, September 2019.

[73] Franziska Kasielke, Ronny Tschüter, Christian Iwainsky, Markus Velten, Florina M. Ciorba, and Ioana Banicescu. Exploring Loop Scheduling Enhancements in OpenMP: An LLVM Case Study. In *Proceedings of the 18th International Symposium on Parallel and Distributed Computing*, pages 131–138. Amsterdam, The Netherlands, June 2019.

[74] Michael Kerrisk. *The Linux Programming Interface*. No Starch Press, San Francisco, CA, USA, 2010. ISBN 978-1-59327-220-3.

[75] Jannis Klinkenberg, Philipp Samfass, Christian Terboven, Alejandro Duran, Michael Klemm, Xavier Teruel, Sergi Mateo, Stephen L. Olivier, and Matthias S. Müller. Assessing Task-to-Data Affinity in LLVM OpenMP. In *Evolving OpenMP for Evolving Architectures*, pages 236–251. Barcelona, Spain, September 2018.

[76] Donald E. Knuth. Big Omicron and Big Omega and Big Theta. *SIGACT News*, 8(3):18–24, April–June 1976.

[77] Charles Kozierok. *The TCP/IP Guide: A Comprehensive, Illustrated Internet Protocols Reference*. No Starch Press, San Francisco, CA, USA, 2005. ISBN 978-1-59327-047-6.

[78] Akhilesh Kumar. The New Intel* Xeon* Scalable Processor, August 2017. https://www. hotchips.org/wp-content/uploads/hc_archives/hc29/HC29.22-Tuesday-Pub/HC29.22.90-Server-Pub/HC29.22.930-Xeon-Skylake-sp-Kumar-Intel.pdf, accessed August 27, 2020.

[79] Hung Q. Le, Guy L. Guthrie, Dan E. Williams, Maged M. Michael, Brad G. Frey, William J. Starke, Cathy May, Rei Odaira, and Takuya Nakaike. Transactional Memory Support in the IBM POWER8 Processor. *IBM Journal of Research and Development*, 59(1):8:1–8:14, 2015.

[80] Charles E. Leiserson and Aske Plaat. Programming Parallel Applications in Cilk. *SIAM News*, 31(4):1–5, July 1997.

[81] John R. Levine. *Linkers & Loaders*, revised edition. Morgan Kaufmann, San Diego, 1999. ISBN 978-1-55860-496-4.

[82] John R. Levine. *flex & bison*. O'Reilly, Sebastopol, CA, USA, 2009. ISBN 978-0-59615-597-1.

[83] John R. Levine, Tony Mason, and Doug Brown. *lex & yacc*, 2th edition. O'Reilly, Cambridge, MA, USA, 1992. ISBN 978-1-56592-000-2.

[84] LLVM Foundation. The LLVM Compiler Infrastructure. https://llvm.org/, accessed February 29, 2020.

[85] Ewing L. Lusk and Ross A. Overbeek. Implementation of Monitors with Macros: A Programming Aid for the HEP and Other Parallel Processors. Technical report, Argonne National Laboratory, December 1983. ANL-83-97.

[86] Andrew Marvell. To His Coy Mistress, ~1652. https://www.poetryfoundation.org/poems/44688/to-his-coy-mistress, accessed August 13, 2020.

[87] Marvell Technology Group Ltd. Marvell ThunderX2. https://www.marvell.com/products/server-processors/thunderx2-arm-processors.html, accessed July 22, 2020.

[88] Timothy A. Mattson, Beverly A. Sanders, and Berna L. Massingill. *Patterns for Parallel Programming*. Addison Wesley, Boston, MA, USA, 2004. ISBN 978-0-32122-811-6.

[89] John M. Mellor-Crummey and Michael L. Scott. Algorithms for Scalable Synchronization on Shared-Memory Multiprocessors. *ACM Transactions on Computer Systems*, 9(1):21–65, February 1991.

[90] Message Passing Interface Forum. *MPI: A Message-passing Interface Standard – Version 3.1*. High-Performance Computing Center Stuttgart, Stuttgart, Germany, 2015.

[91] Adam Morrison. Scaling Synchronization in Multicore Programs. *ACM Queue*, 14(4):422–426, August 2016.

[92] Steven S. Muchnick. *Advanced Compiler Design and Implementation*. Morgan Kaufmann, San Diego, 1997. ISBN 978-1-55860-320-2.

[93] Randall Munroe. xkcd: Standards. Available online at https://xkcd.com/927/, accessed August 29 2020.

[94] Robert Muth, Saumya K. Debray, Scott Watterson, and Koen De Bosschere. Alto: A Link-Time Optimizer for the Compaq Alpha. *Software Practice and Experience*, 31(1):67–101, January 2001.

[95] Vijay Nagarajan, Daniel J. Sorin, Mark D. Hill, and David A. Wood. *A Primer on Memory Consistency and Cache Coherence*, Second Edition. Morgan & Claypool, 2020. ISBN 978-1-68173-710-2 (electronic).

[96] Brett Neuman, Andy Dubois, Laura Monroe, and Robert W. Robey. Fast, Good, and Repeatable: Summations, Vectorization, and Reproducibility. *The International Journal of High Performance Computing Applications*, 34(5):519–531, July 2020.

[97] Linda Null and Julia Lobur. *Computer Organization and Architecture*, 4th edition. Burlington, MA, USA, 2015. ISBN 978-1-28407-448-2.

[98] Robert W. Numrich. *Parallel Programming with Co-arrays*. CRC Press, Boca Raton, FL, USA, 2019. ISBN 978-1-43984-004-7.

[99] Open-MPI Project. Portable Hardware Locality (hwloc). https://www.open-mpi.org/projects/hwloc/, accessed June 29, 2020.

[100] OpenMP Architecture Review Board. OpenMP Application Programming Interface, Version 5.0, 2018.

[101] OpenMP Architecture Review Board. OpenMP Application Programming Interface, Version 5.1, 2020.

[102] Constantine D. Polychronopoulos and David J. Kuck. Guided Self-Scheduling: A Practical Scheduling Scheme for Parallel Supercomputers. *IEEE Transactions on Computers*, C-36(12):1425–1439, December 1987.

[103] Jon Postel. User Datagram Protocol. RFC 768, https://www.rfc-editor.org/rfc/rfc768, accessed August 27, 2020.

[104] Michael J. Quinn. *Parallel Computing: Theory and Practice*, 2th edition. McGraw-Hill, Singapore, 1994. ISBN 978-0-07113-800-0.

[105] Michael J. Quinn. *Parallel Programming in C with MPI and OpenMP*. McGraw-Hill, Singapore, 2004. ISBN 978-0-07123-265-4.

[106] R Core Team. *R: A Language and Environment for Statistical Computing*. R Foundation for Statistical Computing, Vienna, Austria, 2016. https://www.R-project.org/, accessed August 14, 2020.

[107] Thomas Rauber and Gudula Rünger. *Parallel Programming: for Multicore and Cluster Systems*, 2th edition. Springer, Berlin, Germany, 2013. ISBN 978-3-64237-800-3.

[108] James Reinders. *Intel Threading Building Blocks*. O'Reilly, 2007. ISBN 978-0-59651-480-8.

[109] Rice University. High Performance Fortran Language Specification. *SIGPLAN Fortran Forum*, 12(4):1–86, December 1993.

[110] RISC-V Foundation. *The RISC-V Instruction Set Manual Volume I: Unprivileged ISA*, 2019. Document version 20191213.

[111] Andrey Rodchenko, Andy Nisbet, Antoniu Pop, and Mikel Luján. Effective Barrier Synchronization on Intel Xeon Phi Coprocessor. In *Euro-Par 2015: Parallel Processing*, pages 588–600. Vienna, Austria, August 2015.

[112] Sara Royuela Alcázar. *High-level Compiler Analysis for OpenMP*. Universitat Politécnica de Catalunya, Barcelona, Spain, 2018. PhD thesis.

[113] Larry Rudolph and Zary Segall. Dynamic Decentralized Cache Schemes for MIMD Parallel Processors. *SIGARCH Computing Architecture News*, 12(3):340–347, January 1984.

[114] Philip M. Sailer and David R. Kaeli. *The DLX Instruction Set Architecture Handbook*. Morgan Kaufmann, Boston, MA, USA, 2004. ISBN 978-1-55860-371-4.

[115] Tony Sale. The Colossus of Bletchley Park – The German Cipher System. In *The First Computers: History and Architecture*, pages 351–364. The MIT Press, 2000. ISBN 978-0-26218-197-6.

[116] Ravindra P. Saraf, Rahul Pal, and Ashok Jagannathan. Sub-NUMA Clustering, 2014. United

States Patent 8862828.

[117] Robert Sedgewick and Kevin Wayne. *Algorithms*, 4th edition. Addison-Wesley, Upper Saddle River, NJ, USA, 2011. ISBN 978-0-32157-351-3.

[118] Richard L. Sites and Richard T. Witek. *Alpha AXP Architecture Reference Manual*, 2th edition. Digital Press, 1995. ISBN 978-1-48318-403-6.

[119] Daniel D. Sleator and Robert E. Tarjan. Self-adjusting Binary Search Trees. *Journal of ACM*, 32(3):652–686, July 1985.

[120] Burton J. Smith. Architecture and Applications of the HEP Multiprocessor Computing System. In *Proceedings Volume 0298 of the 25th Annual Technical Symposium Real-Time Signal Processing IV*, pages 241–248. San Diego, CA, USA, August 1981.

[121] Nigel Stephens, Stuart Biles, Matthias Boettcher, Jacob Eapen, Mbou Eyole, Giacomo Gabrielli, Matt Horsnell, Grigorios Magklis, Alejando Martinez, Nathanael Premillieu, Alistair Reid, Alejandro Rico, and Paul Walker. The ARM Scalable Vector Extension. *IEEE Micro*, 37(2):26–39, March–April 2017.

[122] W. Richard Stevens and Stephen A. Rago. *Advanced Programming in the UNIX Environment*, 3th edition. Addison Wesley, Upper Saddle River, NJ, USA, 2013. ISBN 978-0-32163-773-4.

[123] Bjarne Stroustrup. *The C++ Programming Language*, 4th edition. Addison Wesley, Braunschweig, Germany, 2013. ISBN 978-0-32156-384-2.

[124] Rabin Sugumar. ThunderX3 Next Generation Arm-Bases Server, August 2020. https://www.servethehome.com/marvell-thunderx3-time-to-shine/, accessed August 18, 2020.

[125] Andrew S. Tanenbaum and Todd Austin. *Structured Computer Organization*, 6th edition. Pearson, Boston, MA, USA, 2013. ISBN 978-0-27376-924-8.

[126] Andrew S. Tanenbaum and Herbert Bos. *Modern Operating Systems*, 4th edition. Pearson, Boston, MA, USA, 2015. ISBN 978-1-29206-142-9.

[127] Peiyi Tang and Pen Chung Yew. Processor Self-Scheduling for Multiple-Nested Parallel Loops. In *Proceedings of the International Conference on Parallel Processing*, pages 528–535. St. Charles, IL, USA, August 1986.

[128] Peiyi Tang, Pen Chung Yew, and Chuan Qi Zhu. Impact of Self-Scheduling Order on Performance on Multiprocessor Systems. In *Proceedings of the 2nd International Conference on Supercomputing*, pages 593–603. St. Malo, France, July 1988.

[129] The Linux Man-pages Project. brk(2) – Linux manual page. https://man7.org/linux/man-pages/man2/brk.2.html, accessed August 14, 2020.

[130] The Linux Man-pages Project. futex(2) – Linux manual page. https://man7.org/linux/man-pages/man2/futex.2.html, accessed July 7, 2020.

[131] The Linux Man-pages Project. mmap(2) – Linux manual page. https://man7.org/linux/man-pages/man2/mmap.2.html, accessed August 14, 2020.

[132] The Linux Man-pages Project. move_pages(2) – Linux manual page. https://man7.org/linux/man-pages/man2/move_pages.2.html, accessed August 25, 2020.

[133] The Linux Man-pages Project. numa(3) – Linux manual page. https://man7.org/linux/man-pages/man3/numa.3.html, accessed June 29, 2020.

[134] The Rust Team. The Rust Language, September 2020. Available online at https://rust-lang.org.

[135] Xinmin Tian, Aart Bik, Milind Girkar, Paul Grey, Hideki Saito, and Ernesto Su. Intel OpenMP C++/Fortran Compiler for Hyper-Threading Technology: Implementation and Performance. *Intel Technology Journal*, 6:36–46, February 2002.

[136] Xinmin Tian and Milind Girkar. Effect of Optimizations on Performance of OpenMP Programs. In *Proceedings of the 11th International Conference on High Performance Computing*, pages 133–143. Bangalore, India, December 2004.

[137] Linus Torvalds. No nuances, just buggy code (was: related to Spinlock implementation and the Linux Scheduler), January 2020. https://www.realworldtech.com/forum/?threadid=189711&curpostid=189723, accessed February 29, 2020.

[138] Roman Trobec, Boštjan Slivnik, Patricio Bulić, and Borut Robič. *Introduction to Parallel Computing*. Springer, Cham, Switzerland, 2018. ISBN 978-3-31998-832-0.

[139] Edward R. Tufte. *The Visual Display Of Quantitative Information*. Graphics Press, Cheshire, CT, USA, 1983. ISBN 978-0-31802-992-4.

[140] Dean M. Tullsen, Susan J. Eggers, and Henry M. Levy. Simultaneous Multithreading: Maximizing on-Chip Parallelism. *ACM SIGARCH Computer Architecture News*, 23(2):392–403, May 1995.

[141] Alan M. Turing. On Computable Numbers, with an Application to the Entscheidungsproblem. *Proceedings of the London Mathematical Society*, s2-42(1):230–265, January 1937.

[142] Jeffrey D. Ullman. NP-Complete Scheduling Problems. *Journal of Computer and System Sciences*, 10(3):384–393, June 1975.

[143] Unknown. Harmonic series (mathematics). https://en.wikipedia.org/wiki/Harmonic_series_(mathematics), accessed July 20, 2020.

[144] Unknown. PA-RISC. https://en.wikipedia.org/wiki/PA-RISC, accessed July 20, 2020.

[145] UPC Consortium. UPC Language Specifications, v1.3, 2013. https://upc-lang.org/assets/Uploads/spec/upc-lang-spec-1.3.pdf, accessed August 13, 2020.

[146] Andràs Vajda. *Programming Many-core Chips*. Springer, New York, NY, USA, 2011. ISBN 978-1-44199-738-8.

[147] Ruud van der Pas, Eric Stotzer, and Christian Terboven. *Using OpenMP – The Next Step: Affinity, Accelerators, Tasking, and SIMD*. The MIT Press, Cambridge, MA, USA, 2017. ISBN 978-0-26253-478-9.

[148] Guido Van Rossum and Fred L. Drake. *Python 3 Reference Manual*. CreateSpace, Scotts Valley CA, USA, 2009. ISBN 978-1-44141-269-0.

[149] Field G. Van Zee and Robert A. van de Geijn. BLIS: A Framework for Rapidly Instantiating BLAS Functionality. *ACM Transactions on Mathematical Software*, 41(3):14:1–14:33, June 2015.

[150] John von Neumann. First Draft of a Report on the EDVAC. Technical report, University of Pennsylvania, June 1945.

[151] Michael Voss, Rafael Asenjo, and James Reinders. *Pro TBB – C++ Parallel Programming with Threading Building Blocks*. Apress, 2019. ISBN 978-1-48424-397-8.

[152] David Waitzman. A Standard for the Transmission of IP Datagrams on Avian Carriers. RFC 1149, https://www.rfc-editor.org/rfc/rfc1149, accessed August 31, 2020.

推荐阅读

现代CPU性能分析与优化

我们生活在充满数据的世界，每日都会生成大量数据。日益频繁的信息交换催生了人们对快速软件和快速硬件的需求。遗憾的是，现代CPU无法像以往那样在单核性能方面有很大的提高。以往40多年来，性能调优变得越来越重要，软件调优是未来提高性能的关键因素之一。作为软件开发者，我们必须能够优化自己的应用程序代码。

本书融合了谷歌、Facebook等多位行业专家的知识，是从事性能关键型应用程序开发和系统底层优化的技术人员必备的参考书，可以帮助开发者理解所开发的应用程序的性能表现，学会寻找并去除低效代码。